21世纪高等学校计算机类专业
课程系列教材

计算机操作系统
实验指导

（第4版）

郁红英 主编

李春强 王宁宁 赵晓永 武磊 刘亚辉 编著

清华大学出版社

北京

内 容 简 介

为了帮助学生更好地学好操作系统,本书从实验和课程两方面对学生进行学习指导。

操作系统课程的实验环节一直是操作系统教学的难点,本书设计了 Windows 和 Linux 两个操作系统、C 和 Java 两种计算机语言的实验供读者选择和参考,并且提供一些编程实例,以加深学生对操作系统原理的领会和对操作系统方法的理解,使学生在程序设计方面得到基本训练。

在课程指导方面,本书对操作系统课程所涉及的基本概念、基本理论等知识点进行学习指导,对重点知识点配有典型例题分析。

本书可作为高等院校"操作系统"课程的实验指导书和复习参考资料,也可作为想进一步了解操作系统内部编程的读者的参考书。

图书在版编目(CIP)数据

计算机操作系统实验指导/郁红英主编.—4 版.—北京:清华大学出版社,2023.8
21 世纪高等学校计算机类专业核心课程系列教材
ISBN 978-7-302-60955-1

Ⅰ.①计… Ⅱ.①郁… Ⅲ.①操作系统-高等学校-教材 Ⅳ.①TP316

中国版本图书馆 CIP 数据核字(2022)第 089004 号

策划编辑:	魏江江
责任编辑:	王冰飞
封面设计:	刘 键
责任校对:	李建庄
责任印制:	刘海龙

出版发行:清华大学出版社
      网　　址:http://www.tup.com.cn,http://www.wqbook.com
      地　　址:北京清华大学学研大厦 A 座　　邮　编:100084
      社 总 机:010-83470000　　邮　购:010-62786544
      投稿与读者服务:010-62776969,c-service@tup.tsinghua.edu.cn
      质量反馈:010-62772015,zhiliang@tup.tsinghua.edu.cn
      课件下载:http://www.tup.com.cn,010-83470236
印 装 者:三河市君旺印务有限公司
经　　销:全国新华书店
开　　本:185mm×260mm　　印　张:23　　字　数:558 千字
版　　次:2008 年 9 月第 1 版　2023 年 8 月第 4 版　　印　次:2023 年 8 月第 1 次印刷
印　　数:1~1500
定　　价:59.80 元

产品编号:097561-01

前　言

党的二十大报告指出,教育、科技、人才是全面建设社会主义现代化国家的基础性、战略性支撑。必须坚持科技是第一生产力、人才是第一资源、创新是第一动力,深入实施科教兴国战略、人才强国战略、创新驱动发展战略,开辟发展新领域新赛道,不断塑造发展新动能新优势。

"操作系统"是一门实践性很强的技术课程,是计算机及其相关专业本科生的必修课。它强调理论与实践的结合,注重实践训练。由于操作系统涉及的原理和算法比较抽象,再有"操作系统"课程的实验难度比较大,很多学生难以理解和掌握,学习有困难。本书通过提供课程指导和实验指导帮助学生解决以上问题。

本书是《计算机操作系统》(第 4 版·微课视频版)(郁红英等编著,清华大学出版社出版,以下简称"主教材")的配套实验指导。本书提供的实验内容丰富、涉及面全、讲解系统,配有经过测试的源程序代码,并根据实验环境版本的升级补充了高版本环境下编程需要做的调整。通过这些实验使学生熟悉操作系统接口的使用,并通过模拟操作系统原理的实现,加深学生对操作系统工作原理的领会和认识,加强对操作系统实现方法的理解,同时也使学生在程序设计方面得到基本训练。为了帮助学生学习和掌握操作系统课程基础知识,清楚地理解概念,掌握操作系统实现技术中所涉及的算法思想、求解操作系统问题的思路和方法,以提高学生分析问题和解决问题的能力,本书对操作系统课程的重要知识点进行梳理,并配有典型例题分析,内容条理清楚、深入浅出、详略得当。

本书共分为四篇。前三篇是实验指导,从操作系统基本原理出发,提供了不同类型的实验题目,对每个实验题目都进行了较为详细的实验指导。通过 Windows 和 Linux 两个操作系统各自提供的编程接口,设计了一些操作系统课程实验。Windows 环境下提供了 C 和 Java 两种语言环境的实验。进程管理实验包括线程的创建与撤销、线程的同步、线程的互斥、使用命名管道实现进程通信;内存管理实验包括动态链接库的建立与调用、系统内存使用统计两个实验;文件管理实验包括采用无缓冲方式实现文件读/写、采用高速缓存实现文件读/写、采用异步方式实现文件读/写及上述 3 种方式的比较;设备管理实验包括获取磁盘基本信息、读/写磁盘指定位置信息两个实验。Linux 环境下实验指导中,Linux 系统的安装和使用部分包括常用命令的使用、编辑器 vi 的使用、编译器 GCC 的使用及 Shell 程序设计;进程管理方面设计了编制实现软中断通信的程序和进程管道通信的程序;存储器管理方面设计了内存的监控、检查和回收,模拟 FIFO、LRU 和 OPT 页面置换算法;设备管理方面设计了字符类型设备的驱动程序和块类型设备的驱动程序实验;文件管理方面设计并实现一个一级文件系统程序;根据 Linux 的特点,还设计了 Linux 系统内核的编译实验。

针对操作系统课程学习的困难,本书的第四篇操作系统学习指导和习题解析对操作系统课程所涉及的基本概念、基本理论进行知识点梳理及学习指导,与主教材的内容相呼应,并对主教材中的作业进行了详细的解答。

由于 Windows 下的 Visual Studio 环境的不断升级,为了保持老读者的使用惯性,又便于新读者与时俱进,在第 4 版附录中增加了 Visual Studio 2010 和 Visual Studio 2019 使用注意事项,分别介绍了第一篇中 Visual C++ 6.0 环境下的实验在升级到 Visual Studio 2010 和 Visual Studio 2019 后编程的不同之处及需要注意的事项。

本书可作为"操作系统"课程的教学参考书,"操作系统"课程设计及课程实习的实验指导书;还可作为计算机及相关专业的硕士生入学考试的复习参考书,以及有关专业技术人员学习计算机操作系统的辅导教材。

本书第一篇由郁红英编写,第二篇由王宁宁编写,第三篇由李春强、赵晓永、武磊、郁红英编写,第四篇由郁红英、刘亚辉编写。郁红英负责全书的统稿。

由于作者水平有限,书中难免存在不足之处,恳请同行和广大读者,特别是使用本书的教师和学生多提宝贵意见。

作　者
2023 年 6 月

目 录

源码下载

第一篇　Windows 系统下 C 实验指导

V

第二篇　Windows 系统下 Java 实验指导

第三篇　Linux 系统实验指导

第四篇　操作系统课程学习指导和习题解析

XII

第一篇 Windows 系统下C实验指导

第1章 | Visual C++开发环境介绍

1.1 Visual C++ 概述

1.1.1 Visual C++ 简介

Visual C++是微软公司推出的、使用极为广泛的、基于 Windows 平台的可视化集成开发环境。

2002 年,微软公司宣布了 Visual Studio.NET 战略。Visual Studio.NET 是用于创建和集成 XML Web 服务和应用程序的综合开发工具。Visual Studio.NET 提供了一个高效环境,用户可在其中开发运行于新的 Microsoft.NET 平台上的广泛的应用程序。使用 Visual Studio.NET,可以设计、创建、测试和部署 XML Web 服务和应用程序。

Visual Studio.NET 提供了包括设计、编码、编译调试、数据库连接操作等基本功能和基于开放架构的服务器组件开发平台、企业开发工具和应用程序重新发布工具及性能评测报告等高级功能。

Visual Studio.NET 为 Visual C++、Visual C♯ 和 Visual Basic 程序员提供了通用的开发环境,开发人员能在 Visual C++、Visual C♯之间自由转换;JScript 程序员在创建 ASP.NET 和 Web 服务应用程序时也将得到 Visual Studio.NET 的支持;而 XML 开发人员则青睐于它对 XML 文档、XML 大纲和 XSL 转换的强大支持。

目前,Visual Studio 的版本已从 Visual Studio.NET、Visual Studio 2003、Visual Studio 2005 升级到 Visual Studio 2022 预览版。

Visual C++ 6.0 是 Visual C++开发工具的 6.0 版本,使用该版本的用户较多,并且相对上述版本,其使用较为简单,对计算机硬件配置要求比较低,很多场合仍以 Visual C++ 6.0 作为教学工具,因此本书的 Windows 系统实验部分也以 Visual C++ 6.0 为实验工具。

1.1.2 Visual C++ 6.0 的主要特性

Visual C++ 6.0 的主要特性包括以下几点。

(1)可定制的工具栏和菜单。用户可根据需要创建新的工具栏和菜单,使其适合自己的工作需要。

(2)宏功能。可以根据用户的操作自动生成宏操作序列。

(3)调试器。可以直接运行和调试程序,还可以使用宏语言来自动操作调试器。

(4)项目工作区文件和项目文件。在 Visual C++ 6.0 中,项目工作区文件以 .dsw 为后缀,项目文件以 .dsp 为后缀。

（5）一个项目工作区内可包含多个工程文件。要在当前项目工作区中增加一个工程，可以打开该项目工作区，然后选择 Project→Insert Project into Workspace 命令。通过选择 Project→Set Active Project 命令，可以设置当前活动工程。该特性使得用户可以在不同工程之间复制代码和资源。

1.1.3　Visual C++ 6.0 的窗口

Visual C++ 6.0 是一种集成开发环境（Integrated Development Environment，IDE），它拥有友好的可视化界面。除了具有和 Windows 窗口一样的标题栏、菜单栏、工具栏和状态栏外，还有一些窗口，其中包括项目工作区窗口、代码编辑区窗口、输出窗口，如图 1-1 所示。

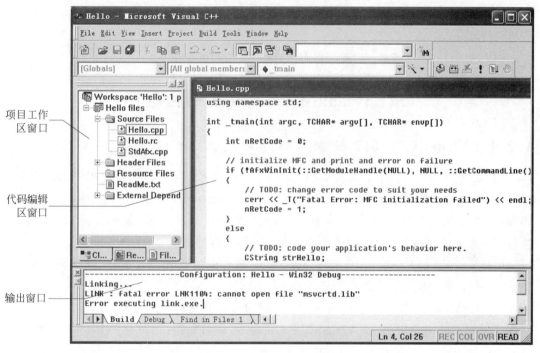

图 1-1　Visual C++ 6.0 窗口

1. 项目工作区窗口

项目工作区是 Visual C++ 6.0 最重要的组成部分，程序员的大部分工作都在集成开发环境中完成，在一个项目工作区中，可以处理一个工程和它所包含的文件、一个工程的子工程、多个相互独立的工程和多个相互依赖的工程。项目工作区窗口在屏幕的左侧，它的底部有一组标签，用于从不同的角度（视图）查看项目中包含的工程文件信息，单击某个标签可以切换到对应的视图。

每个项目视图都有一个相应的文件夹，包含了关于该项目的各种元素。展开该文件夹可以显示该视图方式下项目工作区的详细信息。项目工作区包含以下 3 种视图。

（1）File View（文件视图）：显示所创建的工程中包含的文件。

（2）Class View（类视图）：显示项目中定义的类，展开可查看类的数据成员和成员函数，以及全局变量、函数和类型定义。

(3) Resource View(资源视图)：显示项目中所包含的资源文件。

2. 代码编辑区窗口

代码编辑区窗口位于整个屏幕的中部，它是程序员进行代码开发的场所，供程序员编写、修改和调试代码时使用。

3. 输出窗口

输出窗口位于整个屏幕的下方，主要用于显示代码调试和运行中的相关信息。主要包括以下信息。

(1) 编译(Compile)信息：列出代码和资源编译过程，以及编译过程中产生的警告(Warning)和错误(Error)。

(2) 链接(Link)信息：列出工程对目标模块(OBJ)链接过程中产生的警告(Warning)和错误(Error)。

(3) 调试(Debug)信息：在调试状态下，输出有关的调试信息。

1.2 Visual C++ 6.0 控制台程序

1.2.1 Visual C++ 6.0 控制台程序的建立

Visual C++ 6.0 提供了一种控制台操作方式，初学者使用它应该从这里开始。Win32 控制台程序(Win32 Console Application)是一类 Windows 程序，它不使用复杂的图形用户界面，程序与用户交互时通过一个标准的正文窗口及几个标准的输入输出流(I/O Streams)进行。下面介绍使用 Visual C++ 6.0 编写简单的控制台程序。

(1) 安装 Visual C++ 6.0。运行 Visual Studio 软件中的 setup.exe 程序，选择安装 Visual C++ 6.0，然后按照安装程序的指导完成安装过程。

(2) 启动 Visual C++ 6.0。安装完成后，选择【开始】→【程序】→【开发工具】→Microsoft Visual Studio 6.0→Microsoft Visual C++ 6.0 命令，即可运行(也可在 Windows 桌面上建立一个快捷方式，以后可双击运行)，如图 1-2 所示。

(3) 选择控制台工程。进入 Visual C++ 6.0 环境后，选择 File→New 命令，然后在 Projects 选项卡中选择 Win32 Console Application 选项来建立一个控制台工程文件，在 Project name 文本框中输入工程文件名，在 Location 列表框中选择工程文件所在的路径，选择完成后单击 OK 按钮，如图 1-3 所示。

(4) 建立工程文件。屏幕上弹出如图 1-4 所示的对话框后，可以选中任意一个单选按钮，这里选中 An empty project 单选按钮，然后单击 Finish 按钮。

(5) 编辑 C++ 程序。选择 Project→Add To Project→New 命令，为工程添加新的 C++ 源文件，如图 1-5 所示；然后在代码编辑区输入源程序，存盘。

(6) 编译源程序。选择 Build→Build 命令(或按 F7 键)，系统将会在输出窗口给出所有的错误信息和警告信息，如图 1-6 所示。当所有错误修正之后，系统将会生成扩展名为 EXE 的可执行文件。对于输出窗口给出的错误信息，双击可以使输入焦点跳转到引起错误的源代码处以进行修改。

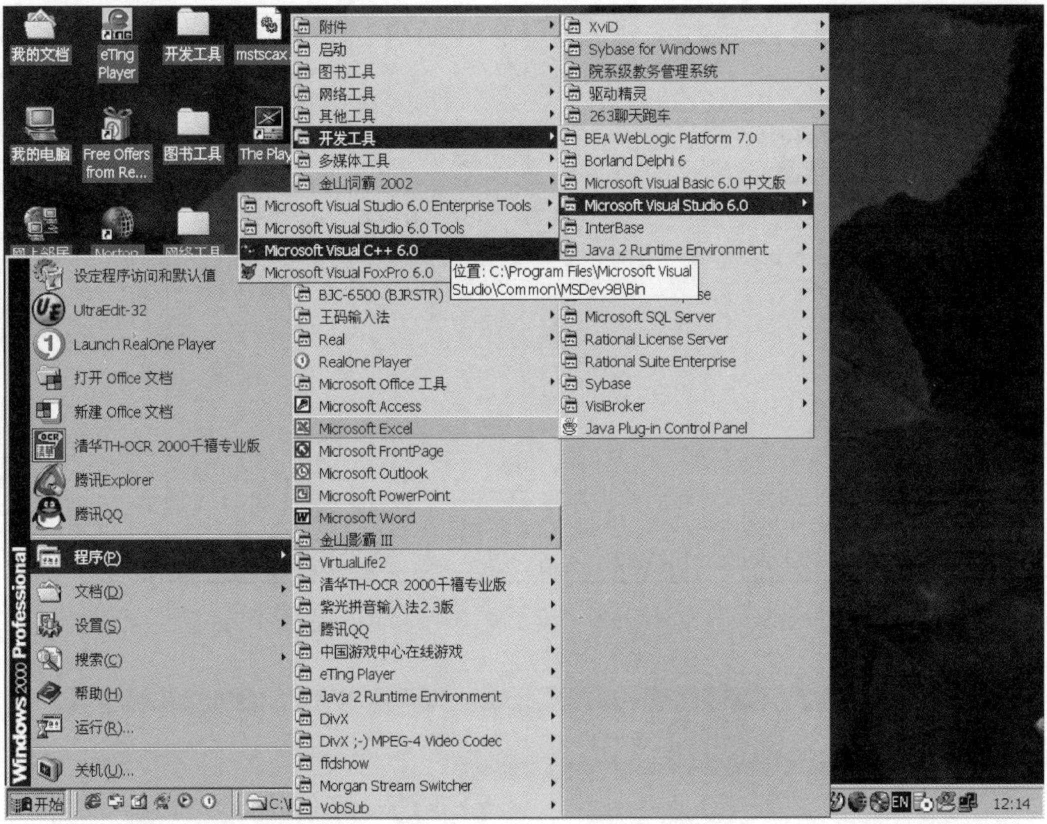

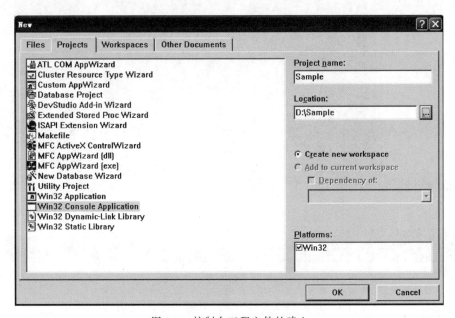

图 1-2　Microsoft Visual C++ 6.0 的启动

图 1-3　控制台工程文件的建立

Windows 系统下 C 实验指导

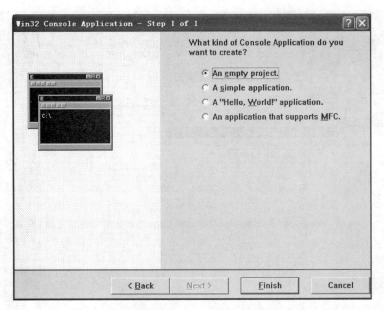

图 1-4　建立一个空的工程

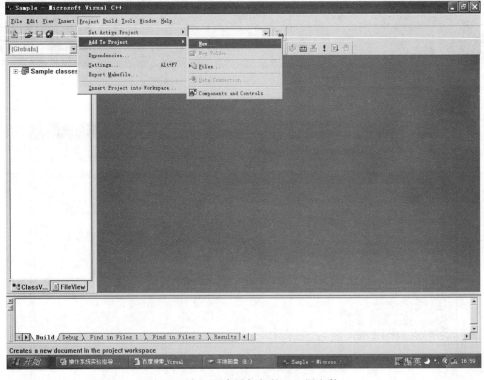

图 1-5　在工程中添加新的 C++ 源文件

（7）执行程序。选择 Build→Execute 命令（或按 Ctrl＋F5 快捷键），执行程序，将会打开一个 DOS 窗口，按照程序输入要求正确输入数据后，程序即可正确执行，如图 1-7 所示。

图 1-6　编译源程序

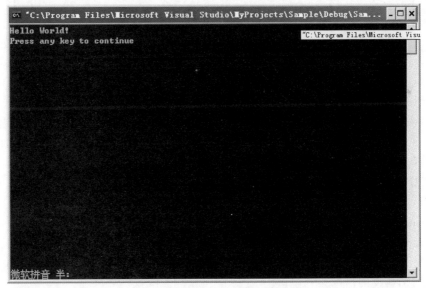

图 1-7　在 DOS 窗口执行程序

　　(8) 调试程序。在编写较长的程序时,能够一次成功而不含有任何错误绝非易事,这需要进行长期、大量的练习。编写的程序若没有编译错误,则可以成功运行。对于程序中的错误,Visual C++ 6.0 提供了易用且有效的调试手段。

　　在工具栏中选择 Build→Start Debug→Go 命令,程序进入调试状态,可以进行单步执行调试程序。其中,单步跟踪进入子函数(Step Into,F11 为快捷键),每按一次 F11 键,程序执行一条无法再进行分解的程序行;单步跟踪跳过子函数(Step Over,F10 为快捷键),每按一次 F10 键,程序执行一行;Watch 窗口可以显示变量名及其当前值,在单步执行的过程中，可以在 Watch 窗口（屏幕的下方，如图 1-8 所示）中加入所需观察的变量，以辅助监视，随时了解变量当前的情况；同时，为方便较大规模程序的跟踪，可以设置断点（F9 为快捷键），断点处所在程序行的左侧会出现一个圆点。当选择 Go 命令时，程序执行到断点处将暂停执行，以方便用户进行变量观察。取消断点只需在代码断点处再次按 F9 键即可。

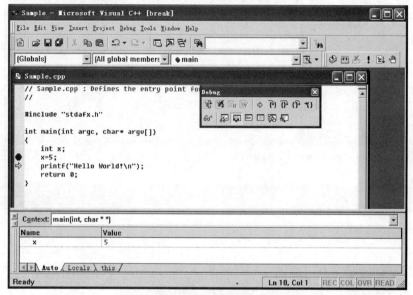

图 1-8　调试程序

1.2.2　Visual C++ 6.0 工程的文件组成

建立一个 Visual C++ 6.0 控制台程序后，系统会自动创建一个目录，该目录下会生成很多文件和目录。这些文件可分为工作区文件和项目文件、应用程序源文件和头文件、资源文件和预编译头文件，以及 Debug 或 Release 目录。

1. 工作区文件和项目文件

工作区文件和项目文件主要用于保存和更新工作区和项目信息，主要包括以下文件。

（1）Sample.dsw：工作区文件，包含当前工作区中的项目信息。

（2）Sample.dsp：项目文件，包含当前项目的位置、所包含的文件等信息。

（3）Sample.clw：该文件包含 MFC(Microsoft Foundation Classes)向导中用来编辑的现有类或增加新类的信息。

2. 应用程序源文件和头文件

应用程序源文件和头文件是工程的主体。

（1）Sample.h：应用程序的主头文件，包含所有全局符号和用于包含其他头文件的 #include 伪指令。

（2）Sample.cpp：应用程序的主源文件。

3. 资源文件和预编译头文件

基于 MFC 的 Windows 应用程序一般都少不了应用程序资源的支持，工程中会创建一些与资源有关的文件，同时，与 MFC 应用程序相关的预编译头文件也会被创建。

（1）Sample.rc：项目的头文件。

（2）Resource. h：项目的资源文件。

（3）stdafx. cpp 和 stdafx. h：这两个文件用于建立一个预编译的头文件 Sample. pch 和一个预定义的类型文件 stdafx. obj。由于 MFC 体系结构非常大，包含许多头文件，如果每次都编译，比较费时，因此把常用的 MFC 头文件都放在 stdafx. h 中，然后让 stdafx. cpp 包含这个 stdafx. h 文件。这样，由于编译器可以识别哪些文件已经编译过，因此 stdafx. cpp 就只编译一次，并生成预编译头文件。如果以后在编译时不想让有些 MFC 头文件每次都编译，也可以将它加入到 stdafx. h 文件中。采用预编译头文件可以加快编译过程。

4. Debug 目录或 Release 目录

在 Visual C++ 6.0 中，一个工程可产生两种不同版本的可执行程序：Debug 版本和 Release 版本。两个目录下都存放编译、链接时产生的中间文件及生成的可执行程序。不同的是，Debug 版本包含用于调试的信息和代码，而 Release 版本则不包含，因此 Release 版本产生的可执行程序文件比 Debug 版本要小。

1.3   MSDN 概述

1.3.1   MSDN 简介

MSDN 是 Microsoft Developer Network 的简称，它为使用微软程序设计语言及其开发工具的开发者提供了大量的技术资料。MSDN 是专门为 Windows 环境开发人员提供的技术宝库，也为对微软技术感兴趣的人员提供了研究 Windows 的窗口。

MSDN 是微软公司为使用微软产品的技术开发人员提供的资源服务，技术可以在 MSDN 官网获取所需的资料。

为了配合不同类型的开发工作，MSDN 提供不同等级的产品。企业或个人可根据需要订购不同等级的产品，取得微软的开发平台、系统开发包（System Development Kit，SDK）、Back Office 或开发工具，并定期获得关于微软公司的最新信息。

1. MSDN 包含的内容

MSDN 含有微软全部的技术文件，主要内容有以下几方面。

（1）程序设计语言（如 Visual Basic、Visual C++等）的技术文件。

（2）范例代码（sample code）。

（3）技术规范（specifications）。

（4）知识库与勘误表（knowledge base and bug lists）。

（5）书籍及期刊。

（6）产品手册。

2. MSDN 的使用对象

使用 MSDN 的人员如下。

（1）驱动程序开发者。

（2）使用微软产品、开发工具及相关技术的人员。

（3）需要不断在微软产品的基础上更新其相关产品的开发机构。

（4）需要使用微软操作系统和其他产品来开发及测试自己的应用程序的各类人员。

3. MSDN 内容简介

MSDN 分 3 个等级：基本版、专业版和通用版。其中，基本版适用于初步投入

Windows 平台的软件技术人员；专业版适用于专门从事 Windows 平台应用软件、游戏软件、驱动程序开发的人员；通用版适用于专门进行商用系统、企业解决方案、Internet 解决方案的开发人员。3 个版本的内容不尽相同，基本版的内容大致如下。

(1) 软件开发工具产品文件。

(2) 系统开发包(SDK)相关文件，涵盖 Back Office 系列及 Office 系列。

(3) 驱动程序开发包(Driver Development Kit,DDK)相关文件。

(4) 开发相关技术文件。

(5) 范例程序代码。

(6) 重要的技术规范、书籍及期刊。

(7) 开发人员知识库、疑难问题解答。

1.3.2　MSDN 使用

Visual C++ 6.0 提供了详细的帮助信息，用户通过选择集成开发环境中的 Help→Contents 命令就可以进入帮助系统。或者在源文件编辑器中把光标定位在一个需要查询的单词处，然后按 F1 键也可以进入 Visual C++ 6.0 的帮助系统，如图 1-9 所示。用户通过 Visual C++ 6.0 的帮助系统可以获得几乎所有的 Visual C++ 6.0 的技术信息，这也是 Visual C++作为一个非常友好的开发环境所具有的一个特色。

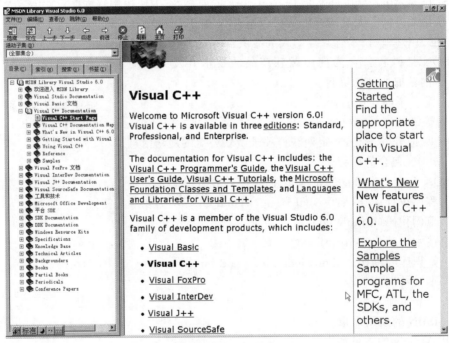

图 1-9　MSDN Help

第2章　Windows 的进程管理

2.1　实验一：线程的创建与撤销

2.1.1　实验目的

（1）熟悉 Windows 系统提供的线程创建与撤销系统调用。

（2）掌握 Windows 系统环境下线程的创建与撤销方法。

2.1.2　实验准备知识：相关 API 函数介绍

1. 线程创建

CreateThread()完成线程的创建。它在调用进程的地址空间上创建一个线程，执行指定的函数，并返回新建立线程的句柄。

原型：

```
HANDLE CreateThread(
            LPSECURITY_ATTRIBUTES lpThreadAttributes,    //安全属性指针
            DWORD dwStackSize,                            //线程堆栈的大小
            LPTHREAD_START_ROUTINE lpStartAddress,        //线程所要执行的函数
            LPVOID lpParameter,                           //线程对应函数要传递的参数
            DWORD dwCreationFlags,                        //线程创建后所处的状态
            LPDWORD lpThreadId                            //线程标识符指针
            );
```

参数说明如下。

（1）lpThreadAttributes：为线程指定安全属性。为 NULL 时，线程得到一个默认的安全描述符。

（2）dwStackSize：线程堆栈的大小。其值为 0 时，其大小与调用该线程的线程堆栈大小相同。

（3）lpStartAddress：指定线程要执行的函数。

（4）lpParameter：函数中要传递的参数。

（5）dwCreationFlags：指定线程创建后所处的状态。若为 CREATE_SUSPENDED，表示创建后处于挂起状态，用 ResumeThread()激活后线程才可执行。若该值设为 0，表示线程创建后立即执行。

（6）lpThreadId：用一个 32 位的变量接收系统返回的线程标识符。若该值设为 NULL，系统不返回线程标识符。

返回值:

如果线程创建成功,将返回该线程的句柄;如果失败,系统返回 NULL,可以调用函数 GetLastError 查询失败的原因。

用法举例:

```
static   HANDLE hHandle1 = NULL;              //用于存储线程返回句柄的变量
DWORD dwThreadID1;                            //用于存储线程标识符的变量
//创建一个名为 ThreadName1 的线程
hHandle1 = CreateThread((LPSECURITY_ATTRIBUTES) NULL,
                0,
                (LPTHREAD_START_ROUTINE) ThreadName1,
                (LPVOID) NULL,
                0, &dwThreadID1);
```

2. 撤销线程

ExitThread()用于撤销当前线程。

原型:

```
VOID ExitThread(
            DWORD dwExitCode                  //线程返回码
            );
```

参数说明如下。

dwExitCode:指定线程返回码,可以调用 GetExitCodeThread()查询返回码的含义。

返回值:

该函数没有返回值。

用法举例:

```
ExitThread(0);                                //参数 0 表示要撤销进程中的所有线程
```

3. 终止线程

TerminateThread()用于终止当前线程。该函数与 ExitThread()的区别在于,ExitThread() 在撤销线程时将该线程所拥有的资源全部归还给系统,而 TerminateThread()不归还资源。

原型:

```
BOOL TerminateThread(
            HANDLE hThread,                   //线程句柄
            DWORD dwExitCode                  //线程返回码
            );
```

参数说明如下。

(1) hThread:要终止线程的线程句柄。

(2) dwExitCode:指定线程返回码,可以调用 GetExitCodeThread()查询返回码的含义。

返回值:

函数调用成功,将返回一个非 0 值;若失败,则返回 0,可以调用函数 GetLastError()查询失败的原因。

4. 挂起线程

Sleep()用于挂起当前正在执行的线程。

原型：

```
VOID Sleep(
 DWORD dwMilliseconds                        //挂起时间
);
```

参数说明如下。

dwMilliseconds：指定挂起时间，单位为 ms。

返回值：

该函数无返回值。

5. 关闭句柄

函数 CloseHandle()用于关闭已打开对象的句柄，其作用与释放动态申请的内存空间类似，这样可以释放系统资源，使进程安全运行。

原型：

```
BOOL CloseHandle(
            HANDLE hObject              //要关闭对象的句柄
            );
```

参数说明如下。

hObject：已打开对象的句柄。

返回值：

如果函数调用成功，则返回值为非 0 值；如果函数调用失败，则返回值为 0。若要得到更多的错误信息，可以调用函数 GetLastError()查询。

2.1.3 实验内容

使用系统调用函数 CreateThread()创建一个子线程，并在子线程序中显示：Thread is Runing！。为了能让用户清楚地看到线程的运行情况，使用函数 Sleep()使线程挂起 5s，之后使用函数 ExitThread(0)撤销线程。

2.1.4 实验要求

能正确使用 CreateThread()、ExitThread()及 Sleep()等系统调用函数，进一步理解进程与线程理论。

2.1.5 实验指导

本实验在 Windows、Microsoft Visual C++ 6.0 环境下实现，利用 Windows SDK 提供的 API(Application Program Interface，应用程序接口)完成程序的功能。实验在 Windows 环境下安装 Microsoft Visual C++ 6.0 后进行，由于 Microsoft Visual C++ 6.0 是一个集成开发环境，其中包含了 Windows SDK 所有工具和定义，因此安装了 Microsoft Visual C++ 6.0 后不用再安装 SDK。实验中所有的 API 是操作系统提供的用来进行应用程序开发的系统功能接口。

（1）首先启动安装好的 Microsoft Visual C++ 6.0。

（2）在 Microsoft Visual C++ 6.0 环境下选择 File→New 命令,然后在 Project 选项卡中选择 Win32 Console Application 选项建立一个控制台工程文件。

（3）由于 CreateThread（）等函数要使用微软基础类库,因此在图 2-1 中选中 An application that supports MFC 单选按钮,然后单击 Finish 按钮。

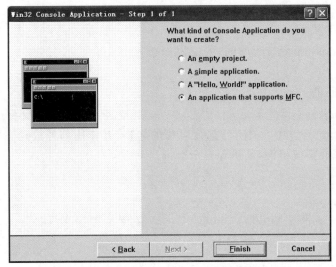

图 2-1 建立一个 MFC 支持的应用程序

（4）如图 2-2 所示,打开 Microsoft Visual C++ 6.0 编辑环境,按本实验的要求编辑 C 程序,再编译、链接并运行该程序即可。

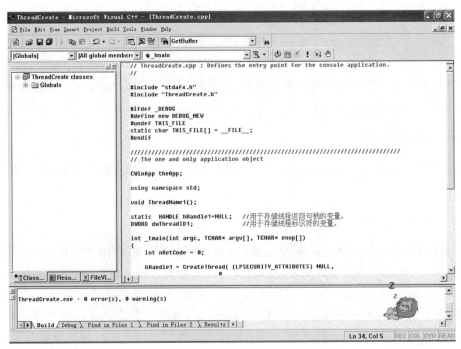

图 2-2 Microsoft Visual C++ 6.0 编辑环境

2.1.6　实验总结

在 Windows 系统中进程是资源的拥有者,线程是系统调度的单位。进程创建后,其主线程也随即被创建。在该实验中,又创建了一个名为 ThreadName1 的子线程,该子线程与主线程并发地被系统调度。为了能看到子线程的运行情况,在主线程创建了子线程后,将主线程挂起 5s 以确保子线程能够运行完毕,之后调用 ExitThread(0)将所有线程(包括主、子线程序)撤销。线程运行如图 2-3 所示。

图 2-3　线程运行

2.1.7　源程序

```
//ThreadCreate.cpp: Defines the entry point for the console application

# include "stdafx.h"
# include "ThreadCreate.h"

# ifdef_DEBUG
# define new DEBUG_NEW
# undef THIS_FILE
static char THIS_FILE[ ] = __FILE__;
# endif

/////////////////////////////////////////////////////////////////////
//The one and only application object
CWinApp theApp;
using namespace std;

void ThreadName1();
static   HANDLE hHandle1 = NULL;                //用于存储线程返回句柄的变量
```

```
DWORD dwThreadID1;                              //用于存储线程标识符的变量

int_tmain(int argc, TCHAR * argv[ ], TCHAR * envp[ ])
{
    int nRetCode = 0;
    hHandle1 = CreateThread((LPSECURITY_ATTRIBUTES) NULL,
                        0,
                        (LPTHREAD_START_ROUTINE) ThreadName1,
                                    //创建一个名为 ThreadName1 的线程
                        (LPVOID) NULL,
                        0,
                        &dwThreadID1);
    Sleep(5000);                                //将主线程挂起 5s
    CloseHandle(hHandle1);                      //关闭句柄
    ExitThread(0);                              //撤销线程

    return nRetCode;
}

void ThreadName1( )                            //线程对应的函数
{
    printf("Thread is Runing!\n");
}
```

2.1.8　实验展望

可以进一步完善程序功能,请思考以下问题。

(1) 如何向线程对应的函数传递参数? 一个参数如何传递? 多个参数又如何传递?

(2) 深入理解线程与进程的概念,在 Windows 环境下何时使用进程? 何时使用线程?

2.2　实验二:线程的同步

2.2.1　实验目的

(1) 进一步掌握 Windows 系统环境下线程的创建与撤销。

(2) 熟悉 Windows 系统提供的线程同步 API。

(3) 使用 Windows 系统提供的线程同步 API 解决实际问题。

2.2.2　实验准备知识:相关 API 函数介绍

1. 等待对象

等待对象函数包括等待一个对象(WaitForSingleObject())和等待多个对象(WaitFor-MultipleObject())两个 API 函数。

1) 等待一个对象

WaitForSingleObject()用于等待一个对象。它等待的对象可以为以下对象之一。

- Change notification：变更通知。
- Console input：控制台标准输入。
- Event：事件。
- Job：作业。
- Mutex：互斥信号量。
- Process：进程。
- Semaphore：计数信号量。
- Thread：线程。
- Waitable timer：定时器。

原型：

```
DWORD WaitForSingleObject(
                    HANDLE hHandle,              //对象句柄
                    DWORD dwMilliseconds         //等待时间
                    );
```

参数说明如下。

(1) hHandle：等待对象的对象句柄。该对象句柄必须为 SYNCHRONIZE 访问。

(2) dwMilliseconds：等待时间，单位为 ms。若该值为 0，函数在测试对象的状态后立即返回，若为 INFINITE，函数一直等待下去，直到接收到一个信号将其唤醒。

返回值：

如果成功返回，其返回值说明是何种事件导致函数返回。

各参数的描述如表 2-1 所示。

表 2-1　函数描述

访　　问	描　　述
WAIT_ABANDONED	等待的对象是一个互斥(Mutex)对象，该互斥对象没有被拥有它的线程释放，它被设置为不能被唤醒
WAIT_OBJECT_0	指定对象被唤醒
WAIT_TIMEOUT	超时

用法举例：

```
static   HANDLE hHandle1 = NULL;
DWORD   dRes;
dRes = WaitForSingleObject(hHandle1,10);        //等待对象的句柄为 hHandle1,等待时间为 10ms
```

2) 等待多个对象

WaitForMultipleObject() 在指定时间内等待多个对象，它等待的对象与 WaitForSingleObject() 相同。

原型：

```
DWORD WaitForMultipleObjects(
                    DWORD nCount,               //句柄数组中的句柄数
                    CONST HANDLE * lpHandles,   //指向对象句柄数组的指针
```

```
        BOOL bWaitAll,                    //等待类型
        DWORD dwMilliseconds              //等待时间
        );
```

参数说明如下。

(1) nCount:由指针 * lpHandles 指定的句柄数组中的句柄数,最大数是 MAXIMUM_ WAIT_OBJECTS。

(2) * lpHandles:指向对象句柄数组的指针。

(3) bWaitAll:等待类型。若为 TRUE,当由 lpHandles 数组指定的所有对象被唤醒时函数返回;若为 FALSE,当由 lpHandles 数组指定的某一个对象被唤醒时函数返回,且由返回值说明是由于哪个对象引起的函数返回。

(4) dwMilliseconds:等待时间,单位为 ms。若该值为 0,函数测试对象的状态后立即返回;若为 INFINITE,函数一直等待下去,直到接收到一个信号将其唤醒。

返回值:

如果成功返回,其返回值说明是何种事件导致函数返回。

各参数的描述如表 2-2 所示。

表 2-2　各参数描述

访　　问	描　　述
WAIT_OBJECT_0 to (WAIT_OBJECT_0+nCount−1)	若 bWaitAll 为 TRUE,返回值说明所有被等待的对象均被唤醒;若 bWaitAll 为 FALSE,返回值减去 WAIT_OBJECT_0 说明 lpHandles 数组下标指定的对象满足等待条件。如果调用时多个对象同时被唤醒,则取多个对象中最小的那个数组下标
WAIT_ABANDONED_0 to (WAIT_ABANDONED_0+nCount−1)	若 bWaitAll 为 TRUE,返回值说明所有被等待的对象均被唤醒,并且至少有一个对象是没有约束的互斥对象;若 bWaitAll 为 FALSE,返回值减去 WAIT_ABANDONED_0 说明 lpHandles 数组下标指定的没有约束的互斥对象满足等待条件
WAIT_TIMEOUT	超时且参数 bWaitAll 指定的条件不能满足

2. 信号量对象

信号量对象(Semaphore)包括创建信号量(CreateSemaphore())、打开信号量(OpenSemaphore())及增加信号量的值(ReleaseSemaphore())API 函数。

1) 创建信号量

CreateSemaphore()用于创建一个信号量。

原型:

```
HANDLE CreateSemaphore(
        LPSECURITY_ATTRIBUTES lpSemaphoreAttributes,    //安全属性
        LONG lInitialCount,                             //信号量对象的初始值
        LONG lMaximumCount,                             //信号量的最大值
        LPCTSTR lpName                                  //信号量的名称
        );
```

参数说明如下。

(1) lpSemaphoreAttributes:指定安全属性,当其值为 NULL 时,信号量得到一个默认

的安全描述符。

（2）lInitialCount：指定信号量对象的初始值，该值必须大于或等于 0，小于或等于 lMaximumCount。当其值大于 0 时，信号量被唤醒。当该函数释放了一个等待该信号量的线程时，lInitialCount 值减 1，当调用函数 ReleaseSemaphore（）时，按其指定的数量加一个值。

（3）lMaximumCount：指定该信号量的最大值，该值必须大于 0。

（4）lpName：给出信号量的名称。

返回值：

信号量创建成功，将返回该信号量的句柄。如果给出的信号量名称是系统已经存在的信号量，将返回这个已存在信号量的句柄。如果失败，系统返回 NULL，可以调用函数 GetLastError（）查询失败的原因。

用法举例：

```
static   HANDLE hHandle1 = NULL;                          //定义一个句柄
//创建一个信号量,其初值为 0,最大值为 5,信号量的名称为"SemaphoreName1"
hHandle1 = CreateSemaphore(NULL,0,5,"SemaphoreName1");
```

2）打开信号量

OpenSemaphore（）用于打开一个信号量。

原型：

```
HANDLE OpenSemaphore(
                    DWORD dwDesiredAccess,        //访问标志
                    BOOL bInheritHandle,          //继承标志
                    LPCTSTR lpName                //信号量名称
                  );
```

参数说明如下。

（1）dwDesiredAccess：指定打开后要对信号量进行何种访问，如表 2-3 所示。

表 2-3　访问状态

访　　问	描　　述
SEMAPHORE_ALL_ACCESS	可以进行任何对信号量的访问
SEMAPHORE_MODIFY_STATE	可使用 ReleaseSemaphore（）修改信号量的值，使信号量成为可用状态
SYNCHRONIZE	使用等待函数（wait functions），等待信号量成为可用状态

（2）bInheritHandle：指定返回的信号量句柄是否可以继承。

（3）lpName：给出信号量的名称。

返回值：

信号量打开成功，将返回该信号量的句柄；如果失败，系统返回 NULL，可以调用函数 GetLastError（）查询失败的原因。

用法举例：

```
static HANDLE hHandle1 = NULL;
```

//打开一个名为"SemaphoreName1"的信号量,之后可使用 ReleaseSemaphore()函数增加信号量的值
hHandle1 = OpenSemaphore(SEMAPHORE_MODIFY_STATE,NULL,"SemaphoreName1");

3)增加信号量的值

ReleaseSemaphore()用于增加信号量的值。

原型:

```
BOOL ReleaseSemaphore(
                HANDLE hSemaphore,          //信号量对象句柄
                LONG lReleaseCount,         //信号量要增加的数值
                LPLONG lpPreviousCount      //信号量要增加数值的地址
                );
```

参数说明如下。

(1) hSemaphore:创建或打开信号量时给出的信号量对象句柄。Windows NT 中建议要使用 SEMAPHORE_MODIFY_STATE 访问属性打开该信号量。

(2) lReleaseCount:信号量要增加的数值。该值必须大于 0。如果增加该值后,大于信号量创建时给出的 lMaximumCount 值,则增加操作失效,函数返回 FALSE。

(3) lpPreviousCount:接收信号量值的一个 32 位的变量。若不需要接收该值,可以指定为 NULL。

返回值:

如果成功,将返回一个非 0 值;如果失败,系统返回 0,可以调用函数 GetLastError()查询失败的原因。

用法举例:

```
static HANDLE hHandle1 = NULL;
BOOL rc;
rc = ReleaseSemaphore(hHandle1,1,NULL);          //给信号量的值加 1
```

2.2.3 实验内容

完成主、子两个线程之间的同步,要求子线程先执行。在主线程中使用系统调用 CreateThread()创建一个子线程。主线程创建子线程后进入阻塞状态,直到子线程运行完毕后唤醒主线程。

2.2.4 实验要求

能正确使用等待对象(WaitForSingleObject()或 WaitForMultipleObject())及信号量对象(CreateSemaphore()、OpenSemaphore()、ReleaseSemaphore())等系统调用函数,进一步理解线程的同步。

2.2.5 实验指导

具体操作过程同本章实验一,在 Microsoft Visual C++ 6.0 环境下建立一个 MFC 支持的控制台工程文件,编写 C 程序,在程序中使用 CreateSemaphore(NULL,0,1,"SemaphoreName1")创建一个名为"SemaphoreName1"的信号量,信号量的初始值为 0,之后使用 OpenSemaphore

（SYNCHRONIZE｜SEMAPHORE_MODIFY_STATE，NULL，"SemaphoreName1"）打开该信号量，这里访问标志用"SYNCHRONIZE｜SEMAPHORE_MODIFY_STATE"，以便之后可以使用 WaitForSingleObject（）等待该信号量及使用 ReleaseSemaphore（）释放该信号量，然后创建一个子线程，主线程创建子线程后调用 WaitForSingleObject（hHandle1，INFINITE），这里等待时间设置为 INFINITE，表示要一直等待下去，直到该信号量被唤醒为止。子线程结束，调用 ReleaseSemaphore（hHandle1，1，NULL）释放信号量，使信号量的值加 1。

2.2.6 实验总结

该实验完成了主、子两个线程的同步，主线程创建子线程后，主线程阻塞，让子线程先执行，等子线程执行完毕后，由子线程唤醒主线程。主、子线程运行情况如图 2-4 所示。

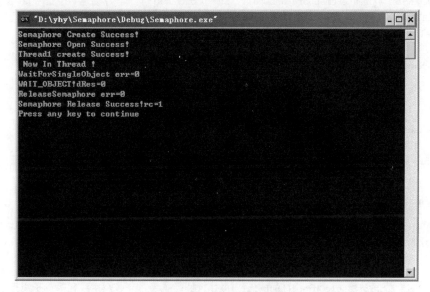

图 2-4 主、子线程运行情况

2.2.7 源程序

//Semaphore.cpp: Defines the entry point for the console application

```
# include "stdafx.h"
# include "Semaphore.h"

# ifdef_DEBUG
# define new DEBUG_NEW
# undef THIS_FILE
static char THIS_FILE[ ] = __FILE__;
# endif

/////////////////////////////////////////////////////////////////////////
//The one and only application object
```

```
        CWinApp theApp;
        using namespace std;

        static HANDLE h1;                                         //线程句柄
        static HANDLE hHandle1 = NULL;                            //信号量句柄

        void func();

        int_tmain(int argc, TCHAR * argv[], TCHAR * envp[])
        {
            int nRetCode = 0;
            DWORD dwThreadID1;
            DWORD dRes, err;

            hHandle1 = CreateSemaphore(NULL,0,1,"SemaphoreName1");    //创建一个信号量
            if(hHandle1 == NULL) printf("Semaphore Create Fail!\n");
            else printf("Semaphore Create Success!\n");

            hHandle1 = OpenSemaphore(SYNCHRONIZE|SEMAPHORE_MODIFY_STATE,
                                NULL,
                                "SemaphoreName1");            //打开信号量
            if(hHandle1 == NULL)printf("Semaphore Open Fail!\n");
            else printf("Semaphore Open Success!\n");

            h1 = CreateThread((LPSECURITY_ATTRIBUTES)NULL,
                            0,
                            (LPTHREAD_START_ROUTINE)func,
                            (LPVOID)NULL,
                            0,&dwThreadID1);                  //创建子线程
            if (h1 == NULL) printf("Thread1 create Fail!\n");
            else printf("Thread1 create Success!\n");

            dRes = WaitForSingleObject(hHandle1,INFINITE);        //主线程等待子线程结束
            err = GetLastError();
            printf("WaitForSingleObject err = % d\n",err);

            if (dRes == WAIT_TIMEOUT)printf("TIMEOUT! dRes = % d\n",dRes);
            else if(dRes == WAIT_OBJECT_0) printf("WAIT_OBJECT! dRes = % d\n",dRes);
            else if(dRes == WAIT_ABANDONED)
                printf("WAIT_ABANDONED! dRes = % d\n",dRes);
            else   printf("dRes = % d\n",dRes);

            CloseHandle(h1);
            CloseHandle(hHandle1);
            ExitThread(0);

            return nRetCode;
        }

        void func()
        {
```

```
        BOOL rc;
        DWORD err;

        printf("Now In Thread!\n");
        rc = ReleaseSemaphore(hHandle1,1,NULL);                    //子线程唤醒主线程
        err = GetLastError();
        printf("ReleaseSemaphore err = % d\n",err);
        if (rc == 0) printf("Semaphore Release Fail!\n");
        else printf("Semaphore Release Success! rc = % d\n",rc);
    }
```

2.2.8　实验展望

上面的程序完成了主、子两个线程执行先后顺序的同步关系,思考以下问题。

(1) 如何实现多个线程的同步?

(2) 若允许子线程执行多次后主线程再执行,又如何设置信号量的初值?

2.3　实验三：线程的互斥

2.3.1　实验目的

(1) 熟练掌握 Windows 系统环境下线程的创建与撤销。

(2) 熟悉 Windows 系统提供的线程互斥 API。

(3) 使用 Windows 系统提供的线程互斥 API 解决实际问题。

2.3.2　实验准备知识：相关 API 函数介绍

1. 临界区对象

临界区对象(CriticalSection)包括初始化临界区(InitializeCriticalSection())、进入临界区(EnterCriticalSection())、退出临界区(LeaveCriticalSection())及删除临界区 DeleteCriticalSection()等 API 函数。

1) 初始化临界区

InitializeCriticalSection()用于初始化临界区对象。

原型：

```
VOID InitializeCriticalSection(
                        LPCRITICAL_SECTION lpCriticalSection        //指向临界区对象
                                                                    //的地址指针
                    );
```

参数说明如下。

lpCriticalSection：指定临界区对象的地址。

返回值：

该函数没有返回值。

用法举例：

```
LPCRITICAL_SECTION hCriticalSection;        //定义指向临界区对象的地址指针
CRITICAL_SECTION Critical;                  //定义一个临界区
hCriticalSection = &Critical;
InitializeCriticalSection(hCriticalSection);
```

2）进入临界区

EnterCriticalSection()等待进入临界区的权限,当获得该权限后进入临界区。

原型：

```
VOID EnterCriticalSection(
                    LPCRITICAL_SECTION lpCriticalSection  //指向临界区对象的地址指针
                    );
```

参数说明如下。

lpCriticalSection：指定临界区对象的地址。

返回值：

该函数没有返回值。

用法举例：

```
LPCRITICAL_SECTION hCriticalSection;        //定义指向临界区对象的地址指针
CRITICAL_SECTION Critical;                  //定义一个临界区
hCriticalSection = &Critical;
EnterCriticalSection(hCriticalSection);
```

3）退出临界区

LeaveCriticalSection()释放临界区的使用权限。

原型：

```
VOID LeaveCriticalSection(
                    LPCRITICAL_SECTION lpCriticalSection  //指向临界区对象的地址指针
                    );
```

参数说明如下。

lpCriticalSection：指定临界区对象的地址。

返回值：

该函数没有返回值。

用法举例：

```
LPCRITICAL_SECTION hCriticalSection;        //定义指向临界区对象的地址指针
CRITICAL_SECTION Critical;                  //定义一个临界区
hCriticalSection = &Critical;
LeaveCriticalSection(hCriticalSection);
```

4）删除临界区

DeleteCriticalSection()删除与临界区有关的所有系统资源。

原型：

```
VOID DeleteCriticalSection(
```

参数说明如下。

lpCriticalSection：指定临界区对象的地址。

返回值：

该函数没有返回值。

用法举例：

```
LPCRITICAL_SECTION hCriticalSection;          //定义指向临界区对象的地址指针
CRITICAL_SECTION Critical;                     //定义一个临界区
hCriticalSection = &Critical;
DeleteCriticalSection(hCriticalSection);
```

2. 互斥对象

互斥对象(Mutex)包括创建互斥对象(CreateMutex())、打开互斥对象(OpenMutex())及释放互斥对象(ReleaseMutex())API 函数。

1) 创建互斥对象

CreateMutex()用于创建一个互斥对象。

原型：

```
HANDLE CreateMutex(
            LPSECURITY_ATTRIBUTES lpMutexAttributes,  //安全属性
            BOOL bInitialOwner,                        //初始权限标志
            LPCTSTR lpName                             //互斥对象名称
            );
```

参数说明如下。

(1) lpMutexAttributes：指定安全属性。当其值为 NULL 时,信号量得到一个默认的安全描述符。

(2) bInitialOwner：指定初始的互斥对象。如果该值为 TRUE 并且互斥对象已经存在,则调用线程获得互斥对象的所有权,否则调用线程不能获得互斥对象的所有权。如果想要知道互斥对象是否已经存在,参见返回值说明。

(3) lpName：给出互斥对象的名称。

返回值：

互斥对象创建成功,将返回该互斥对象的句柄。如果给出的互斥对象是系统已经存在的互斥对象,将返回这个已存在互斥对象的句柄。如果失败,系统返回 NULL,可以调用函数 GetLastError()查询失败的原因。

用法举例：

```
static   HANDLE hHandle1 = NULL;              //定义一个句柄
//创建一个名为"MutexName1"的互斥对象
hHandle1 = CreateMutex(NULL,FALSE, "MutexName1");
```

2) 打开互斥对象

OpenMutex()用于打开一个互斥对象。

Windows 系统下 C 实验指导

原型：

```
HANDLE OpenMutex(
        DWORD dwDesiredAccess,              //访问标志
        BOOL bInheritHandle,                //继承标志
        LPCTSTR lpName                      //互斥对象名称
        );
```

参数说明如下。

指明系统安全属性支持的对互斥对象所有可能的访问。如果系统安全属性不支持,则不能获得对互斥对象的访问权。

(1) dwDesiredAccess：指出打开后要对互斥对象进行何种访问,具体描述如表 2-4 所示。

表 2-4   对互斥对象进行访问的种类

访问	描述
MUTEX_ALL_ACCESS	可以进行任何对互斥对象的访问
SYNCHRONIZE	使用等待对象函数等待互斥对象成为可用状态或使用 ReleaseMutex() 释放使用权,从而获得互斥对象的使用权

(2) bInheritHandle：指定返回的信号量句柄是否可以继承。

(3) lpName：给出信号量的名称。

返回值：

互斥对象打开成功,将返回该互斥对象的句柄；如果失败,系统返回 NULL,可以调用函数 GetLastError()查询失败的原因。

用法举例：

```
static   HANDLE hHandle1 = NULL;
//打开一个名为"MutexName1"的互斥对象
hHandle1 = OpenMutex(SYNCHRONIZE,NULL,"MutexName1");
```

3）释放互斥对象

ReleaseMutex()用于释放互斥对象。

原型：

```
BOOL ReleaseMutex(
        HANDLE hMutex                       //互斥对象句柄
        );
```

参数说明如下。

hMutex：Mutex 对象的句柄。CreateMutex()和 OpenMutex()函数返回该句柄。

返回值：

如果成功,将返回一个非 0 值；如果失败,系统返回 0,可以调用函数 GetLastError()查询失败的原因。

用法举例：

```
static HANDLE hHandle1 = NULL;
```

```
BOOL rc;
rc = ReleaseMutex( hHandle1 )
```

2.3.3 实验内容

完成两个子线程之间的互斥。在主线程中使用系统调用函数 CreateThread() 创建两个子线程,并使两个子线程互斥地使用全局变量 count。

2.3.4 实验要求

能正确使用临界区对象,包括初始化临界区(InitializeCriticalSection())、进入临界区(EnterCriticalSection())、退出临界区(LeaveCriticalSection())及删除临界区(DeleteCriticalSection()),进一步理解线程的互斥。

2.3.5 实验指导

具体操作过程同实验一,在 Microsoft Visual C++ 6.0 环境下建立一个 MFC 支持的控制台工程文件,编写 C 程序,在主线程中使用 InitializeCriticalSection() 初始化临界区,然后建立两个子线程,在两个子线程中使用全局变量 count 的程序段所在位置前、后分别使用 EnterCriticalSection() 进入临界区及使用 LeaveCriticalSection() 退出临界区,等两个子线程运行完毕,主线程使用 DeleteCriticalSection() 删除临界区并撤销线程。

2.3.6 实验总结

该实验完成了两个子线程的互斥。若去掉互斥对象,观察全局变量 count 的变化,了解互斥对象的作用,进一步理解线程的互斥。本实验也可以使用互斥对象(Mutex)来完成两个线程的互斥,互斥对象的使用方法与信号量对象相似,这里不再说明。线程互斥访问全局变量 count 如图 2-5 所示。

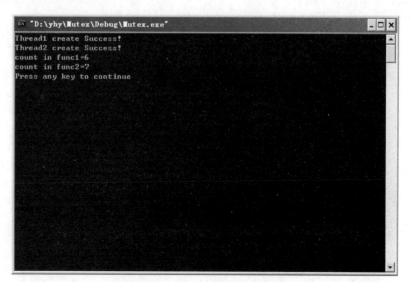

图 2-5   线程互斥访问全局变量 count

Windows 系统下 C 实验指导

2.3.7 源程序

```
//Mutex.cpp: Defines the entry point for the console application

# include "stdafx.h"
# include "Mutex.h"

# ifdef_DEBUG
# define new DEBUG_NEW
# undef THIS_FILE
static char THIS_FILE[] = __FILE__;
# endif

/////////////////////////////////////////////////////////////////////
//The one and only application object
CWinApp theApp;
using namespace std;

static int count = 5;
static HANDLE h1;
static HANDLE h2;
LPCRITICAL_SECTION hCriticalSection;            //定义指向临界区对象的地址指针
CRITICAL_SECTION Critical;                       //定义临界区
void func1();
void func2();

int_tmain(int argc, TCHAR* argv[], TCHAR* envp[])
{
    int nRetCode = 0;
    DWORD dwThreadID1,dwThreadID2;
    hCriticalSection = &Critical;                //将指向临界区对象的指针指向临界区
    InitializeCriticalSection(hCriticalSection); //初始化临界区

    h1 = CreateThread((LPSECURITY_ATTRIBUTES)NULL,
                      0,
                      (LPTHREAD_START_ROUTINE)func1,
                      (LPVOID)NULL,
                      0,&dwThreadID1);            //创建线程 func1
    if (h1 == NULL) printf("Thread1 create Fail!\n");
    else printf("Thread1 create Success!\n");

    h2 = CreateThread((LPSECURITY_ATTRIBUTES)NULL,
                      0,
                      (LPTHREAD_START_ROUTINE)func2,
                      (LPVOID)NULL,
                      0,&dwThreadID2);            //创建线程 func2
    if (h2 == NULL) printf("Thread2 create Fail!\n");
    else printf("Thread2 create Success!\n");

    Sleep(1000);
```

```
        CloseHandle(h1);
        CloseHandle(h2);
        DeleteCriticalSection(hCriticalSection);          //删除临界区
        ExitThread(0);
        return nRetCode;
}


void func2()
{
        int r2;

        EnterCriticalSection(hCriticalSection);           //进入临界区
        r2 = count;
        _sleep(100);
        r2 = r2 + 1;
        count = r2;
        printf("count in func2 = % d\n",count);
        LeaveCriticalSection(hCriticalSection);           //退出临界区
}
void func1()
{
        int r1;

        EnterCriticalSection(hCriticalSection);           //进入临界区
        r1 = count;
        _sleep(500);
        r1 = r1 + 1;
        count = r1;
        printf("count in func1 = % d\n",count);
        LeaveCriticalSection(hCriticalSection);           //退出临界区
}
```

2.3.8 实验展望

上面的实验是使用临界区对象（CriticalSection）实现的，同学们可以用互斥对象（Mutex）或信号量对象（Semaphore）来完成。

在完成以上 3 个实验后，读者对 Windows 系统提供的线程的创建与撤销、线程的同步与互斥 API 有了一定的了解，在此基础上设计并完成一个综合性的实验，解决实际的同步与互斥问题，如生产者与消费者问题、读者与作者问题等。实验的题目可自行设计，但要求必须涉及线程的创建与撤销、信号量对象、临界区对象或互斥对象的使用。

2.4 实验四：使用命名管道实现进程通信

2.4.1 实验目的

（1）了解 Windows 系统环境下的进程通信机制。
（2）熟悉 Windows 系统提供的进程通信 API。

2.4.2 实验准备知识：相关 API 函数介绍

1. 建立命名管道

函数 CreateNamedPipe()创建一个命名管道实例，并返回该管道的句柄。

原型：

```
HANDLE CreateNamedPipe(
                    LPCTSTR lpName,                      //命名管道的名称
                    DWORD dwOpenMode,                    //命名管道的访问模式
                    DWORD dwPipeMode,                    //命名管道的模式
                    DWORD nMaxInstances,                 //可创建实例的最大值
                    DWORD nOutBufferSize,                //以字节为单位的输出缓冲区的大小
                    DWORD nInBufferSize,                 //以字节为单位的输入缓冲区的大小
                    DWORD nDefaultTimeOut,               //默认超时时间
                    LPSECURITY_ATTRIBUTES lpSecurityAttributes   //安全属性
                    );
```

参数说明如下。

（1）lpName：为命名管道的名称，管道的命名方式为\\ServerName\pipe\pipename，其中 ServerName 为用命名管道通信时服务器的主机名或 IP 地址，pipename 为命名管道的名称，用户可自行定义。

（2）dwOpenMode：指定命名管道的访问模式，其访问模式如表 2-5 所示。

表 2-5　管道的访问模式

模　　式	说　　明
PIPE_ACCESS_DUPLEX	双向管道。服务器和客户都可以进行读和写
PIPE_ACCESS_INBOUND	管道中数据的流向只能是从客户到服务器。服务器用 GENERIC_READ 模式创建管道，客户在连接管道时用 GENERIC_WRITE 模式
PIPE_ACCESS_OUTBOUND	管道中数据的流向只能是从服务器到客户。服务器用 GENERIC_WRITE 模式创建管道，客户在连接管道时用 GENERIC_READ 模式

（3）dwPipeMode：指定管道的模式，其模式如表 2-6 所示。

表 2-6　管道的模式

模　　式	说　　明
PIPE_TYPE_BYTE	以字符流的方式向管道写数据。该模式下不能使用 PIPE_READMODE_MESSAGE
PIPE_TYPE_MESSAGE	以消息流的方式向管道写数据。该模式下可以使用 PIPE_READMODE_MESSAGE 和 PIPE_READMODE_BYTE

（4）nMaxInstances：该命名管道可以创建实例的最大值。

（5）nOutBufferSize：输出缓冲区的大小，以字节为单位。

（6）nInBufferSize：输入缓冲区的大小，以字节为单位。

（7）nDefaultTimeOut：默认的超时时间，以 ms 为单位。如果函数 WaitNamedPipe()指定 NMPWAIT_USE_DEFAULT_WAIT，每个管道实例必须指定同一值的名称。

（8）lpSecurityAttributes：为管道指定安全属性，当其值为 NULL 时，管道得到一个默认的安全描述符。

返回值：

如果管道创建成功，将返回服务器命名管道实例的句柄。如果失败，返回 INVALID_HANDLE_VALUE，可以调用函数 GetLastError()查询失败的原因；当返回 ERROR_INVALID_PARAMETER 时，表明参数 nMaxInstances 指定的值大于 PIPE_UNLIMITED_INSTANCES。

2. 连接命名管道

服务器用函数 ConnectNamedPipe()连接命名管道。创建后的命名管道也等待客户端的连接，客户端可以使用函数 CreateFile()和 CallNamedPipe()进行连接。

原型：

```
BOOL ConnectNamedPipe(
                HANDLE hNamedPipe,              //命名管道实例句柄
                LPOVERLAPPED lpOverlapped      //指向 Overlapped 结构的指针
                );
```

参数说明：

（1）hNamedPipe：为命名管道创建时得到的一个命名管道实例句柄。

（2）lpOverlapped：指向 Overlapped 结构的指针，可设其为 NULL。

返回值：

成功，将返回一个非 0 值；失败，系统返回 0，可以调用函数 GetLastError()查询失败的原因。

3. 拆除命名管道的连接

函数 DisconnectNamedPipe()拆除命名管道服务器与客户端的连接。

原型：

```
BOOL DisconnectNamedPipe(
                 HANDLE hNamedPipe           //命名管道实例句柄
                 );
```

参数说明如下。

hNamedPipe：为命名管道创建时得到的一个命名管道实例句柄。

返回值：

如果成功，将返回一个非 0 值；如果失败，系统返回 0，可以调用函数 GetLastError()查询失败的原因。

4. 客户端连接服务器已建立的命名管道

客户端使用函数 CallNamedPipe()连接服务器建立的命名管道。

原型：

```
BOOL CallNamedPipe(
                LPCTSTR lpNamedPipeName,       //命名管道的名称
                LPVOID lpInBuffer,             //输出数据缓冲区指针
```

```
                DWORD nInBufferSize,          //以字节为单位的输出数据缓冲区的大小
                LPVOID lpOutBuffer,           //输入数据缓冲区指针
                DWORD nOutBufferSize,         //以字节为单位的输入数据缓冲区的大小
                LPDWORD lpBytesRead,          //输入字节数指针
                DWORD nTimeOut                //等待时间
                );
```

参数说明如下。

(1) lpNamedPipeName：命名管道的名称。

(2) lpInBuffer：指定用于输出数据(向管道写数据)的缓冲区指针。

(3) nInBufferSize：指向用于输出数据缓冲区的大小，以字节为单位。

(4) lpOutBuffer：指定用于接收数据(从管道读出数据)的缓冲区指针。

(5) nOutBufferSize：指向用于接收数据缓冲区的大小，以字节为单位。

(6) lpBytesRead：一个 32 位的变量，该变量用于存储从管道读出的字节数。

(7) nTimeOut：等待命名管道成为可用状态的时间，单位为 ms。

返回值：

如果成功，将返回一个非 0 值；如果失败，系统返回 0，可以调用函数 GetLastError()查询失败的原因。

5. 客户端等待命令管道

客户端使用函数 WaitNamedPipe()等待服务器连接命名管道。

原型：

```
BOOL WaitNamedPipe(
                LPCTSTR lpNamedPipeName,      //要等待的命名管道名称
                DWORD nTimeOut                //等待时间
                );
```

参数说明如下。

(1) lpNamedPipeName：要等待的命名管道的名称。

(2) nTimeOut：等待命名管道成为可用状态的时间，单位为 ms。

返回值：

在等待时间内要连接的命名管道可以使用，将返回一个非 0 值。在等待时间内要连接的命名管道不可以使用，系统返回 0，可以调用函数 GetLastError()查询失败的原因。

2.4.3 实验内容

使用命名管道完成两个进程之间的通信。

2.4.4 实验要求

使用 Windows 系统提供的命名管道完成两个进程之间的通信，要求能正确使用创建命名管道 CreateNamedPipe()、连接命名管道 ConnectNamedPipe()、拆除命名管道的连接 DisconnectNamedPipe()、连接服务器已建立的命名管道 CallNamedPipe()、等待命名管道 WaitNamedPipe()等 API 函数。

2.4.5 实验指导

完成两个进程之间的通信,需要建立两个工程文件,在 Microsoft Visual C++ 6.0 环境下建立服务器工程文件 PipeServer 和客户端工程文件 PipeClient。在服务器程序中,首先使用 CreateNamedPipe()创建一个命名管道,之后使用 ConnectNamedPipe()连接命名管道,如果命名管道连接成功,可以使用读文件函数 ReadFile()从命名管道中读数据,并可使用写文件函数 WriteFile()向命名管道中写数据,命名管道使用完毕后可以使用 Disconnect-NamedPipe()拆除与命名管道的连接。在客户端程序中,可以先使用 WaitNamedPipe()等待服务器建立好命名管道,然后使用 CallNamedPipe()与服务器建立命名管道的连接,并同时得到服务器发来的数据或向服务器发送数据,如图 2-6 所示。

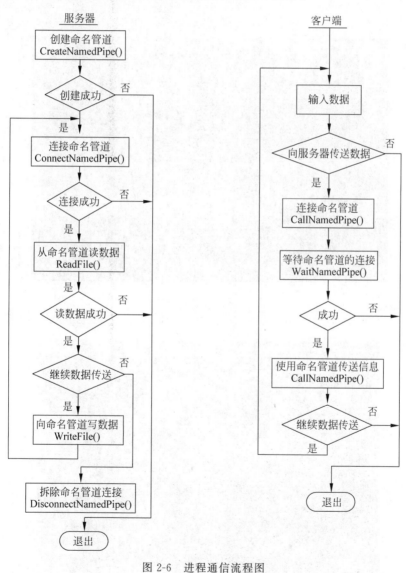

图 2-6 进程通信流程图

Windows 系统下 C 实验指导

2.4.6　实验总结

该实验完成了两个进程的通信,请大家在下面程序的基础上增加和完善程序的功能,如设计一个聊天室等,使其可以实现自己的设计需求。可以使用命名管道创建命令CreateNamedPipe(),也可以使用文件创建命令 CreateFile()来实现其功能,命名管道创建命令 CreateNamedPipe()中的参数比较多,要仔细研究其含义,使用不当可能会导致两个进程通信的失败。

图 2-7 所示为客户端程序运行情况,首先在客户端输入数据 HelloServer!,按 Enter 键后结果如图 2-8 所示,可以看到客户端输入的数据已经在服务器端显示出来了。同样在服务器端输入数据 HelloClient!,在客户端同样也会显示出来,这说明建立的命名管道已经做到了双向通信。

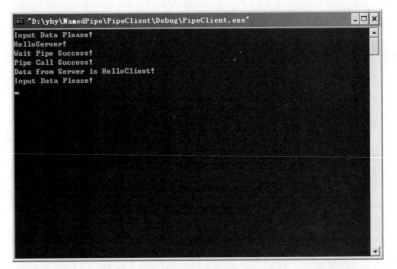

图 2-7　命名管道客户端运行情况

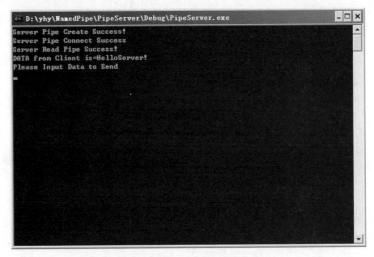

图 2-8　命名管道服务器运行情况

2.4.7 源程序

```
/ ********* 服务器程序 ********** /
//PipeServer.cpp: Defines the entry point for the console application

# include "stdafx.h"
# include "PipeServer.h"

# ifdef_DEBUG
# define new DEBUG_NEW
# undef THIS_FILE
static char THIS_FILE[ ] = __FILE__;
# endif
/////////////////////////////////////////////////////////////////////////////
//The one and only application object
CWinApp theApp;
using namespace std;

int_tmain(int argc, TCHAR * argv[ ], TCHAR * envp[ ])
{
    int nRetCode = 0;
    int err;
    BOOL rc;
    HANDLE hPipeHandle1;

    char lpName[ ] = "\\\\.\\pipe\\myPipe";
    char InBuffer[50] = "";
    char OutBuffer[50] = "";
    DWORD BytesRead,BytesWrite;

    hPipeHandle1 = CreateNamedPipe(
                            (LPCTSTR)lpName,
                            PIPE_ACCESS_DUPLEX|FILE_FLAG_OVERLAPPED|WRITE_DAC,
                            PIPE_TYPE_MESSAGE|PIPE_READMODE_BYTE|PIPE_WAIT,
                            1,20,30, NMPWAIT_USE_DEFAULT_WAIT,
                            (LPSECURITY_ATTRIBUTES)NULL
                            );                //创建命名管道

    if ((hPipeHandle1 == INVALID_HANDLE_VALUE) || (hPipeHandle1 == NULL))
    {   err = GetLastError();
        printf("Server Pipe Create Fail!err = % d\n",err);
        exit(1);
    }
    else printf("Server Pipe Create Success!\n");

    while (1)
    {   //连接命名管道
        rc = ConnectNamedPipe(hPipeHandle1,(LPOVERLAPPED)NULL);
        if (rc == 0)
        {
```

```
            err = GetLastError();
            printf("Server Pipe Connect Fail err = % d\n",err);
            exit(2);
        }
        else printf("Server Pipe Connect Success\n");
        strcpy(InBuffer,"");
        strcpy(OutBuffer,"");
        //从命名管道读数据
        rc = ReadFile(hPipeHandle1,InBuffer,sizeof(InBuffer),&BytesRead,
                    (LPOVERLAPPED)NULL);
        if (rc == 0 && BytesRead == 0)
        {   err = GetLastError();
            printf("Server Read Pipe Fail! err = % d\n",err);
            exit(3);
        }
        else
        {
            printf("Server Read Pipe Success! \nDATA from Client is = % s\n",InBuffer);
        }
        rc = strcmp(InBuffer,"end");
        if (rc == 0)break;
        printf("Please Input Data to Send\n");
        scanf(" % s",OutBuffer);
        //向命名管道写数据
        rc = WriteFile(hPipeHandle1,OutBuffer,sizeof(OutBuffer),&BytesWrite,
                    (LPOVERLAPPED)NULL);
        if (rc == 0) printf("Server Write Pipe Fail!\n");
        else printf("Server Write Pipe Success!\n");
        DisconnectNamedPipe(hPipeHandle1);          //拆除与命名管道的连接
        rc = strcmp(OutBuffer,"end");
        if (rc == 0)   break;

    }
    printf("Now Server be END!\n");
    CloseHandle(hPipeHandle1);
    return nRetCode;
}

/ ********** 客户端程序 ********** /
//PipeClient.cpp: Defines the entry point for the console application

# include "stdafx.h"
# include "PipeClient.h"

# ifdef_DEBUG
# define new DEBUG_NEW
# undef THIS_FILE
static char THIS_FILE[] = __FILE__;
# endif

//////////////////////////////////////////////////////////////////////
```

```
//The one and only application object
CWinApp theApp;
using namespace std;

int_tmain(int argc, TCHAR * argv[], TCHAR * envp[])
{
    BOOL rc = 0;
    char lpName[] = "\\\\.\\pipe\\myPipe";
    char InBuffer[50] = "";
    char OutBuffer[50] = "";
    DWORD BytesRead;

    int nRetCode = 0;    int err = 0;
    while (1)
    {
        strcpy(InBuffer,"");
        strcpy(OutBuffer,"");
        printf("Input Data Please!\n");
        scanf("%s",InBuffer);
        rc = strcmp(InBuffer,"end");
        if  (rc == 0)
        {    //连接命名管道
            rc = CallNamedPipe(lpName, InBuffer, sizeof(InBuffer),OutBuffer,
                            sizeof(OutBuffer), &BytesRead, NMPWAIT_USE_DEFAULT_WAIT);
            break;
        }
        rc = WaitNamedPipe(lpName,NMPWAIT_WAIT_FOREVER);           //等待命名管道
        if (rc == 0)
        {
            err = GetLastError();
            printf("Wait Pipe Fail!err = %d\n",err);
            exit(1);
        }
        else printf("Wait Pipe Success!\n");
        //使用命名管道读/写数据
        rc = CallNamedPipe(lpName, InBuffer, sizeof(InBuffer),OutBuffer,
                        sizeof(OutBuffer), &BytesRead, NMPWAIT_USE_DEFAULT_WAIT);
        rc = strcmp(OutBuffer,"end");
        if(rc == 0)break;
        if (rc == 0)
        {
            err = GetLastError();
            printf("Pipe Call Fail!err = %d\n",err);
            exit(1);
        }
        else printf("Pipe Call Success!\nData from Server is %s\n",OutBuffer);
    }
    printf("Now Client to be End!\n");
    return nRetCode;
}
```

Windows 系统下 C 实验指导

2.4.8 实验展望

在完成以上实验后,可以对 Windows 系统提供的进程通信 API 有一定的了解,在此基础上设计并完成一个综合性的实验,解决实际的进程通信问题,除了可以使用上面提供的命名管道之外,还可以使用无名管道(Pipe)、文件映射(FileMapping)及套接字(Socket)等进程通信工具。在完成以上实验的基础上总结一下 Windows 提供了哪些进程通信工具,并比较这些进程通信工具的优缺点和应用场合。

第 3 章　Windows 的内存管理

3.1　实验一：动态链接库的建立与调用

3.1.1　实验目的

（1）理解动态链接库的实现原理。

（2）掌握 Windows 系统动态链接库的建立方法。

（3）掌握 Windows 环境下动态链接库的调用方法。

3.1.2　实验准备知识：动态链接库介绍

动态链接库（Dynamic Link Library，DLL）是一个可执行模块，它包含的函数可以由 Windows 应用程序调用以提供所需功能，为应用程序提供服务。

1. 动态链接库基础知识

大型的应用程序都是由多个模块组成的，这些模块彼此协作，以完成整个软件系统的工作。其中可能有些模块的功能是通用的，被多个软件系统使用。在设计软件系统时，如果将所有模块的源代码都静态编译到整个应用程序的 .exe 文件中，会产生两个问题：一是应用程序过大，运行时消耗较大的内存空间，造成系统资源的浪费；二是在修改程序时，每次程序的调整都必须编译所有的源代码，增加了编译过程的复杂度，也不利于阶段性的模块测试。

Windows 系统提供了非常有效的编程和运行环境，可以将独立的模块编译成较小的动态链接库文件，并可对这些动态链接库单独进行编译和测试。运行时，只有在主程序需要时才将动态链接库装入内存并运行。这样不仅减少了应用程序的大小及对内存的大量需求，而且使得动态链接库可以被多个应用程序使用，从而充分利用了资源。Windows 系统中的一些主要的系统功能都是以动态链接库的形式出现的，如设备驱动程序等。

动态链接库文件在 Windows 系统中的扩展名为 .dll，它可以由若干函数组成，运行时被系统加载到进程的虚拟地址空间中，成为调用进程的一部分。如果与其他的动态链接库没有冲突，该文件通常映射到进程虚拟地址空间上。

2. 动态链接库入口函数

DllMain() 函数是动态链接库的入口函数，当 Windows 系统加载动态链接库时调用该函数，DllMain() 函数不仅在将动态链接库加载到进程地址空间时被调用，在动态链接库与进程分离时也被调用。

每个动态链接库必须有一个入口点，像用 C 语言编写其他应用程序时必须有一个

WinMain()函数一样,在 Windows 系统的动态链接库中,DllMain()是默认的入口函数。函数原型如下:

```
BOOL APIENTRY DllMain(HANDLE hModule,
                      DWORD   ul_reason_for_call,
                      LPVOID lpReserved)
{
    return TRUE;
}
```

其中,参数 hModule 为动态链接库的句柄,其值与动态链接库的地址相对应;参数 ul_reason_for_call 指明系统调用该函数的原因;参数 lpReserved 说明动态链接库是否需要动态加载或卸载。当 lpReserved 为 NULL 时表示需要动态加载,即运行时用到该动态链接库时才将其装入内存,当进程不用该动态链接库时,可使用 FreeLibrary()将动态链接库卸载;当 lpReserved 为非 NULL 时表示静态加载,进程终止时才卸载,即进程装入内存时同时将其动态链接库装入,进程终止时动态链接库与进程同时被卸载。

使用入口函数还能使动态链接库在被调用时自动做一些初始化工作,如分配额外的内存或其他资源;在撤销时做一些清除工作,如回收占用的内存或其他资源。需要做初始化或清除工作时,DllMain()函数格式如下:

```
BOOL APIENTRY DllMain (HANDLE hModule,
                       DWORD   ul_reason_for_call,
                       LPVOID lpReserved
                       )
{
    switch (ul_reason_for_call)
    {
        case DLL_PROCESS_ATTACH:
        case DLL_THREAD_ATTACH:
        case DLL_THREAD_DETACH:
        case DLL_PROCESS_DETACH:
            break;
    }
    return TRUE;
}
```

初始化或清除工作分以下几种情况。

(1) DLL_PROCESS_ATTACH。当动态链接库被初次映射到进程的地址空间时,系统将调用该动态链接库的 DllMain()函数,给它传递参数 ul_reason_for_call 的值 DLL_PROCESS_ATTACH。当处理 DLL_PROCESS_ATTACH 时,动态链接库应执行动态链接库函数要求的任何与进程相关的初始化工作,如动态链接库堆栈的创建等。当初始化成功时,DllMain()返回 TRUE,否则返回 FALSE,并终止整个进程的执行。

(2) DLL_PROCESS_DETACH。当动态链接库从进程的地址空间被卸载时,系统将调用该动态链接库的 DllMain()函数,给它传递参数 ul_reason_for_call 的值 DLL_PROCESS_DETACH。当处理 DLL_PROCESS_DETACH 时,动态链接库执行与进程相关的清除操作,如堆栈的撤销等。

（3）DLL_THREAD_ATTACH。当在一个进程中创建线程时,系统查看当前映射进程的地址空间中的所有动态链接库文件映像,并调用每个带有 DLL_THREAD_ATTACH 值的 DllMain()函数文件映像。这样,动态链接库就可以执行每个线程的初始化操作。新创建的线程负责执行动态链接库的所有 DllMain()函数中的代码。

当一个新动态链接库被映射到进程的地址空间时,如果该进程内已经有若干线程正在执行,那么系统将不为现有的线程调用带 DLL_THREAD_ATTACH 值的 DllMain()函数。只有当新线程创建,动态链接库被映射到进程的地址空间时,它才可以调用带有 DLL_THREAD_ATTACH 值的 DllMain()函数。另外,系统并不为主线程调用带 DLL_THREAD_ATTACH 值的 DllMain()函数。进程初次启动时映射到进程的地址空间中的任何动态链接库均接收 DLL_PROCESS_ATTACH 通知,而不是 DLL_THREAD_ATTACH 通知。

（4）DLL_THREAD_DETACH。终止线程的方法是系统调用 ExitThread()函数撤销该线程,但如果 ExitThread()函数要终止动态链接库所在的线程,系统不会立即将该线程撤销,而是取出这个即将被撤销的线程,并让它调用已映射的动态链接库中所有带有 DLL_THREAD_DETACH 值的 DllMain()函数。通知所有的动态链接库执行每个线程的清除操作,只有当每个动态链接库都完成了对 DLL_THREAD_DETACH 通知的处理时,操作系统才会终止线程的运行。

如果当动态链接库被撤销时仍然有线程在运行,那么带 DLL_THREAD_DETACH 值的 DllMain()函数就不会被任何线程调用。所以在处理 DLL_THREAD_ATTACH 时,要根据具体情况进行。

3. 动态链接库导入/导出函数

动态链接库文件中包含一个导出函数表,这些导出函数由它们的符号名和标识号被唯一地确定,导出函数表中还包含了动态链接库中函数的地址。当应用程序加载动态链接库时,通过导出函数表中各个函数的符号名和标识号找到该函数的地址。如果重新编译动态链接库文件,并不需要修改调用动态链接库的应用程序,除非改变了导出函数的符号名和其他参数。

在动态链接库源程序文件中声明导出函数的代码如下:

```
__declspec(dllexport) MyDllFunction(int x, int y);
```

其中,关键字__declspec(dllexport)表示要导出其后的函数 MyDllFunction()。如果一个动态链接库文件中的函数还需要调用其他动态链接库,此时,动态链接库文件除了导出函数外,还需要一个导入函数,声明导入函数的代码如下:

```
__declspec(dllimport) DllAdd(int x, int y);
```

其中,关键字__declspec(dllimport)表示要导入其后的函数 DllAdd(),在生成动态链接库时,链接程序会自动生成一个与动态链接库相对应的导入/导出库文件(.lib 文件),下面的例子中创建了一个名为 SimpleDll 的动态链接库工程文件,在 SimpleDll 工程的 Debug 目录下,可以看到 SimpleDll. dll 和 SimpleDll. lib 两个文件,其中 SimpleDll. dll 是编译生成的动态链接库可执行文件,SimpleDll. lib 就是导入/导出库文件,该文件中包含 SimpleDll. dll 文件名和 SimpleDll. dll 中的函数名 Add()和 Sub(),SimpleDll. lib 是文件 SimpleDll. dll 的映像文件,在进行隐式链接时要用到它。

下面是一个动态链接库程序的例子。

```
# include …
extern "C" _declspec(dllexport) int Add(int x, int y);
extern "C" _declspec(dllexport) int Sub(int x, int y);
BOOL APIENTRY DllMain(HANDLE hModule,
                      DWORD   ul_reason_for_call,
                      LPVOID lpReserved)
{
    return TRUE;
}

int Add(int x, int y)
{
  int z;
  z = x + y;
  return z;
}
int Sub(int x, int y)
{
  int z;
  z = x - y;
  return z;
}
```

应用程序要链接引用动态链接库的任何可执行模块,其 .lib 文件是必不可少的。除了创建 .lib 文件外,链接程序还要将一个输出符号表嵌入生成的动态链接库文件中。该输出符号表包含输出变量、函数和类的符号列表及函数的虚拟地址。

4. 动态链接库的两种链接方式

当应用程序调用动态链接库时,需要将动态链接库文件映射到调用进程的地址空间中。映射方法有两种:一种是应用程序的源代码只引用动态链接库中包含的符号,当应用程序运行时,加载程序隐式地将动态链接库装入进程的地址空间中,这种方法也称隐式链接;另一种方法是应用程序运行时使用 LoadLibary() 显式地加载所需要的动态链接库,并显式地链接需要的输出符号表。

当进程加载动态链接库时,Windows 系统按以下搜索顺序查找并加载动态链接库。

- 应用程序的当前目录(将动态链接库文件复制到应用程序的 .exe 文件所在目录下)。
- Windows 目录下。
- Windows\System32 目录下。
- PATH 环境变量中设置的目录。
- 列入映射网络目录表中的目录。

(1) 隐式链接。如果程序员创建了一个动态链接库文件(.dll),链接程序会自动生成一个与动态链接库相对应的导入/导出库文件(.lib 文件)。该文件作为动态链接库的替代文件被编译到应用程序的工程项目中。当编译生成应用程序时,应用程序中的调用函数与

.lib 文件中导出符号名相匹配,若匹配成功,这些符号名进入生成的应用程序的可执行文件中。.lib 文件中也包含对应动态链接库文件名,但不包含路径,它同样也被放入生成的应用程序的可执行文件中。Windows 系统根据这些信息发现并加载动态链接库,然后通过符号名实现对动态链接库函数的动态链接。

在调用动态链接库的应用程序中,声明要调用的动态链接库中的函数,需要写明 extern "C",它可以使其他编程语言访问所编写的动态链接库中的函数。下面是通过隐式链接方法调用 SimpleDll. dll 中的函数 Add()和 Sub()的方法,先创建一个控制台工程文件 Call Dll,在 CallDll. cpp 文件中输入代码:

```
extern "C"_declspec(dllimport) int Add(int x, int y);
extern "C"_declspec(dllimport) int Sub(int x, int y);
int main(int argc, char * argv[])
{
    int x = 7;
    int y = 6;
    int t add = 0;
    int sub = 0;
    printf("Call Dll Now!\n");
    //调用动态链接库
    add = Add(x,y);
    sub = Sub(x,y);
    printf("7 + 6 = % d,7 - 6 = % d\n",add,sub);
    return 0;
}
```

为了能够使调用程序 CallDll. cpp 正确地调用动态链接库 SimpleDll. dll,在生成工程文件 CallDll. cpp 的可执行文件之前,先将 SimpleDll. dll 复制到工程文件 CallDll 的 Debug 目录下,将 SimpleDll. lib 复制到 CallDll. cpp 所在的目录下。然后在 Microsoft Visual Studio 的环境下的 Project Settings 对话框的 Link 选项卡中输入动态链接库的导入/导出库文件 SimpleDll. lib。

(2) 显式链接。显式链接方式更适合于集成化的开发工具,如 Visual Basic 等,使用显式链接,程序员不必再使用导入/导出文件,而直接调用 Win32 提供的 LoadLibary()函数加载动态链接库文件,调用 GetProcAddress()函数得到动态链接库中函数的内部地址,在应用程序退出之前,还应使用 FreeLibrary()释放动态链接库。

下面是通过显式链接调用动态链接库的例子。

```
# include …
int_tmain(int argc, TCHAR * argv[], TCHAR * envp[])
{   int s;
    int nRetCode = 0;

    typedef int ( * pAdd)(int x, int y);
    typedef int ( * pSub)(int x, int y);

    HMODULE hDll;
    pAdd add;
```

```
            pSub sub;

            hDll = LoadLibrary("SimpleDll.dll");          //加载动态链接库文件 SimpleDll.dll
            add = (pAdd)GetProcAddress(hDll,"Add");        //得到动态链接库中函数 Add()的内部地址
            s = add(6,2);
            sub = (pSub)GetProcAddress(hDll,"Sub");        //得到动态链接库中函数 Sub ()的内部地址
            s = sub(6,2);
            FreeLibrary(hDll);                             //释放动态链接库 SimpleDll.dll
            return nRetCode;
        }
```

在上面的例子中,使用类型定义关键字 typedef 定义了指向动态链接库中相同函数原型的指针,然后通过 LoadLibrary("SimpleDll. dll")将动态链接库文件 SimpleDll. dll 加载到应用程序中,并返回当前动态链接库文件的句柄。再通过 GetProcAddress(hDll,"Add")和 GetProcAddress(hDll,"Sub")获得导入到应用程序中动态链接库的函数 Add()和 Sub()的指针。函数调用完毕后使用 FreeLibrary(hDll)卸载动态链接库文件。需要注意的是,在编译应用程序之前,要把动态链接库文件复制到应用程序所在的目录下使用显式链接方式,不需要使用相应的 .lib 文件。

5. 函数调用参数传递约定

动态链接库函数调用参数传递约定决定着函数参数传送时入栈和出栈的顺序,以及编译器用来识别函数名称的修饰约定。为了使不同的编程语言方便地共享动态链接库,函数输出时必须使用正确的调用约定。

Microsoft Visual C++ 6.0 支持的常用函数约定主要有_stdcall 调用约定、C 调用约定和_fastcall 调用约定。

(1) _stdcall 调用约定相当于 16 位动态链接库中经常使用的 PASCAL 调用约定。在 Microsoft Visual C++ 6.0 中不再支持 PASCAL 调用约定,取而代之的是_stdcall 调用约定。两者在实质上是一致的,即调用时函数的参数自右向左通过内存栈传递,被调用函数返回时清理传送参数的内存栈。

(2) C 调用约定(用_cdecl 关键字说明)与_stdcall 调用约定在参数传递顺序上是一致的,不同的是用于传送参数的内存栈是由调用者来维护的,使用变参的函数只能使用该调用约定。

(3) _fastcall 调用约定的主要特点是快,因为它是通过寄存器来传递参数的,实际上它使用寄存器 ECX 和 EDX 传送前两个参数,剩下的参数仍自右向左通过内存栈传递,被调用函数返回时清理传送参数的内存栈。因此,对于参数较少的函数使用关键字_fastcall 可以提高其运行速度。

关键字_stdcall、_cdecl 和_fastcall 可以在函数说明时直接写在要输出的函数前面,也可以在 Microsoft Visual C++ 6.0 编译环境中进行设置。

3.1.3 实验内容

(1) 在 Windows 环境下建立一个动态链接库。

（2）使用隐式调用法调用动态链接库。

（3）使用显式调用法调用动态链接库。

3.1.4 实验要求

掌握动态链接库的建立和调用方法。在 Microsoft Visual C++ 6.0 环境下建立一个动态链接库，并分别使用隐式和显示方式将其调用，从而体会使用动态链接库的优点。

3.1.5 实验指导

（1）启动安装好的 Microsoft Visual C++ 6.0 后，在 Microsoft Visual C++ 6.0 环境下选择 File→New 命令，然后在 Projects 选项卡中选择 Win32 Dynamic-Link Library 选项建立一个动态链接库工程文件，在 Project name 文本框中输入工程文件名，在 Location 文本框中输入工程文件名所在路径，然后单击 OK 按钮，如图 3-1 所示。

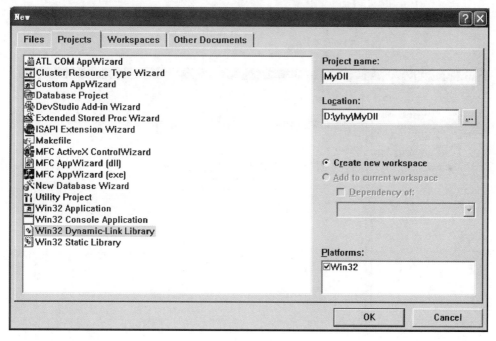

图 3-1 动态链接库工程文件的建立

（2）接下来选择动态链接库的类型，有 3 种选择，分别是 An empty DLL project、A simple DLL project 和 A DLL that exports some symbols，如图 3-2 所示，选中所需单选按钮后单击 Finish 按钮即可。如果选中 An empty DLL project 单选按钮，接下来打开的 Microsoft Visual C++ 6.0 编辑环境是一个空白文件，用户需要在该文件中增加动态链接库的入口函数 DllMain()。

（3）如果选中图 3-2 中的 A simple DLL project 单选按钮，将会打开图 3-3 所示的 Microsoft Visual C++ 6.0 编辑环境，该环境下会有一个 DllMain 的动态链接库入口函数，用户直接使用该函数即可。

Windows 系统下 C 实验指导

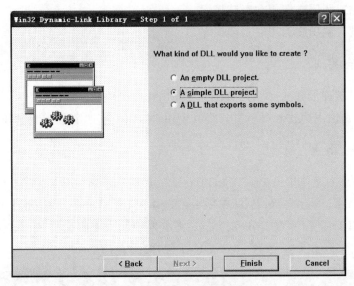

图 3-2 选择动态链接库的类型

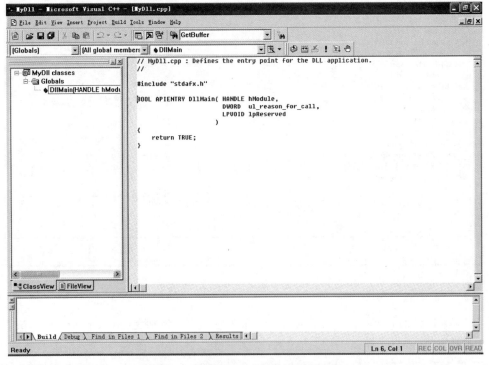

图 3-3 选择简单动态链接库编辑环境

（4）如果选中图 3-2 中的 A DLL that exports some symbols 单选按钮，将会打开图 3-4 所示的 Microsoft Visual C++ 6.0 编辑环境，该环境下会有一个 DllMain 的动态链接库入口函数。

（5）在图 3-3 或图 3-4 所示的工程环境的 .cpp 文件中就可以编写动态链接库的函数

图 3-4　选择输出符号的动态链接库编辑环境

了。然后使用 Microsoft Visual C++ 提供的编译、链接工具可生成动态链接库,如图 3-5 所示,至此动态链接库建立完毕。

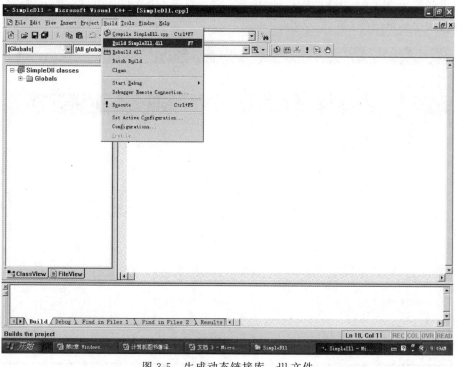

图 3-5　生成动态链接库 .dll 文件

Windows 系统下 C 实验指导

（6）如果想查看动态链接库的导入/导出函数，可以使用 Microsoft Visual Studio 提供的 DumpBin.exe 应用程序（带有-exports 开关），能够看到动态链接库的输出符号表的内容，图 3-6 所示的是动态链接库 SimpleDll.dll 的输出结果。

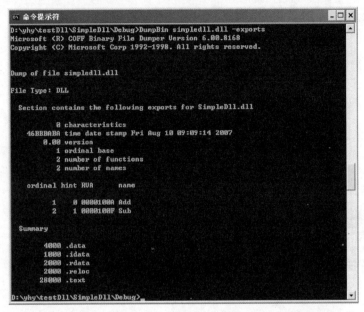

图 3-6　使用 DumpBin.exe 查看输出动态链接库的导出函数

也可以使用 Microsoft Visual Studio 提供的可视化工具 Dependency Walker，查看动态链接库的导出函数信息，如图 3-7 所示。

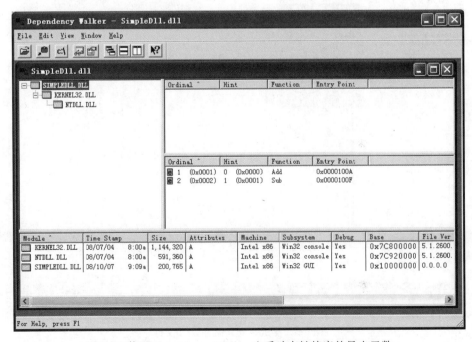

图 3-7　使用 Dependency Walker 查看动态链接库的导出函数

（7）下面讨论如何调用该动态链接库。如果采用隐式链接法调用动态链接库，首先建立一个控制台工程文件 CallDll，用此文件中的 CallDll.cpp 调用前面建立好的动态链接库 SimpleDll.dll。在生成控制台工程文件 CallDll 的可执行文件之前，先将 SimpleDll.dll 复制到工程文件 CallDll 的 Debug 目录下，将 SimpleDll.lib 复制到 CallDll.cpp 所在的目录下。然后在 Microsoft Visual Studio 的环境下，选择 Project→Settings 命令，在 Link 选项卡中的 Project Options 文本框中输入动态链接库的导入/导出库文件 SimpleDll.lib，如图 3-8 所示。

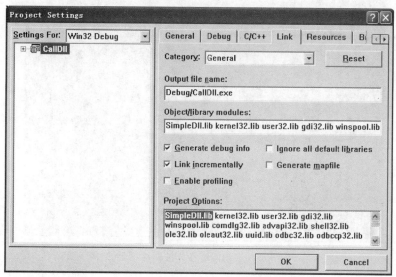

图 3-8　应用程序中输入动态链接库的导入/导出库文件 SimpleDll.lib

（8）如果需要设置函数调用参数传递约定，可在 Microsoft Visual C++ 6.0 编译环境中进行设置。选择 Project→Settings 命令，在 C/C++选项卡中的 Category 下拉列表框中选择 Code Generation 选项，然后可在 Calling convention 下拉列表框中选择所需要的关键字，如图 3-9 所示，这里选择的调用约定是_cdecl *。

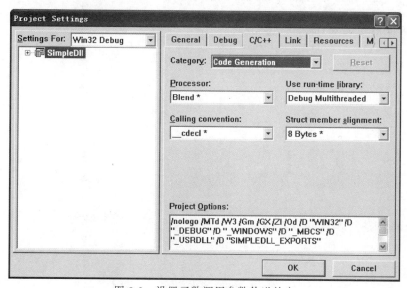

图 3-9　设置函数调用参数传递约定

3.1.6 实验总结

　　该实验完成了动态链接库的建立和调用。函数 Add()和 Sub()在动态链接库文件
SimpleDll. cpp 中，分别完成两个整数的相加和相减。而调用该动态链接库的程序文件是
CallDll. cpp，该程序的运行结果如图 3-10 所示。

图 3-10　动态链接库被调用结果

3.1.7 源程序

//SimpleDll.cpp: Defines the entry point for the DLL application

```
# include "stdafx. h"
extern "C"_declspec(dllexport) int Add(int x, int y);
extern "C"_declspec(dllexport) int Sub(int x, int y);
BOOL APIENTRY DllMain (HANDLE hModule,
                       DWORD   ul_reason_for_call,
                       LPVOID lpReserved
                       )
{
    return TRUE;
}

int Add(int x, int y)
{
    int z;
    z = x + y;
    return z;
}

int Sub(int x, int y)
{
```

```
        int z;
        z = x − y;
        return z;
}


//隐式调用动态链接库的程序
//CallDll.cpp: Defines the entry point for the console application

# include "stdafx.h"

extern "C"_declspec(dllimport) int Add(int x, int y);
extern "C"_declspec(dllimport) int Sub(int x, int y);
int main(int argc, char * argv[])
{
        int x = 7;
        int y = 6;
        int add = 0;
        int sub = 0;
        printf("Call Dll Now!\n");
        add = Add(x, y);
        sub = Sub(x, y);
        printf("7 + 6 = % d, 7 − 6 = % d\n", add, sub);
        return 0;
}


//显式调用动态链接库的程序
//CallDllAddress.cpp: Defines the entry point for the console application

# include "stdafx.h"
# include "CallDllAddress.h"

# ifdef_DEBUG
# define new DEBUG_NEW
# undef THIS_FILE
static char THIS_FILE[] = __FILE__;
# endif

//////////////////////////////////////////////////////////////////////
//The one and only application object
CWinApp theApp;
using namespace std;

int_tmain(int argc, TCHAR * argv[], TCHAR * envp[])
{
        int s;
        int nRetCode = 0;

        typedef int ( * pAdd)(int x, int y);
        typedef int ( * pSub)(int x, int y);

        HMODULE hDll;
```

```
    pAdd add;
    pSub sub;

    hDll = LoadLibrary("SimpleDll.dll");
    if(hDll == NULL)
    {
        printf("LoadLibrary Error....\n");
        return nRetCode;
    }
    else printf("LoadLibrary Success....\n");

    add = (pAdd)GetProcAddress(hDll,"Add");
    s = add(6,2);
    printf("6 + 2 = % d\n",s);

    sub = (pSub)GetProcAddress(hDll,"Sub");
    s = sub(6,2);
    printf("6 - 2 = % d\n",s);
    FreeLibrary(hDll);
    return nRetCode;
}
```

3.1.8　实验展望

本实验介绍了在 Microsoft Visual C++ 6.0 环境下建立与调用动态链接库的方法,使用动态链接库除了可以节省内存空间、实现代码共享之外,还可以实现多种编程语言书写的程序相互调用,读者在完成上述实验的基础上,可以通过自学完成用 Visual Basic 语言或 Java 编写的程序调用 Visual C++ 建立的动态链接库,从中体会多种语言编程给程序员带来的方便。

3.2　实验二:系统内存使用统计

3.2.1　实验目的

(1) 了解 Windows 内存管理机制,理解页式存储管理技术。
(2) 熟悉 Windows 内存管理基本数据结构。
(3) 掌握 Windows 内存管理基本 API 的使用。

3.2.2　实验准备知识:相关数据结构及 API 函数介绍

1. 相关系统数据结构说明

系统结构 MEMORYSTATUS 中包含当前物理内存和虚拟内存信息,使用函数 GlobalMemoryStatus() 可以将这些信息存储在结构 MEMORYSTATUS 中。

结构原型:

```
typedef struct_MEMORYSTATUS {
```

```
        DWORD dwLength;                          //MEMORYSTATUS 结构大小
        DWORD dwMemoryLoad;                      //内存利用率
        DWORD dwTotalPhys;                       //物理内存大小
        DWORD dwAvailPhys;                       //空闲物理内存大小
        DWORD dwTotalPageFile;                   //页文件大小
        DWORD dwAvailPageFile;                   //空闲页文件大小
        DWORD dwTotalVirtual;                    //虚拟地址空间大小
        DWORD dwAvailVirtual;                    //空闲虚拟地址空间大小
    } MEMORYSTATUS, * LPMEMORYSTATUS;
```

参数说明如下。

(1) dwLength：MEMORYSTATUS 数据结构的大小,单位为字节。

(2) dwMemoryLoad：当前内存利用率,取值范围为 0~100%,0 表示内存没有被使用, 100% 表示内存全部被使用。

(3) dwTotalPhys：物理内存的总字节数。

(4) dwAvailPhys：可用物理内存的字节数。

(5) dwTotalPageFile：页文件的总字节数。页文件是虚拟内存系统占用的磁盘空间。

(6) dwAvailPageFile：页文件中可用字节数。

(7) dwTotalVirtual：用户模式下调用进程可以访问的虚拟地址空间总字节数。

(8) dwAvailVirtual：用户模式下调用进程虚拟地址空间中未提交和未保留的内存总 字节数,即可用虚拟地址空间大小。

2. 相关 API 函数介绍

(1) 获取系统物理内存和虚拟内存使用信息。

原型：

```
VOID GlobalMemoryStatus(
                LPMEMORYSTATUS lpBuffer          //指向 MEMORYSTATUS 数据结构
                );
```

参数说明如下。

lpBuffer：指向 MEMORYSTATUS 数据结构的指针,函数 GlobalMemoryStatus()将 内存的当前信息存储在该结构中。

返回值：

该参数没有返回值。

(2) 保留或提交某一段虚拟地址空间。函数 VirtualAlloc()可以在调用进程的虚拟地 址空间中保留或提交若干页面。保留意味着这段虚拟地址不能被使用,当提交时,这段虚拟 地址才真正被分配给该进程。

原型：

```
LPVOID VirtualAlloc(
                LPVOID lpAddress,                //待分配空间的起始位置
                DWORD dwSize,                    //待分配空间的大小
                DWORD flAllocationType,          //分配类型
                DWORD flProtect                  //存取保护的类型
                );
```

Windows 系统下 *C* 实验指导

参数说明如下。

① lpAddress：待分配空间的起始位置。若该值为 NULL，系统将为其分配一个合适的起始地址，否则用户要指定一个准确的起始地址。

② dwSize：待分配空间的大小。如果参数 lpAddress 不为 NULL，则待分配空间范围为 lpAddress～lpAddress＋dwSize。

③ flAllocationType：分配类型，可以为表 3-1 所示标志的任意组合。

表 3-1　标志描述

标　　志	描　　述
MEM_COMMIT	提交，即在内存或磁盘页文件中分配物理内存
MEM_RESERVE	保留进程的虚拟地址空间，而不分配物理内存。保留的地址空间在没有被释放之前不能使用，因此使用 Malloc() 和 LocalAlloc() 这样的操作再次申请使用该地址空间被视为无效。被保留的地址空间可随后使用 VirtualAlloc() 函数提交

④ flProtect：指定存取保护的类型。若虚拟地址空间已经被提交，则在指定表 3-2 中的任何一个属性时，同时也要一起指定 PAGE_GUARD（页保护）和 PAGE_NOCACHE（页无缓存）这两个属性。存取保护位的类型如表 3-2 所示。

表 3-2　存取保护位的类型

标　　志	描　　述
PAGE_READONLY	被提交的虚拟地址空间只读
PAGE_READWRITE	被提交的虚拟地址空间可读/写
PAGE_EXECUTE	被提交的虚拟地址空间可执行
PAGE_EXECUTE_READ	被提交的虚拟地址空间可执行、可读
PAGE_EXECUTE_READWRITE	被提交的虚拟地址空间可执行、可读/写
PAGE_GUARD	保护
PAGE_NOACCESS	不允许访问
PAGE_NOCACHE	无缓存

返回值：

如果函数调用成功，则返回值为已分配虚拟地址空间的起始地址。如果函数调用失败，则返回值为 NULL。若要得到更多的错误信息，可调用 GetLastError() 函数。

（3）释放或注销某一段虚拟地址空间。函数 VirtualFree() 用于释放或注销某一段虚拟地址空间。

原型：

```
BOOL VirtualFree(
        LPVOID lpAddress,          //待分配空间的起始位置
        DWORD dwSize,              //待分配空间的大小
        DWORD dwFreeType           //释放操作类型
        );
```

参数说明如下。

① lpAddress：待释放空间的起始位置。如果 dwFreeType 值为 MEM_RELEASE，该参数必须使用 VirtualAlloc() 函数返回的地址。

② dwSize：待释放空间的大小。如果 dwFreeType 值为 MEM_RELEASE,该参数必须为 0,否则待释放空间的范围为 lpAddress～lpAddress＋dwSize。

③ dwFreeType：释放类型。它可以为表 3-3 所示标志的任意组合。

表 3-3　释放类型

标　　志	描　　述
MEM_DECOMMIT	注销提交,如果注销一个没有提交的虚拟地址空间,也不会导致失败,即提交或没有提交的虚拟地址空间都可以注销
MEM_RELEASE	释放保留的虚拟地址空间,如果使用该标志,参数 dwSize 必须为 0,否则函数调用失败

返回值：

如果函数调用成功,则返回值为非零。

如果函数调用失败,则返回值为零。若要得到更多的错误信息,可调用 GetLastError()函数。

(4) 分配内存空间。

原型：

void * **malloc(size_t** size);

参数说明如下。

size：要分配内存大小,单位为 B(字节)。

返回值：

该函数返回分配内存空间 void 类型的指针。如果函数返回 NULL,说明没有有效的内存空间可供分配。

(5) 释放内存空间。

原型：

void free(void * memblock);

参数说明如下。

* memblock：要释放的内存地址。

返回值：

无。

用法举例：

```
/* MALLOC.C: This program allocates memory with
 * malloc, then frees the memory with free.
 */

#include <stdlib.h>          /* For_MAX_PATH definition */
#include <stdio.h>
#include <malloc.h>

void main(void)
{
    char * string;
```

Windows 系统下 C 实验指导

```
/*  Allocate space for a path name  */
string = malloc(_MAX_PATH);                    //分配内存空间
if(string == NULL)
    printf("Insufficient memory available\n");
else
{
    printf("Memory space allocated for path name\n");
    free(string);                              //释放内存空间
    printf("Memory freed\n");
}
}
```

3.2.3 实验内容

使用 Windows 系统提供的函数和数据结构显示系统存储空间的使用情况,当内存和虚拟存储空间变化时,观察系统显示变化情况。

3.2.4 实验要求

能正确使用系统函数 GlobalMemoryStatus()和数据结构 MEMORYSTATUS 了解系统内存和虚拟存储空间使用情况,会使用 VirtualAlloc()函数和 VirtualFree()函数分配和释放虚拟存储空间。

3.2.5 实验指导

在 Microsoft Visual C++ 6.0 环境下选择 Win32 Console Application 建立一个控制台工程文件,由于内存分配、释放及系统存储空间使用情况函数均是 Microsoft Windows 操作系统的系统调用函数,因此选中 An application that supports MFC 单选按钮,如图 3-11 所示。

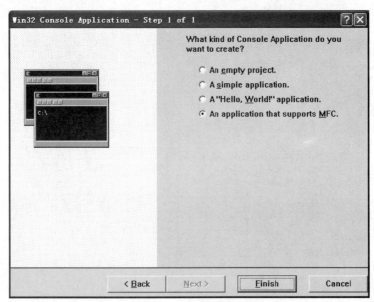

图 3-11 建立一个 MFC 支持的控制台应用程序

3.2.6 实验总结

观察图 3-12 所示程序的运行情况,可以看出以下几点。

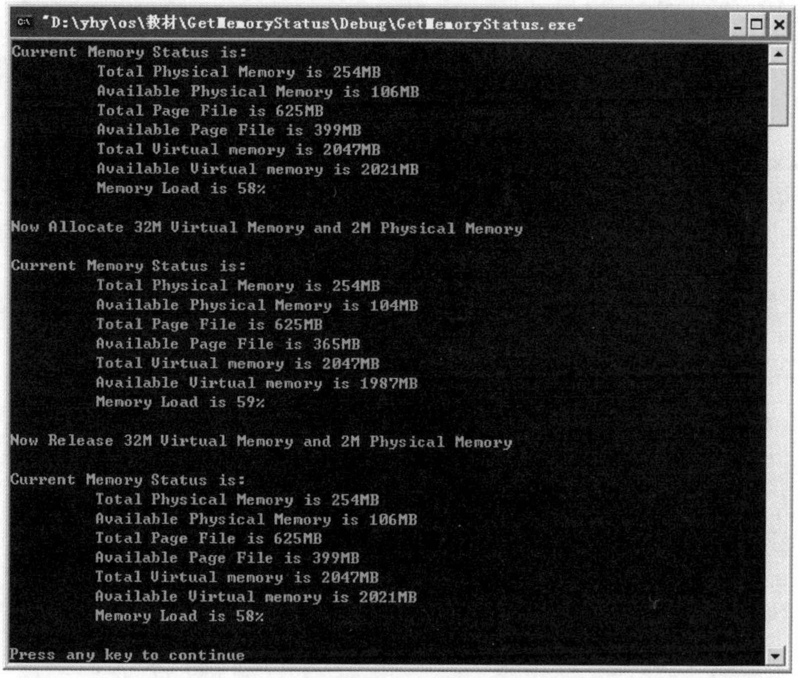

图 3-12 分配内存和虚拟存储空间前后情况

(1) 程序开始运行时,显示的可用物理内存为 106MB,可用页文件大小为 399MB,可用虚拟内存为 2021MB。

(2) 当分别使用函数 VirtualAlloc()和 malloc()分配了 32MB 虚拟内存和 2MB 物理内存后,系统显示可用物理内存为 104MB,可用页文件大小为 365MB,可用虚拟内存为 1987MB。

(3) 当分别使用函数 VirtualFree()和 free()释放了 32MB 虚拟内存和 2MB 物理内存后,系统的显示情况又恢复了(1)的情况。

3.2.7 源程序

```
//GetMemoryStatus.cpp: Defines the entry point for the console application

# include "stdafx.h"
# include "GetMemoryStatus.h"

# ifdef_DEBUG
# define new DEBUG_NEW
# undef THIS_FILE
static char THIS_FILE[] = __FILE__;
# endif
```

Windows 系统下 C 实验指导

```
        void GetMemSta(void);

        //////////////////////////////////////////////////////////////////////
        //The one and only application object
        CWinApp theApp;
        using namespace std;

        int_tmain(int argc, TCHAR * argv[], TCHAR * envp[])
        {
            int nRetCode = 0;
            LPVOID BaseAddr;
            char * str;

            GetMemSta();
            printf("Now Allocate 32M Virtual Memory and 2M Physical Memory\n\n");
            BaseAddr = VirtualAlloc(NULL,                    //分配虚拟内存
                1024 * 1024 * 32,
                MEM_RESERVE|MEM_COMMIT,
                PAGE_READWRITE);
            if (BaseAddr == NULL)printf("Virtual Allocate Fail\n");
            str = (char * )malloc(1024 * 1024 * 2);          //分配内存
            GetMemSta();
            printf("Now Release 32M Virtual Memory and 2M Physical Memory\n\n");
            if (VirtualFree(BaseAddr, 0, MEM_RELEASE) == 0)  //释放虚拟内存
                printf("Release Allocate Fail\n");
            free(str);                                       //释放内存
            GetMemSta();

            return nRetCode;
        }

        void GetMemSta(void)                                 //统计内存的状态
        {
            MEMORYSTATUS MemInfo;
            GlobalMemoryStatus(&MemInfo);
            printf("Current Memory Status is: \n");
            printf("\t Total Physical Memory is % dMB\n",MemInfo.dwTotalPhys/(1024 * 1024));
            printf("\t Available Physical Memory is % dMB\n",MemInfo.dwAvailPhys/(1024 * 1024));
            printf("\t Total Page File is % dMB\n",MemInfo.dwTotalPageFile/(1024 * 1024));
            printf("\t Available Page File is % dMB\n",MemInfo.dwAvailPageFile/(1024 * 1024));
            printf("\t Total Virtual memory is % dMB\n",MemInfo.dwTotalVirtual/(1024 * 1024));
            printf("\t Available Virtual memory is % dMB\n",MemInfo.dwAvailVirtual/(1024 * 1024));
            printf("\t Memory Load is % d % % \n\n",MemInfo.dwMemoryLoad);
```

3.2.8 实验展望

从实验结果可以看出,虚拟内存的变化有些误差,请解释原因是什么。如果想了解更详细的虚拟内存情况,如锁定(VirtualLock)、解锁(VirtualUnlock)及保护方式(VirtualProtect)等,又要如何设计程序来实现呢?

第 4 章 　　Windows 的文件管理

4.1　实验一：采用无缓冲方式实现文件读/写

4.1.1　实验目的

（1）熟悉 Windows 系统文件读/写相关 API 函数。

（2）掌握无缓冲方式实现文件读/写相关参数的设置。

4.1.2　实验准备知识：相关 API 函数介绍

1. 文件创建

函数 CreateFile()用于创建一个新文件，如果文件已经存在，则得到该文件的句柄。该函数的参数 dwFlagsAndAttributes 决定了文件的传输方式，对于普通的文件传输，可将参数设置为 FILE_ATTRIBUTE_NORMAL；而若设置为 FILE_FLAG_NO_BUFFERING，表示不使用高速缓存进行文件传输；若同时使用标志 FILE_FLAG_NO_BUFFERING 和 FILE_FLAG_OVERLAPPED，可对文件进行异步传输；若设置为 FILE_FLAG_SEQUENTIAL_SCAN，表示使用高速缓存进行文件的传输。

原型：

```
HANDLE CreateFile(
            LPCTSTR lpFileName,                      //指向文件名的指针
            DWORD dwDesiredAccess,                   //读/写访问模式
            DWORD dwShareMode,                       //共享模式
            LPSECURITY_ATTRIBUTES lpSecurityAttributes,  //指向安全属性的指针
            DWORD dwCreationDisposition,             //文件存在标志
            DWORD dwFlagsAndAttributes,              //文件属性
            HANDLE hTemplateFile                     //指向访问模板文件的句柄
            );
```

参数说明如下。

（1）lpFileName：指向文件名的指针。

（2）dwDesiredAccess：指定访问文件的类型，可以是读访问、写访问、读/写访问或查询访问。该参数可以是表 4-1 中的组合。

（3）dwShareMode：指定文件共享模式。若 dwShareMod 的值为 0，表示目标不能被共享。若要共享文件，可以使用表 4-2 中的组合。

表 4-1　不同值的描述

值	描　　述
0	查询访问
GENERIC_ READ	读访问，从文件中读出数据，且移动文件指针。当需要对文件进行读/写时，该属性可以与 GENERIC_WRITE 组合使用
GENERIC_WRITE	写访问，将数据写入文件，且移动文件指针。当需要对文件进行读/写时，该属性可以与 GENERIC_READ 组合使用

表 4-2　dwShareMode 的值

值	描　　述
FILE_SHARE_DELETE	仅当删除访问时，对文件的打开操作才能成功
FILE_SHARE_READ	仅当读访问时，对文件的打开操作才能成功
FILE_SHARE_WRITE	仅当写访问时，对文件的打开操作才能成功

（4）lpSecurityAttributes：指向安全属性的指针。该值为 NULL 时，子进程可以继承该安全描述符。

（5）dwCreationDisposition：文件存在标志。指定当文件不存在时，可以对文件进行何种操作。可以取表 4-3 中的值。

表 4-3　dwCreationDisposition 的值

值	描　　述
CREATE_NEW	创建新文件。若文件已存在，则该函数调用失败
CREATE_ALWAYS	创建新文件。若文件已存在，则该函数覆盖原文件的内容且清空现有属性
OPEN_EXISTING	打开已存在文件，若文件不存在，则该函数打开失败
OPEN_ALWAYS	若文件存在，则打开该文件；若文件不存在，则以 CREATE_NEW 方式创建文件
TRUNCATE_EXISTING	打开文件，并将文件的大小设置为 0

（6）dwFlagsAndAttributes：指定文件属性和标志。

除了 FILE_ATTRIBUTE_NORMAL 属性之外，参数 dwFlagsAndAttributes 可以取表 4-4 中任何属性的组合。

表 4-4　属性描述

属　　性	描　　述
FILE_ATTRIBUTE_ARCHIVE	文件可以被存档
FILE_ATTRIBUTE_HIDDEN	文件可以被隐藏
FILE_ATTRIBUTE_NORMAL	文件没有其他属性，该属性仅当单独使用时才有效
FILE_ATTRIBUTE_OFFLINE	文件中的数据被脱机存储，文件中的数据不能立即有效
FILE_ATTRIBUTE_READONLY	文件只能读
FILE_ATTRIBUTE_SYSTEM	文件被系统使用
FILE_ATTRIBUTE_TEMPORARY	文件被临时存储

参数 dwFlagsAndAttributes 还可以取表 4-5 中任何属性的组合。

表 4-5 属性补充

属　　性	描　　述
FILE_FLAG_WRITE_THROUGH	系统对文件的任何写操作,当缓冲的内容改变时立即写回磁盘
FILE_FLAG_OVERLAPPED	异步读/写,使用该属性时,文件指针将不被保留
FILE_FLAG_NO_BUFFERING	文件不使用缓冲
FILE_FLAG_RANDOM_ACCESS	文件随机访问
FILE_FLAG_SEQUENTIAL_SCAN	文件被顺序访问
FILE_FLAG_DELETE_ON_CLOSE	当文件句柄关闭时,文件立即被删除
FILE_FLAG_BACKUP_SEMANTICS	文件用于备份或转储
FILE_FLAG_POSIX_SEMANTICS	文件访问遵循 POSIX 协议

(7) hTemplateFile:指向访问模板文件的句柄,可将其设置为空。

返回值:

文件创建成功,该函数返回文件句柄;否则返回 INVALID_HANDLE_VALUE,可调用函数 GetLastError()查询失败的原因。

用法举例:

```
HANDLE handle;
handle = CreateFile("nobuffer.txt",GENERIC_WRITE,NULL,NULL,CREATE_ALWAYS,
NULL,NULL);
//使用函数创建一个新文件 nobuffer.txt,对该文件只能进行写操作
```

2. 读文件

函数 ReadFile()从文件指针指示的位置开始读取文件中的数据。如果文件不是用 FILE_FLAG_OVERLAPPED 属性创建的,则文件指针移动到实际读出字节数所处的位置;如果文件是用 FILE_FLAG_OVERLAPPED 属性创建的,则文件指针由应用程序来调整其位置。

原型:

```
BOOL ReadFile(
        HANDLE hFile,                        //要读的文件的句柄
        LPVOID lpBuffer,                     //指向文件缓冲区的指针
        DWORD nNumberOfBytesToRead,          //从文件中要读取的字节数
        LPDWORD lpNumberOfBytesRead,         //指向从文件中要读取的字节数的指针
        LPOVERLAPPED lpOverlapped            //指向 OVERLAPPED 结构的指针
        );
```

参数说明如下。

(1) hFile:要读的文件的句柄。

(2) lpBuffer:指向文件缓冲区的指针。

(3) nNumberOfBytesToRead:从文件中要读取的字节数。

(4) lpNumberOfBytesRead:指向从文件中要读取的字节数的指针。

(5) lpOverlapped:指向 OVERLAPPED 结构的指针,如果文件是用 FILE_FLAG_

Windows 系统下 C 实验指导

OVERLAPPED 属性创建的,则需要此结构;如果文件是用 FILE_FLAG_OVERLAPPED 属性打开的,则参数 lpOverlapped 不为 NULL,它指向一个 OVERLAPPED 结构。如果文件是用 FILE_FLAG_OVERLAPPED 属性创建的,并且参数 lpOverlapped 为 NULL,则该函数不能正确报告读操作是否完成。

如果文件是用 FILE_FLAG_OVERLAPPED 属性打开的,并且参数 lpOverlapped 不为 NULL,则读操作从 OVERLAPPED 结构中指定的位置开始,且 ReadFile()函数在读操作完成之前返回。此时 ReadFile()返回 FALSE,并且 GetLastError()函数返回 ERROR_IO_PENDING,即执行读文件操作的进程被挂起,当读操作完成时,进程才继续执行。在 OVERLAPPED 结构中指定的事件被设置为读操作完成的发送信号状态。

如果文件不是用 FILE_FLAG_OVERLAPPED 属性打开的,并且参数 lpOverlapped 为 NULL,则读操作从文件当前位置开始,操作完成时 ReadFile()函数返回。

如果文件不是用 FILE_FLAG_OVERLAPPED 属性打开的,并且参数 lpOverlapped 不为 NULL,则读操作从 OVERLAPPED 结构中指定的位置开始,操作完成时 ReadFile()函数返回。

返回值:

如果函数调用成功,则返回值为非 0 值。

如果函数返回非 0 值,且读出的字节数为 0,则说明执行读操作时文件的指针出界,此时调用 GetLastError()函数,可得到返回值 ERROR_HANDLE_EOF。但若文件是用 FILE_FLAG_OVERLAPPED 属性打开的,并且参数 lpOverlapped 不为 NULL,则 ReadFile()函数返回为 FALSE。

如果函数调用失败,则返回值为 0。若要得到更多的错误信息,可调用函数 GetLastError()。

用法举例:

下面的例子说明如何测试异步读操作的文件结尾。

```
//设置 OVERLAPPED 结构
gOverLapped.Offset = 0;
gOverLapped.OffsetHigh = 0;
gOverLapped.hEvent = NULL;

//执行异步读操作
bResult = ReadFile(hFile, &inBuffer, nBytesToRead, &nBytesRead,
    &gOverlapped);
//异步读操作不成功,进程挂起
if (!bResult)
{   //处理错误码
    switch (dwError = GetLastError())
    {   case ERROR_HANDLE_EOF:
        {
            //文件出界处理
        }
        case ERROR_IO_PENDING:
        {
            //异步 I/0 进行中
```

```
        //做其他事情……
        GoDoSomethingElse();
        //检查异步读操作结果
        bResult = GetOverlappedResult(hFile, &gOverlapped,
            &nBytesRead, FALSE);
        //若不成功
        if (!bResult)
        {    //处理错误码
            switch (dwError = GetLastError())
            {    case ERROR_HANDLE_EOF:
                {    //异步操作期间到达文件尾
                }
                    //处理其他错误码
            }
        }//end case
        //处理其他错误码
    }//end switch
}//end if
```

3. 写文件

函数 WriteFile() 将数据写入文件。函数在文件指针所指的位置完成写操作,写操作完成后,文件指针按实际写入的字节数来调整。

原型:

```
BOOL WriteFile(
            HANDLE hFile,                        //要读的文件的句柄
            LPVOID lpBuffer,                     //指向文件缓冲区的指针
            DWORD nNumberOfBytesToWrite,         //从文件中要读取的字节数
            LPDWORD lpNumberOfBytesWritten,      //指向从文件中要读取的字节数的指针
            LPOVERLAPPED lpOverlapped            //指向 OVERLAPPED 结构的指针
            );
```

参数说明如下。

(1) hFile:指向要写文件的句柄。

(2) lpBuffer:指向文件缓冲区的指针。

(3) nNumberOfBytesToWrite:向文件中写入的字节数。

(4) lpNumberOfBytesWritten:向文件中写入的字节数的指针。

(5) lpOverlapped:指向 OVERLAPPED 结构的指针。如果文件是用 FILE_FLAG_OVERLAPPED 属性创建的,则需要此结构;如果文件是用 FILE_FLAG_OVERLAPPED 属性打开的,则参数 lpOverlapped 不为 NULL,它指向一个 OVERLAPPED 结构。如果文件是用 FILE_FLAG_OVERLAPPED 属性创建的,并且参数 lpOverlapped 为 NULL,则该函数不能正确报告写操作是否完成。

如果文件是用 FILE_FLAG_OVERLAPPED 属性打开的,并且参数 lpOverlapped 不为 NULL,则写操作从 OVERLAPPED 结构中指定的位置开始,且 WriteFile() 函数在写操作完成之前返回。此时 WriteFile() 返回 FALSE,并且 GetLastError() 函数返回 ERROR_

IO_PENDING,即执行写文件操作的进程被挂起,当写操作完成时,进程才继续执行。在OVERLAPPED结构中指定的事件被设置为写操作完成的发送信号状态。

如果文件不是用 FILE_FLAG_OVERLAPPED 属性打开的,并且参数 lpOverlapped 为 NULL,则写操作从文件当前位置开始,操作完成时 WriteFile()函数返回。

如果文件不是用 FILE_FLAG_OVERLAPPED 属性打开的,并且参数 lpOverlapped 不为 NULL,则写操作从 OVERLAPPED 结构中指定的位置开始,操作完成时 WriteFile()函数返回。

返回值:

如果函数调用成功,则返回值为非 0 值。如果函数调用失败,则返回值为 0。若要得到更多的错误信息,可调用函数 GetLastError()。

4. 关闭文件句柄

函数 CloseHandle()关闭与文件相关的句柄,其作用与释放动态申请的内存空间类似,这样可以释放系统资源,使进程安全运行。

原型:

```
BOOL CloseHandle(
            HANDLE hObject                     //要关闭对象的句柄
            );
```

参数说明如下。

hObject:已打开对象的句柄。

返回值:

如果函数调用成功,则返回值为非 0 值。如果函数调用失败,则返回值为 0。若要得到更多的错误信息,可调用函数 GetLastError()。

4.1.3 实验内容

建立一个函数,使用该函数将源文件 source. txt 中的内容读出,再写到目标文件 nobuffer. txt 中去。

4.1.4 实验要求

采用无缓冲的方式完成文件的读/写。

4.1.5 实验指导

在 Microsoft Visual C++ 6.0 环境下选择 Win32 Console Application 建立一个控制台工程文件,由于关于文件系统操作的函数均是 Microsoft Windows 操作系统的系统调用,因此选中 An application that supports MFC 单选按钮,如图 4-1 所示。

由于要采用无缓冲的文件操作,在使用函数 CreateFile()建立文件时,其参数 dwFlagsAndAttributes 应选用 FILE_FLAG_NO_BUFFERING。需要注意的是,当文件以 FILE_FLAG_NO_BUFFERING 方式创建后,对文件进行读/写时,读/写数据块的大小必须为一个扇区的 2^n(n 不为零)倍。

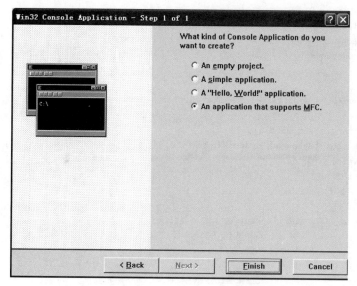

图 4-1 建立一个 MFC 支持的应用程序

4.1.6 实验总结

该实验完成无缓冲方式的文件读/写操作。提前建立一个文本文件 source.txt，该程序反复从文件 source.txt 中读出数据块，并写到目标文件 nobuffer.txt 中去，直到文件尾为止。

4.1.7 源程序

```
//File_NoBuffer.cpp: Defines the entry point for the console application

# include "stdafx.h"
# include "File_NoBuffer.h"

# ifdef_DEBUG
# define new DEBUG_NEW
# undef THIS_FILE
static char THIS_FILE[ ] = __FILE__;
# endif

DWORD BufferSize = 1024;
char buf[1024];

/////////////////////////////////////////////////////////////////////////
//The one and only application object
CWinApp theApp;
using namespace std;

void FileReadWrite_NoBuffer(char * source, char * destination);

int_tmain(int argc, TCHAR * argv[ ], TCHAR * envp[ ])
{
```

```
        int nRetCode = 0;
        printf("Call FileReadWrite_NoBuffer!\n");
        FileReadWrite_NoBuffer("source.txt","nobuffer.txt");
        return nRetCode;
    }


void FileReadWrite_NoBuffer(char * source,char * destination)
{
    HANDLE handle_src,handle_dst;
    DWORD NumberOfByteRead,NumberOfByteWrite;
    BOOL cycle;
    char  * buffer;
    buffer = buf;
    //创建文件
    handle_src = CreateFile(source,
                            GENERIC_READ,
                            0,
                            NULL,
                            OPEN_EXISTING,
                            FILE_FLAG_NO_BUFFERING,
                            NULL);
    handle_dst = CreateFile(destination,
                            GENERIC_WRITE,
                            NULL,
                            NULL,
                            CREATE_ALWAYS,
                            NULL,
                            NULL);
    if (handle_src == INVALID_HANDLE_VALUE||
        handle_dst == INVALID_HANDLE_VALUE)
    {
        printf("File Create Fail!\n");
        exit(1);
    }
    cycle = TRUE;

    while (cycle)
    {
        NumberOfByteRead = BufferSize;
        //读文件
        if (!ReadFile(handle_src,buffer,NumberOfByteRead,&NumberOfByteRead,NULL))
        {
            printf("Read File Error! % d\n",GetLastError());
            exit(1);
        }
        if (NumberOfByteRead < BufferSize) cycle = FALSE;
        //写文件
        if (!WriteFile(handle_dst,buffer,NumberOfByteRead,&NumberOfByteWrite,NULL))
        {
            printf("Write File Error! % d\n",GetLastError());
            exit(1);
        }
    }
    //关闭文件句柄
```

```
        CloseHandle(handle_src);
        CloseHandle(handle_dst);
    }
```

4.2 实验二：采用高速缓存实现文件读/写

4.2.1 实验目的

（1）了解 Windows 系统文件高速缓存的概念。

（2）熟悉 Windows 系统文件读/写相关 API 函数。

（3）掌握采用缓冲方式实现文件读/写相关参数的设置。

4.2.2 实验准备知识：高速缓存

访问文件必然访问磁盘，而磁盘的访问速度远远低于内存的访问速度。高速缓存就是利用内存中的存储空间，来暂存磁盘传输数据。因此高速缓存不是真正的物理设备，而是一种核心级内存映像机制。由于它被设置在内存中，因此速度非常快，可以在一定程度上解决 CPU 与磁盘速度不匹配的问题。

高速缓存的原理是：假设一个进程读文件的第一块数据，它常常会按顺序读第二块数据、第三块数据……一直到读出所有需要的数据。利用这个规律可以进行文件的预先读，即在进程没有读第二块数据、第三块数据之前，操作系统提前把这些数据读入内存的高速缓存。当进程请求访问这些数据时，就可以快速地将这些数据从高速缓存中读出交给进程使用了。另外，由于文件可能会被多次读出，在第一次读出后，将文件数据保存在高速缓存中，以后再读时就不必到磁盘去读而直接从高速缓存读出即可。利用 LRU(Least Recently Used，最近最少使用)原则，可以将不常使用的文件数据从高速缓存中删除，以节省高速缓存空间。

写文件可使用延迟写机制。具体地说，如果一个进程要求写文件，它首先把要写的内容交给高速缓存。而高速缓存并不是立即把它写回磁盘，而是在 CPU 空闲时再完成写操作。这样，要写磁盘的进程就可以不必等待磁盘写操作完毕再继续工作，从而节省了整个进程的执行时间。此外，如果另外一个进程要访问还没有写回磁盘的数据，在操作系统的管理下就可以直接从高速缓存中得到刚刚更新的数据，而不是磁盘上的旧内容，从而保证了文件内容的一致性。

4.2.3 实验内容

建立一个函数，使用该函数将源文件 source. txt 中的内容读出，再写到目标文件 sequential. txt 中去。

4.2.4 实验要求

采用高速缓存方式完成文件的读/写。

4.2.5 实验指导

由于要采用高速缓存进行文件操作，在使用函数 CreateFile（）建立文件时，其参数

dwFlagsAndAttributes 应选用 FILE_FLAG_SEQUENTIAL_SCAN。

4.2.6 实验总结

该实验完成缓冲方式的文件读/写操作。先创建文件 source. txt 和 sequential. txt,然后反复从文件 source. txt 中读出数据块,并写到文件 sequential. txt 中去,直到文件尾为止。

4.2.7 源程序

```
//File_Sequential_Scan.cpp: Defines the entry point for the console application

# include "stdafx. h"
# include "File_Sequential_Scan. h"

# ifdef_DEBUG
# define new DEBUG_NEW
# undef THIS_FILE
static char THIS_FILE[ ] = __FILE__;
# endif

DWORD BufferSize = 1024;
char buf[1024];
void FileReadWrite_Sequential_Scan(char * source, char * destination);
///////////////////////////////////////////////////////////////////////////
//The one and only application object
CWinApp theApp;
using namespace std;

int_tmain(int argc, TCHAR * argv[ ], TCHAR * envp[ ])
{
    int nRetCode = 0;
    printf("Call FileReadWrite_SequentialScan! \n");
    FileReadWrite_Sequential_Scan("source. txt","nobuffer. txt");
    return nRetCode;
}

void FileReadWrite_Sequential_Scan(char * source, char * destination)
{
    HANDLE handle_src, handle_dst;
    DWORD NumberOfByteRead, NumberOfByteWrite;
    BOOL cycle;
    char * buffer;
    buffer = buf;
    //建立文件
    handle_src = CreateFile(source,
                            GENERIC_READ,
                            0,
                            NULL,
```

```
                         OPEN_EXISTING,
                         FILE_FLAG_SEQUENTIAL_SCAN,
                         NULL);
    handle_dst = CreateFile(destination,
                         GENERIC_WRITE,
                         NULL,
                         NULL,
                         CREATE_ALWAYS,
                         FILE_FLAG_SEQUENTIAL_SCAN,
                         NULL);
    if (handle_src == INVALID_HANDLE_VALUE||
        handle_dst == INVALID_HANDLE_VALUE)
    {
        printf("File Create Fail!\n");
        exit(1);
    }
    cycle = TRUE;

    while (cycle)
    {
        NumberOfByteRead = BufferSize;
        //读文件
        if (!ReadFile(handle_src, buffer, NumberOfByteRead, &NumberOfByteRead, NULL))
        {
            printf("Read File Error! % d\n", GetLastError());
            exit(1);
        }

        if (NumberOfByteRead < BufferSize) cycle = FALSE;
        //写文件
        if (!WriteFile(handle_dst, buffer, NumberOfByteRead, &NumberOfByteWrite, NULL))
        {
            printf("Write File Error! % d\n", GetLastError());
            exit(1);
        }

    }
    //关闭文件句柄
    CloseHandle(handle_src);
    CloseHandle(handle_dst);
}
```

4.3　实验三：采用异步方式实现文件读/写

4.3.1　实验目的

（1）了解 Windows 系统异步文件读/写的概念。
（2）熟悉 Windows 系统文件读/写相关 API 函数。

(3) 掌握采用异步方式实现文件读/写的相关参数的设置。

4.3.2 实验准备知识:文件异步传输及相关 API 函数介绍

1. 文件异步传输基本原理

文件异步传输是一种改变指令执行顺序的机制。一般而言,指令是顺序执行的,下一条指令必须在上一条指令执行完毕才可执行。因此,当 CPU 遇到一条访问磁盘的指令时,应用程序需要等待磁盘访问结束后才能进行后续的工作。但如果后续工作与访问磁盘操作无关,这样的等待就显得没有必要。Windows XP 系统中提供了异步传输机制可以解决这个问题。它通过在打开文件时设置标志位表明文件采用异步传输方式,这样,进程不用等待读/写操作而继续执行。当后续指令必须用到磁盘访问结果的数据时,可通过一条 Wait 指令进行等待。

文件异步传输时,访问磁盘指令和等待指令之间的指令与磁盘访问并发进行,从而大大加快了系统处理 I/O 的速度。

2. 相关 API 函数介绍

函数 GetOverlappedResult()返回指定文件、命名管道或通信设备上 OVERLAPPED 操作的结果。

原型:

```
BOOL GetOverlappedResult(
                    HANDLE hFile,                        //文件、命名管道或通信设备的句柄
                    LPOVERLAPPED lpOverlapped,           //指向 OVERLAPPED 结构的指针
                    LPDWORD lpNumberOfBytesTransferred,  //指向实际传输字节数的指针
                    BOOL bWait                           //等待标志
                    );
```

参数说明如下。

(1) hFile:文件、命名管道或通信设备的句柄。

(2) lpOverlapped:指向 OVERLAPPED 结构的指针。

(3) lpNumberOfBytesTransferred:指向实际传输字节数的指针。

(4) bWait:等待标志。指定函数是否应等待被挂起的、要完成的 OVERLAPPED 操作。若为 TRUE,则 OVERLAPPED 操作完成之前该函数不返回;若为 FALSE,且 OVERLAPPED 操作挂起,则该函数返回 FALSE,调用 GetLastError() 函数应返回 ERROR_IO_INCOMPLETE。

返回值:

如果函数调用成功,则返回值为非 0 值。如果函数调用失败,则返回值为 0。若要得到更多的错误信息,可调用函数 GetLastError()。

4.3.3 实验内容

建立一个函数,使用该函数将源文件 source. txt 中的内容读出,再写到目标文件 overlapped. txt 中去。

4.3.4 实验要求

采用异步方式完成文件的读/写。

4.3.5 实验指导

由于要采用异步方式对文件进行操作,在使用函数 CreateFile()建立文件时,其参数 dwFlagsAndAttributes 选用 FILE_FLAG_NO_BUFFERING|FILE_FLAG_OVERLAPPED。

4.3.6 实验总结

该实验完成异步方式的文件读/写操作。先创建文件 source. txt,然后反复从文件 source. txt 中读出数据块,并写到文件 overlapped. txt 中去,直到文件尾为止。

4.3.7 源程序

```cpp
//File_Overlapped.cpp: Defines the entry point for the console application

# include "stdafx. h"
# include "File_Overlapped. h"

# ifdef_DEBUG
# define new DEBUG_NEW
# undef THIS_FILE
static char THIS_FILE[ ] = __FILE__;
# endif

DWORD BufferSize = 1024;
char buf[1024];



/////////////////////////////////////////////////////////////////////////////
//The one and only application object
CWinApp theApp;
using namespace std;

void FileReadWrite_Overlapped(char * source,char * destination);

int_tmain(int argc, TCHAR * argv[ ], TCHAR * envp[ ])
{
    int nRetCode = 0;
    printf("Call FileReadWrite_Overlapped!\n");
    FileReadWrite_Overlapped("source. txt","nobuffer. txt");
    return nRetCode;
}

void FileReadWrite_Overlapped(char * source,char * destination)
{
    HANDLE handle_src,handle_dst;
```

```
DWORD NumberOfByteRead,NumberOfByteWrite,Error;
BOOL cycle;
char * buffer;
buffer = buf;
OVERLAPPED overlapped;
//建立文件
handle_src = CreateFile(source,
                        GENERIC_READ,
                        0,
                        NULL,
                        OPEN_EXISTING,
                        FILE_FLAG_NO_BUFFERING|FILE_FLAG_OVERLAPPED,
                        NULL);
handle_dst = CreateFile(destination,
                        GENERIC_WRITE,
                        NULL,
                        NULL,
                        CREATE_ALWAYS,
                        NULL,
                        NULL);
if (handle_src == INVALID_HANDLE_VALUE||
    handle_dst == INVALID_HANDLE_VALUE)
{
    printf("File Create Fail!\n");
    exit(1);
}

cycle = TRUE;
overlapped.hEvent = NULL;
overlapped.Offset = - BufferSize;
overlapped.OffsetHigh = 0;

while (cycle)
{
overlapped.Offset = overlapped.Offset + BufferSize;
NumberOfByteRead = BufferSize;
//读文件
if (!ReadFile(handle_src,
              buffer,
              NumberOfByteRead,
              &NumberOfByteRead,
              &overlapped))
{
    switch (Error = GetLastError())
    {
    case ERROR_HANDLE_EOF:                  //若到文件尾
        cycle = FALSE;
        break;
    case ERROR_IO_PENDING:                  //若进程挂起
            if (!GetOverlappedResult(handle_src,
                                     &overlapped,
```

```
                                    &NumberOfByteRead,
                                    TRUE))
            {
                    printf("GetOverlappedResult! % d\n",GetLastError());
                    exit(1);
            }
            break;
        default:
            break;
        }
    }

    if (NumberOfByteRead < BufferSize) cycle = FALSE;
    //写文件
    if (!WriteFile(handle_dst,
                buffer,
                NumberOfByteRead,
                &NumberOfByteWrite,
                NULL))
    {
        printf("Write File Error! % d\n",GetLastError());
        exit(1);
    }
}
//关闭文件句柄
CloseHandle(handle_src);
CloseHandle(handle_dst);
}
```

4.4 实验四：实现文件读/写的 3 种方式比较

4.4.1 实验目的

通过对无缓冲、有缓冲和异步 3 种方式实现文件操作的比较，进一步理解操作系统有关文件系统 I/O 的概念，为选择文件 I/O 方式提供依据。

4.4.2 实验准备知识：相关 API 函数介绍

函数 GetTickCount()取得系统时间，时间单位为 ms。
原型：

DWORD GetTickCount(VOID)

参数说明如下。
该函数无参数。
返回值：
函数返回系统时间，时间单位为 ms。

Windows 系统下 C 实验指导

4.4.3 实验内容

使用本章实验一、实验二和实验三建立的 3 个函数：FileReadWrite_NoBuffer()、FileReadWrite_Sequential_Scan() 和 FileReadWrite_Overlapped()，分别用无缓冲、有缓冲和异步方式实现文件读/写操作。

4.4.4 实验要求

分别使用无缓冲、有缓冲和异步方式实现文件读/写操作。对于同一文件 source.txt，分别调用无缓冲、有缓冲和异步方式的 3 个函数各 10 次，最后给出 3 种方式的平均花费时间的对比。

4.4.5 实验指导

可使用函数 GetTickCount() 对实验进行计时。

4.4.6 实验总结

分别调用 3 个函数各 10 次，最后得到 3 种方式的平均花费时间对比如图 4-2 所示。

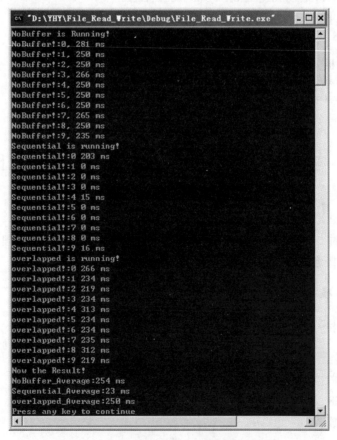

图 4-2　3 种不同文件读/写方式运行结果对比

对于以上数据，去掉个别用时过长的数据，如无缓冲模式的 NoBuffer!：0,281ms、文件高速缓冲模式 Sequential!：0 203ms、异步传输模式 Overlapped!：4 313ms，可以得到更加客观的结论。

（1）无缓冲模式平均用时 252ms。

（2）文件高速缓冲模式平均用时 3ms。

（3）异步传输模式平均用时 243ms。

从上面的数据可以看到，无缓冲模式的速度最慢；采用文件高速缓冲模式大大减少了文件传输的时间；从表面上看异步传输模式的速度并不快，甚至有时比无缓冲模式还要慢，其实不然，因为该实验是按先读后写的顺序依次进行的，异步传输模式的性能没有很好地发挥出来。如果有很多文件并行操作，采用异步传输模式，其整体性能会有较大提高。

4.4.7　源程序

```
//File_Read_Write.cpp: Defines the entry point for the console application

# include "stdafx.h"
# include "File_Read_Write.h"

# ifdef _DEBUG
# define new DEBUG_NEW
# undef THIS_FILE
static char THIS_FILE[] = __FILE__;
# endif

DWORD BufferSize = 2048;
char buf[2048];

//////////////////////////////////////////////////////////////////////
//The one and only application object
CWinApp theApp;
using namespace std;

void FileReadWrite_NoBuffer(char * source,char * destination);
void FileReadWrite_Sequential_Scan(char * source,char * destination);
void FileReadWrite_Overlapped(char * source,char * destination);

int _tmain(int argc, TCHAR * argv[], TCHAR * envp[])
{
    int i, nRetCode = 0;
    DWORD tick,tick_s;
    DWORD nobuffer_start_time,sequential_start_time,overlapped_start_time;
    DWORD nobuffer_end_time,sequential_end_time,overlapped_end_time;
    DWORD nobuffer_average_time = 0;
    DWORD sequential_average_time = 0;
    DWORD overlapped_average_time = 0;

    printf("NoBuffer is Running!\n");
    nobuffer_start_time = GetTickCount();
```

```
        for ( i = 0;  i < 10;  i++ )
        {
            tick = GetTickCount( );
            FileReadWrite_NoBuffer("source.txt","nobuffer.txt");
            printf("NoBuffer! :  % d,  % d ms\n",i,GetTickCount( ) - tick);
        }
        nobuffer_end_time = GetTickCount( );

        printf("Sequential is running!\n");
        sequential_start_time = GetTickCount( );
        for ( i = 0;  i < 10;  i++ )
        {
            tick_s = GetTickCount( );
            FileReadWrite_Sequential_Scan("source.txt","Sequential.txt");
            printf("Sequential! :  % d % d ms\n",i,GetTickCount( ) - tick_s);
        }
        sequential_end_time = GetTickCount( );


        printf("overlapped is running!\n");
        overlapped_start_time = GetTickCount( );
        for ( i = 0;  i < 10;  i++ )
        {
            tick = GetTickCount( );
            FileReadWrite_Overlapped("source.txt","overlapped.txt");
            printf("overlapped! :  % d % d ms\n",i,GetTickCount( ) - tick);
        }
        overlapped_end_time = GetTickCount( );

        printf("Now the Result!\n");
        printf("NoBuffer_Average: % d ms\n",(nobuffer_end_time - nobuffer_start_time)/10);
        printf("Sequential_Average: % d ms\n",(sequential_end_time - sequential_start_time)/10);
        printf("overlapped_Average: % d ms\n",(overlapped_end_time - overlapped_start_time)/10);

        return nRetCode;
    }
    void FileReadWrite_NoBuffer(char * source,char * destination)
    {
        HANDLE handle_src,handle_dst;
        DWORD NumberOfByteRead,NumberOfByteWrite;
        BOOL cycle;
        char * buffer;
        buffer = buf;

        handle_src = CreateFile(source,
                                GENERIC_READ,
                                0,
                                NULL,
                                OPEN_EXISTING,
                                FILE_FLAG_NO_BUFFERING,
                                NULL);
```

```
        handle_dst = CreateFile(destination,
                                GENERIC_WRITE,
                                NULL,
                                NULL,
                                CREATE_ALWAYS,
                                NULL,
                                NULL);
    if (handle_src == INVALID_HANDLE_VALUE||
        handle_dst == INVALID_HANDLE_VALUE)
    {
        printf("File Create Fail!\n");
        exit(1);
    }
    cycle = TRUE;

    while (cycle)
    {
        NumberOfByteRead = BufferSize;
        if (!ReadFile(handle_src,buffer,NumberOfByteRead,&NumberOfByteRead,NULL))
        {
            printf("Read File Error! % d\n",GetLastError());
            exit(1);
        }
        if (NumberOfByteRead < BufferSize) cycle = FALSE;
        if (!WriteFile(handle_dst,buffer,NumberOfByteRead,&NumberOfByteWrite,NULL))
        {
            printf("Write File Error! % d\n",GetLastError());
            exit(1);
        }
    }
    CloseHandle(handle_src);
    CloseHandle(handle_dst);
}

void FileReadWrite_Sequential_Scan(char * source,char * destination)
{
    HANDLE handle_src,handle_dst;
    DWORD NumberOfByteRead,NumberOfByteWrite;
    BOOL cycle;
    char * buffer;
    buffer = buf;

    handle_src = CreateFile(source,
                            GENERIC_READ,
                            0,
                            NULL,
                            OPEN_EXISTING,
                            FILE_FLAG_SEQUENTIAL_SCAN,
                            NULL);
    handle_dst = CreateFile(destination,
                            GENERIC_WRITE,
```

```
                             NULL,
                             NULL,
                             CREATE_ALWAYS,
                             FILE_FLAG_SEQUENTIAL_SCAN,
                             NULL);
    if (handle_src == INVALID_HANDLE_VALUE||
        handle_dst == INVALID_HANDLE_VALUE)
    {
        printf("File Create Fail!\n");
        exit(1);
    }
    cycle = TRUE;

    while (cycle)
    {
        NumberOfByteRead = BufferSize;
        if (!ReadFile(handle_src,buffer,NumberOfByteRead,&NumberOfByteRead,NULL))
        {
            printf("Read File Error! % d\n",GetLastError());
            exit(1);
        }
        if (NumberOfByteRead < BufferSize) cycle = FALSE;
        if (!WriteFile(handle_dst,buffer,NumberOfByteRead,&NumberOfByteWrite,NULL))
        {
            printf("Write File Error! % d\n",GetLastError());
            exit(1);
        }
    }
    CloseHandle(handle_src);
    CloseHandle(handle_dst);
}

void FileReadWrite_Overlapped(char * source,char * destination)
{
    HANDLE handle_src,handle_dst;
    DWORD NumberOfByteRead,NumberOfByteWrite,Error;
    BOOL cycle;
    char * buffer;
    buffer = buf;
    OVERLAPPED overlapped;

    handle_src = CreateFile(source,
                             GENERIC_READ,
                             0,
                             NULL,
                             OPEN_EXISTING,FILE_FLAG_NO_BUFFERING|
                             FILE_FLAG_OVERLAPPED,
                             NULL);
    handle_dst = CreateFile(destination,
                             GENERIC_WRITE,
                             NULL,
```

```
                        NULL,
                        CREATE_ALWAYS,
                        NULL,
                        NULL);
if (handle_src == INVALID_HANDLE_VALUE||
    handle_dst == INVALID_HANDLE_VALUE)
{
    printf("File Create Fail!\n");
    exit(1);
}

cycle = TRUE;
overlapped.hEvent = NULL;
overlapped.Offset = -BufferSize;
overlapped.OffsetHigh = 0;

while (cycle)
{
    overlapped.Offset = overlapped.Offset + BufferSize;
    NumberOfByteRead = BufferSize;
    if (!ReadFile(handle_src,
                buffer,
                NumberOfByteRead,
                &NumberOfByteRead,
                &overlapped))
    {
        switch (Error = GetLastError())
        {
        case ERROR_HANDLE_EOF:
            cycle = FALSE;
            break;
        case ERROR_IO_PENDING:
            if (!GetOverlappedResult(handle_src,
                                    &overlapped,
                                    &NumberOfByteRead,
                                    TRUE))
            {
                printf("GetOverlappedResult! % d\n",GetLastError());
                exit(1);
            }
            break;
        default:
            break;
        }
    }
    if (NumberOfByteRead < BufferSize) cycle = FALSE;
    if (!WriteFile(handle_dst,buffer,NumberOfByteRead,&NumberOfByteWrite,NULL))
    {
        printf("Write File Error! % d\n",GetLastError());
        exit(1);
    }
```

```
        }
        CloseHandle(handle_src);
        CloseHandle(handle_dst);
    }
```

4.4.8   实验展望

因为上面的实验是按先读后写的顺序依次进行的，异步传输模式的性能没有很好地发挥出来。试重新设计一组文件数据，使其并行操作，并采用异步传输模式，看看实验结果如何。

第5章 | Windows 的设备管理

5.1 实验一：获取磁盘基本信息

5.1.1 实验目的

（1）了解磁盘的物理组织。

（2）熟悉 Windows 系统如何查看磁盘相关参数。

（3）掌握 Windows 系统提供的有关对磁盘操作 API 函数。

5.1.2 实验准备知识：相关数据结构及 API 函数介绍

1. 相关系统数据结构说明

磁盘基本物理结构原型：

```
typedef struct_DISK_GEOMETRY {
                    LARGE_INTEGER  Cylinders;
                    MEDIA_TYPE  MediaType;
                    DWORD  TracksPerCylinder;
                    DWORD  SectorsPerTrack;
                    DWORD  BytesPerSector;
                } DISK_GEOMETRY;
```

成员说明：

（1）Cylinders：磁盘的柱面数。

（2）MediaType：介质类型，如 3.5 英寸（1 英寸＝2.54 厘米）、1.44MB 软盘。

（3）TracksPerCylinder：每个柱面的磁道数。

（4）SectorsPerTrack：每个磁道的扇区数。

（5）BytesPerSector：每个扇区的字节数。

2. 相关 API 函数介绍

（1）文件创建。函数 CreateFile()用于打开磁盘驱动器并返回一个文件句柄，这里驱动器被当作文件来处理。有关文件操作函数的详细说明参见 4.1.2 节。

原型：

```
HANDLE CreateFile(
                LPCTSTR lpFileName,                      //指向文件名的指针
                DWORD dwDesiredAccess,                   //读/写访问模式
                DWORD dwShareMode,                       //共享模式
```

```
                    LPSECURITY_ATTRIBUTES lpSecurityAttributes,    //指向安全属性的指针
                    DWORD dwCreationDisposition,                   //文件存在标志
                    DWORD dwFlagsAndAttributes,                    //文件属性
                    HANDLE hTemplateFile                           //指向访问模板文件的句柄
                    );
```

(2) 获取磁盘的基本信息。函数 DeviceIoControl()用于获取磁盘的基本信息。

原型:

```
BOOL DeviceIoControl(
                    HANDLE hDevice,                //设备句柄
                    DWORD dwIoControlCode,          //操作控制代码
                    LPVOID lpInBuffer,             //输入数据缓冲区
                    DWORD nInBufferSize,           //输入数据缓冲区大小
                    LPVOID lpOutBuffer,            //输出数据缓冲区
                    DWORD nOutBufferSize,          //输出数据缓冲区大小
                    LPDWORD lpBytesReturned,       //可获取的字节计数
                    LPOVERLAPPED lpOverlapped      //指向 OVERLAPPED 结构的指针
                    );
```

参数说明如下。

① hDevice:目标设备的句柄,由 CreateFile()函数获得。

② dwIoControlCode:指定操作的控制信息,用该值可以辨别将要执行的操作,以及对哪类设备进行操作。该参数取值如表 5-1 所示。

表 5-1　dwIoControlCode 的值

值	描　　述
IOCTL_DISK_GET_DRIVE_GEOMETRY	得到磁盘物理结构信息
IOCTL_DISK_GET_PARTITION_INFO	得到磁盘分区信息
FSCTL_QUERY_FAT_BPB	返回 FAT16 或 FAT12 卷的前 36 字节
FSCTL_GET_COMPRESSION	获取文件或目录的压缩信息

③ lpInBuffer:指向一个缓冲区,该缓冲区存放指定操作所输入的数据。

④ nInBufferSize:由 lpInBuffer 所指缓冲区的大小。

⑤ lpOutBuffer:指向一个缓冲区,该缓冲区存放指定操作所输出的数据。

⑥ nOutBufferSize:由 lpOutBuffer 所指缓冲区的大小。

⑦ lpBytesReturned:实际输出结果所占字节数。

⑧ lpOverlapped:指向 OVERLAPPED 结构的指针。

返回值:

如果函数调用成功,则返回值为非 0 值。如果函数调用失败,则返回值为 0。若要得到更多的错误信息,可调用函数 GetLastError()。

5.1.3　实验内容

编写一个函数,根据给出的驱动器号读取磁盘基本信息,包括磁盘的大小、该磁盘包括

多少个扇区、该磁盘有多少个柱面,以及每个柱面的磁道数、每个磁道的扇区数、每个扇区包含的字节数。

5.1.4 实验要求

了解 MSDN Library Visual Studio 6.0 中提供的磁盘主要数据结构 DISK_GEOMETRY 中每个成员的含义,深入理解操作系统将设备当作文件处理的特性,理解函数 CreateFile( ) 及 DeviceIoControl( )中每个参数的实际意义并能在本实验中正确使用。

5.1.5 实验指导

在 Microsoft Visual C++ 6.0 环境下选择 Win32 Console Application 选项建立一个控制台工程文件,由于有关设备及文件操作的函数均是 Microsoft Windows 操作系统的系统调用,因此在图 5-1 中选中 An application that supports MFC 单选按钮。

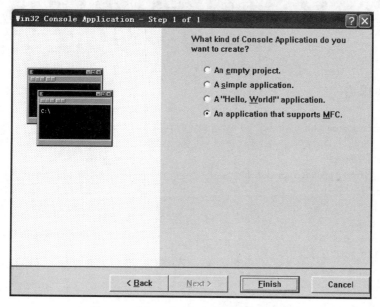

图 5-1 建立一个 MFC 支持的应用程序

本实验使用的主要数据结构 DISK_GEOMETRY 是由系统提供的,其声明在"♯include "winioctl. h""中,因此要将其加入到实验程序的头文件说明中,否则程序编译时系统将无法识别 DISK_GEOMETRY 结构。

5.1.6 实验总结

本实验程序的运行结果如图 5-2 所示。

从实验结果可以看出,对给定的磁盘驱动器中的软盘 A,本实验能正确识别出它每个扇区有 512 字节,每个磁道有 18 个扇区,每个柱面有 2 个磁道,共有 80 个柱面,该磁盘共有 2880 个磁道,磁盘的大小为 1.41MB。应当注意,磁盘上有一部分空间是存储磁盘的物理信息的,这部分空间系统是不能够直接存取的,因此没有编入逻辑扇区,也就是说逻辑扇区比磁盘的实际扇区数要小,因此计算出的磁盘大小是磁盘可用空间的大小,比磁盘的物理大小要小。

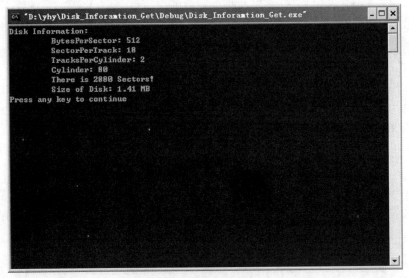

图 5-2 软盘的基本物理组成信息

5.1.7 源程序

//Disk_Inforamtion_Get.cpp: Defines the entry point for the console application

```
# include "stdafx.h"
# include "Disk_Inforamtion_Get.h"
# include "winioctl.h"

# ifdef _DEBUG
# define new DEBUG_NEW
# undef THIS_FILE
static char THIS_FILE[] = __FILE__;
# endif

DISK_GEOMETRY disk_info;

HANDLE GetDiskInformation(char drivername);

//////////////////////////////////////////////////////////////////////////
//The one and only application object
CWinApp theApp;
using namespace std;

int _tmain(int argc, TCHAR * argv[], TCHAR * envp[])
{
    int nRetCode = 0;
    HANDLE Handle;
    Handle = GetDiskInformation('A');
    return nRetCode;
}
```

```
HANDLE GetDiskInformation(char drivername)
{
    char device[ ] = "\\\\.\\: ";
    device[4] = drivername;
    HANDLE FloopyDisk;
    DWORD ReturnSize;
    DWORD Sector;
    double DiskSize;
    FloopyDisk = CreateFile(device,
                            GENERIC_READ|GENERIC_WRITE,
                            FILE_SHARE_READ|FILE_SHARE_WRITE,
                            NULL,
                            OPEN_EXISTING,
                            FILE_FLAG_RANDOM_ACCESS|FILE_FLAG_NO_BUFFERING,
                            NULL);
    if (FloopyDisk == INVALID_HANDLE_VALUE)
        printf("INVALID_HANDLE_VALUE!\n");
    if (GetLastError() == ERROR_ALREADY_EXISTS)
        printf("Can not Open Disk! %d\n",GetLastError());
    if (!DeviceIoControl(FloopyDisk,
        IOCTL_DISK_GET_DRIVE_GEOMETRY,
        NULL,
        0,
        &disk_info,
        50,
        &ReturnSize,
        (LPOVERLAPPED)NULL))
        printf("Open Disk Error! %d\n",GetLastError());
    printf("Disk Information: \n");
    printf("\t BytesPerSector: %d\n",disk_info.BytesPerSector);
    printf("\t SectorPerTrack: %d\n",disk_info.SectorsPerTrack);
    printf("\t TracksPerCylinder: %d\n",disk_info.TracksPerCylinder);
    printf("\t Cylinder: %d\n",disk_info.Cylinders);
    Sector = disk_info.Cylinders.QuadPart *
        disk_info.TracksPerCylinder *
        disk_info.SectorsPerTrack;
    printf("\t There is %d Sectors!\n",Sector);
    DiskSize = Sector * disk_info.BytesPerSector;
    printf("\t Size of Disk: %4.2f MB\n",(DiskSize)/(1024 * 1024));
    return FloopyDisk;
}
```

5.2 实验二：读/写磁盘指定位置信息

5.2.1 实验目的

（1）了解磁盘的物理组织。
（2）掌握 Windows 系统提供的有关对磁盘操作 API 函数。

（3）根据输入的扇区号读/写指定扇区。

5.2.2 实验准备知识：相关 API 函数介绍

1. 设置读/写操作的位置

函数 SetFilePointer()用于移动一个打开文件中的读/写指针，这里磁盘设备被当作文件处理，因此用于移动文件读/写指针在磁盘上的位置。

原型：

```
DWORD SetFilePointer(
                    HANDLE hFile,                 //文件句柄
                    LONG lpDistanceToMove,        //文件指针要移动的偏移量的低 32 位
                    PLONG lpDistanceToMoveHigh,   //文件指针要移动的偏移量的高 32 位
                    DWORD dwMoveMethod            //移动起点
                    );
```

参数说明如下。

（1）hFile：打开的文件句柄，创建的文件必须具有 GENERIC_ READ 或 GENERIC_ WRITE 的存取权限。

（2）lpDistanceToMove：指针要移动的偏移量的低 32 位，用于指定移动文件指针的字节大小。如果参数 lpDistanceToMoveHigh 不为空，那么 lpDistanceToMoveHigh 和 lpDistanceToMove 两个参数形成一个 64 位的值来指定移动的位置。如果参数 lpDistanceToMoveHigh 为空，且 lpDistanceToMove 是一个 32 位带符号值，那么当 lpDistanceToMove 为正值时，文件指针向前移动，否则向后移动。

（3）lpDistanceToMoveHigh：指针要移动的偏移量的高 32 位。如果不需要该参数，可将其设置为空。当该参数不为空时，该参数为文件指针的高 32 位的 DWORD 类型值。

（4）dwMoveMethod：文件指针移动的初始位置，其值如表 5-2 所示。

表 5-2　dwMoveMethod 的值

值	描　　述
FILE_BEGIN	开始点为 0 或为文件的开始位置
FILE_CURRENT	开始点为文件指针的当前位置
FILE_END	开始点为文件的结尾位置

返回值：

如果函数调用成功，而且参数 lpDistanceToMoveHigh 为空，那么返回值为文件指针的低 32 位 DWORD 类型值。如果参数 lpDistanceToMoveHigh 不为空，那么返回值为文件指针的低 32 位 DWORD 类型值，并且高 32 位 DWORD 类型值输出到一个 long 类型的参数中。

如果函数调用失败，而且参数 lpDistanceToMoveHigh 为空，那么返回值为 0xFFFFFFFF，若要得到错误信息，请调用函数 GetLastError()。如果函数调用失败，而且参数 lpDistanceToMoveHigh 不为空，那么返回值为 0xFFFFFFFF，但由于 0xFFFFFFFF 不是一个有效的低 32 位 DWORD 类型值，必须通过调用函数 GetLastError()才能判断是

否有错误发生。若发生错误,则函数 GetLastError() 返回错误值,否则返回 NO_ERROR。

如果新的文件指针位置是一个负值,则表明函数调用失败,文件指针将不移动,通过调用函数 GetLastError() 返回的值是 ERROR_NEGATIVE_SEEK。

2. 读文件

读取磁盘指定区域的内容,函数详细说明参见 4.1.2 节。

原型:

```
BOOL ReadFile(
        HANDLE hFile,                        //要读的文件的句柄
        LPVOID lpBuffer,                     //指向文件缓冲区的指针
        DWORD nNumberOfBytesToRead,          //从文件中要读取的字节数
        LPDWORD lpNumberOfBytesRead,         //指向从文件中要读取的字节数的指针
        LPOVERLAPPED lpOverlapped            //指向 OVERLAPPED 结构的指针
        );
```

3. 写文件

该函数将数据写入磁盘指定区域,函数详细说明参见 4.1.2 节。

原型:

```
BOOL WriteFile(
        HANDLE hFile,                        //要读的文件的句柄
        LPVOID lpBuffer,                     //指向文件缓冲区的指针
        DWORD nNumberOfBytesToWrite,         //从文件中要读取的字节数
        LPDWORD lpNumberOfBytesWritten,      //指向从文件中要读取的字节数的指针
        LPOVERLAPPED lpOverlapped            //指向 OVERLAPPED 结构的指针
        );
```

5.2.3 实验内容

在本章实验一的基础上,继续完成该实验。编写两个函数,分别完成如下功能。

(1) 对给定的扇区号读取该扇区的内容。

(2) 将用户输入的数据写入指定的扇区。

5.2.4 实验要求

深入理解操作系统将设备当作文件处理的特性,理解函数 SetFilePointer()、ReadFile() 及 WriteFile() 中每个参数的实际意义并能在本实验中正确使用。

5.2.5 实验指导

在主程序中让用户选择: R、W 或 Q,若用户选择 R 选项,则调用函数 BOOL SectorRead(HANDLE Handle),完成读给定扇区信息的功能;若用户选择 W 选项,则调用函数 BOOL SectorWrite(HANDLE Handle) 完成对给定扇区号写入信息的功能;若用户选择 Q 选项,则程序退出。

5.2.6 实验总结

用户读/写扇区的情况如图 5-3 所示。

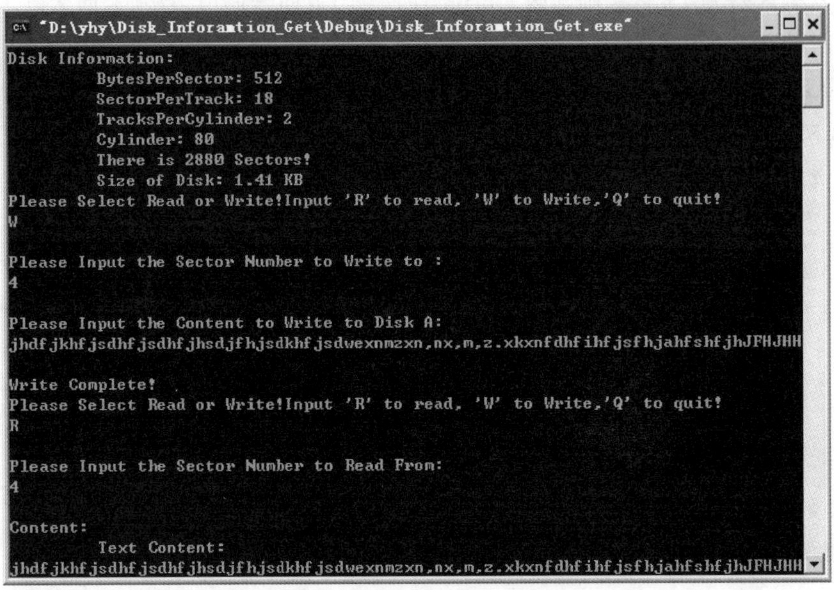

图 5-3   用户读/写扇区的情况

在上面的实验中,应用程序首先显示软盘的信息。

```
Disk Information:
    BytesPerSector: 512
    SectorPerTrack: 18
    TracksPerCylinder: 2
    Cylinder: 80
    There is 2880 Sectors!
    Size of Disk: 1.41 KB
```

然后提示用户进行选择"Please Select Read or Write! Input 'R' to read，'W' to Write,'Q' to quit!"当用户输入 W 表示要写软盘后,应用程序提示用户"Please Input the Sector Number to Write to："输入要写的磁道号,当用户输入 4 表示要写第 4 道后,应用程序提示用户"Please Input the Content to Write to Disk A：："输入要写入第 4 道的内容,当用户输入要写的内容后,应用程序提示"Write Complete!"表示写操作完成。

接着,应用程序继续提示用户进行选择"Please Select Read or Write! Input 'R' to read，'W' to Write,'Q' to quit!"当用户输入 R 表示要读软盘后,应用程序提示用户"Please Input the Sector Number to Read From："输入要读的磁道号,当用户输入 4 表示要读第 4 道的内容后,应用程序显示"Content："并分别以字符形式和十六进制形式显示软盘上第 4 道的内容。

5.2.7   源程序

```
//Disk_Inforamtion_Read and Write.cpp: Defines the entry point for the console application

# include "stdafx.h"
# include "Disk_Inforamtion_Get.h"
```

```
# include "winioctl.h"

# ifdef _DEBUG
# define new DEBUG_NEW
# undef THIS_FILE
static char THIS_FILE[ ] = __FILE__;
# endif

DISK_GEOMETRY disk_info;

HANDLE GetDiskInformation(char drivername);
BOOL SectorRead(HANDLE Handle);
BOOL SectorWrite(HANDLE Handle);

/////////////////////////////////////////////////////////////////////
//The one and only application object
CWinApp theApp;
using namespace std;

int_tmain(int argc, TCHAR * argv[ ], TCHAR * envp[ ])
{
    int nRetCode = 0;
    HANDLE Handle;
    char Choice;
    Handle = GetDiskInformation('A');

    while(TRUE)
    {
        printf("Please Select Read or Write! Input 'R' to read, 'W' to Write, 'Q' to quit!\n");
        Choice = getchar();
        printf("\n");
        switch (Choice)
        {
            case 'W':
                {
                    if (!SectorWrite(Handle))   printf("Write Sector Fail!\n");
                    getchar();
                    break;
                }
            case 'R':
                {
                    if (!SectorRead(Handle))   printf("Read Sector Fail!\n");
                    getchar();
                    break;
                }
            case 'Q':
                {
                    exit(0);
                    break;
                }
            default:
```

第
一
篇

Windows 系统下 C 实验指导

```
                    {
                        printf("Input Error!,Try again please!\n");
                        getchar();
                    }
            }

    }
    return nRetCode;
}


HANDLE GetDiskInformation(char drivername)
{
    char device[] = "\\\\.\\: ";
    device[4] = drivername;
    HANDLE FloopyDisk;
    DWORD ReturnSize;
    DWORD Sector;
    double DiskSize;
    FloopyDisk = CreateFile(device,
                            GENERIC_READ|GENERIC_WRITE,
                            FILE_SHARE_READ|FILE_SHARE_WRITE,
                            NULL,
                            OPEN_EXISTING,
                            FILE_FLAG_RANDOM_ACCESS|FILE_FLAG_NO_BUFFERING,
                            NULL);
    if (FloopyDisk == INVALID_HANDLE_VALUE)
        printf("INVALID_HANDLE_VALUE!\n");
    if (GetLastError() == ERROR_ALREADY_EXISTS)
        printf("Can not Open Disk! %d\n",GetLastError());
    if (!DeviceIoControl(FloopyDisk,
                        IOCTL_DISK_GET_DRIVE_GEOMETRY,
                        NULL,
                        0,
                        &disk_info,
                        50,
                        &ReturnSize,
                        (LPOVERLAPPED)NULL))
    printf("Open Disk Error! %d\n",GetLastError());
    printf("Disk Information: \n");
    printf("\t BytesPerSector: %d\n",disk_info.BytesPerSector);
    printf("\t SectorPerTrack: %d\n",disk_info.SectorsPerTrack);
    printf("\t TracksPerCylinder: %d\n",disk_info.TracksPerCylinder);
    printf("\t Cylinder: %d\n",disk_info.Cylinders);
    Sector = disk_info.Cylinders.QuadPart *
        disk_info.TracksPerCylinder *
        disk_info.SectorsPerTrack;
    printf("\t There is %d Sectors!\n",Sector);
    DiskSize = Sector * disk_info.BytesPerSector;
    printf("\t Size of Disk: %4.2f KB\n",(DiskSize)/(1024 * 1024));
    return FloopyDisk;
}
```

```c
BOOL SectorRead(HANDLE Handle)
{
    char ReadBuffer[1024 * 16];
    DWORD SectorNumber;
    DWORD BytestoRead;
    DWORD Sector;
    DWORD rc;
    int i;
    if (Handle == NULL)
    {
        printf("There is No disk!\n");
        return FALSE;
    }
    printf("Please Input the Sector Number to Read From: \n");
    scanf(" % d",&SectorNumber);
    printf("\n");
    Sector = disk_info.Cylinders.QuadPart *
        disk_info.TracksPerCylinder *
        disk_info.SectorsPerTrack;
    if (SectorNumber > Sector) printf("There is not this Sector!\n");
    printf("Content: \n");
    BytestoRead = SectorNumber * (disk_info.BytesPerSector);
    rc = SetFilePointer(Handle,BytestoRead,NULL,FILE_BEGIN);
    if (!ReadFile(Handle,ReadBuffer,BytestoRead,&BytestoRead,NULL))
    {
        printf("Read File Error: % d\n", GetLastError());
        return FALSE;
    }
    printf("\t Text Content: \n");
    for (i = 0; i < 512; i++ )
    {
        printf(" % c",ReadBuffer[i]);
    }
    printf("\n");
    printf("\t Hex Text Content: \n");
    for (i = 0; i < 512; i++ )
    {
        printf(" % x",ReadBuffer[i]);
        printf("");
    }
    printf("\n");
    return TRUE;
}

BOOL SectorWrite(HANDLE Handle)
{
    char WriteBuffer[1024];
    DWORD SectorNumber,SecterMove;
    DWORD BytestoWrite;
    DWORD Sector;
```

```
        DWORD rc;

        if (Handle == NULL)
        {
            printf("There is No disk!\n");
            return FALSE;
        }
        printf("Please Input the Sector Number to Write to: \n");
        scanf(" % d",&SectorNumber);
        printf("\n");
        Sector = disk_info.Cylinders.QuadPart *
            disk_info.TracksPerCylinder *
            disk_info.SectorsPerTrack;
        if (SectorNumber > Sector) printf("There is not this Sector!\n");
        printf("Please Input the Content to Write to Disk A: \n");
        scanf(" % s",&WriteBuffer);
        SecterMove = SectorNumber * (disk_info.BytesPerSector);
        rc = SetFilePointer(Handle,SecterMove,NULL,FILE_BEGIN);
        if (!WriteFile(Handle,WriteBuffer,512,&BytestoWrite,NULL))
        {
            printf("Read File Error: % d\n", GetLastError());
            return FALSE;
        }
        printf("Write Complete!\n");
        return TRUE;
    }
```

5.2.8 实验展望

在上述实验的基础上,读者可以尝试实现下述功能:读取软盘上的文件目录,并查看指定文件信息。

第二篇 Windows
系统下Java实验指导

第6章 Java 语言概述

作为面向对象的程序语言,Java 比 C/C++语言具有更多的特性和优势,它不仅吸收了 C++语言的各种优点,而且摒弃了其中难以理解的指针和多继承等概念,具有强大的功能及易用性等特征。Java 极好地实现了面向对象理论,是静态面向对象编程语言的代表,允许程序员以优雅的行为方式进行复杂的编程,深受编程人员的喜爱。

6.1 Java 的产生

Java 是 Sun 公司 1995 年推出的 Java 程序设计语言与 Java 平台的总称,起源于 20 世纪 90 年代初 James Gosling 等开发的 Oak 语言。随着互联网技术的迅速发展与普及,作为一种跨平台的编程语言,Java 逐渐成为重要的网络编程语言。

Java 从诞生到现在,JDK(Java 语言的软件开发工具包)经历了众多版本更新。1996 年 JDK 1.0 版本发布,为 Java 语言提供了一个正式的运行环境,包括 Java 虚拟机、Applet 及 AWT 等。1997 年 JDK 1.1 版本发布,为 Java 提供了新的技术支撑,包括 JDBC、JavaBeans、JAR 文件格式、RMI 等,同时 Java 语法实现了内部类和反射。1998 年 Sun 公司发布 JDK 1.2 版本,将 Java 技术体系拆分为面向桌面应用开发的 J2SE(Java 2 Standard Edition)、面向企业级的开发 J2EE(Java 2 Enterprise Edition)和面向手机等移动终端开发的 J2ME(Java 2 Micro Edition),在 JDK 1.2 中,Java 虚拟机第一次内置了 JIT 编译器,同时,在 Java 语言上,新增添了 Collections 集合类与 strictfp 关键字。2000 年 JDK 1.3 版本发布,在类库上更新了 Timer API 及数学运算等,增加了 JavaSound 类库,并且提供了大量新的 Java 2D API。2002 年,JDK 1.4 的发布标志着 Java 真正走向成熟,增加了诸如异常链、日志类、正则表达式、XML 解析器等新的技术特性。2004 年 JDK 1.5 版本发布,在语法易用性上做出了很大的改进,如遍历循环、枚举、动态注解、可变长参数、自动装箱等语法,同时也改进了 API 层面上 Java 的内存模型。2006 年 JDK 1.6 版本发布,摒弃了 J2EE、J2SE、J2ME 的命名方式,启用了 Java SE6、Java EE6、Java ME6 的命名方式,提供动态语言支持、编译 API 和微型 HTTP 服务器 API,同时对 Java 虚拟内存做了大量的改进,包括垃圾收集、同步、锁、类加载算法等。2009 年 JDK 1.7 版本发布,开始支持动态语言类型,并且增加垃圾回收器。本书使用的版本是 JDK 1.8,发布于 2013 年,JDK 1.8 允许接口添加非抽象类,并且新增 lambda 表达式,提供函数式接口。

6.2　Java 的特点

（1）简单性。Java 的简单性体现在两方面：一方面是语言简单，摒弃了 C++ 中程序员很少使用的诸多特征，如指针、操作符过载和多继承等，同时避免使用主文件，从而免去了预处理程序，使软件能够在很小的主机上运行；另一方面降低了程序员学习的难度，通过简单易懂的类名便可以编写程序。Java 能够自动地处理对象的引用和间接引用，实现自动无用单元收集，降低内存管理的成本，便于程序员专注研发。

（2）面向对象。Java 是一种面向对象的语言，注重数据与操纵数据的方法，忽略过程。Java 通过类机制与动态接口模型实现程序所有设计。Java 的基本操作单元是对象，对象中封装了变量及方法，实现了模块化与信息隐藏。类按照一定的体系和层次，通过继承机制，实现子类对父类方法、属性的继承，进一步适应迅速变化的需求。

（3）分布性。Java 是分布式语言，支持网络应用，可以通过 URL 地址访问网络上的各种资源。Java 既支持各种层次的网络连接，也支持以 Socket 类为主的可靠流连接。同时 Servlet 机制的出现使得 Java 成为分布式网络开发的主要工具，提高了 Java 编程的效率。

（4）编译和解释性。Java 编译程序生成字节码，而不是通常的机器码，能够有效地传送程序到多个平台，使得运行前的连接过程更加简单，实现 Java 解释程序和运行系统的统一运行。

（5）稳健性。Java 是一个强类型语言，在编译和运行时具有独特的检查措施，从而防止数据类型的不匹配。Java 不支持 C 风格的隐式声明，要求显式声明方法，从而保证编译程序能够捕捉调用错误。Java 独有的存储模型不支持指针，从而能够消除重写存储数据的可能性，并且 Java 具有异常处理功能，简化了出错处理和恢复的任务。同时 Java 具有自动收集垃圾功能，可以预防存储泄露和其他有关动态存储和解除分配等有害错误。

（6）安全性。Java 通过存储分配模型防止恶意代码及各种恶意时间的入侵。Java 没有指针，可以避免程序员伪造指针去指向存储器，一切对内存的访问必须通过实例化对象来实现。Java 具有安全机制，采用字节码验证过程来保证代码的安全性，可以预防小程序装载。

（7）可移植性。体系结构中立使得 Java 对硬件平台和操作系统具有良好的可移植性，Java 编译程序是由 Java 编写，Java 运行系统采用 ANSIC 语言编写，同时 Java 提供了可移植的类库，实现了 Java 的高可移植性。

（8）高性能。Java 在运行时将 Java 字节码翻译为特定的 CPU 机器代码，通过编译器优化字节码与自动寄存器分配，生成高质量的代码，从而实现"全编译"。

（9）多线程。Java 是多线程语言，提供支持多线程运行，能够处理不同任务，简化程序设计。Java 提供 Thread 类与同步原语，支持多线程，便于程序设计者采用不同的线程完成复杂事务，实现网络上的实时交互行为。

（10）动态性。Java 是一种动态语言，能够适应不断发展的环境。它允许程序动态地装入运行过程中所需的类，并且可以根据需求向类库中随意添加实例属性与新方法。Java 的一个重要特点是接口的使用，通过多重继承接口实现类的灵活性和可扩展性，便于 Java 在网络上运行。Java 在软件开发方面具有很强的适应性，只需根据需求更新类库而不必重新编译使用这一类库的应用程序。

6.3 Java 的现状与前景

1. Java 的现状

Java 是面向对象的程序设计语言,具有跨平台特性,是互联网应用程序开发的主要程序语言。虽然编程语言不断更新,但 Java 目前依然占据主导地位,具体表现在以下几方面。

(1) 得到 IT 行业认可,多数计算机相关大企业都购买了 Java 许可证,包括 Adobe、Silicon、DEC、IBM 等。

(2) Java 受到众多软件开发商支持,既包括 Sun 公司自身,也包括众多的数据库厂商,如 Oracle、Sybase 等。

(3) Java 在 Intranet 系统服务企业的过程中发挥着不可替代的作用,通过便宜、便捷、跨平台及易于管理的特点,实现 Intranet 浏览器的统一界面。

Java 语言在 Sun 公司的推动下不断更新、丰富与发展,其编译环境既包括 Sun 的编译环境 JDK 和 JWS,也包括其他公司开发的 Java 语言的编译器与集成环境,预计不久 Java 语言的正确性与效率都将会提高,用户用 Java 编程和使用 C++编程一样方便。

随着互联网技术的不断发展,Java 的社会市场需求不断增加,公司对 Java 专业人才的需求量保持着较高的水平,主要包括 Java 程序员、Java 软件工程师、Java 高级程序员,进一步可以细分为 Java 领域的软件工程师、售前技术工程师、系统架构师、测试工程师、技术经理、项目经理等。

随着 Java 技术的不断更新和完善,目前主流的 Java 技术包括:①Web 开发技术,如 HTML、JavaScript、CSS、Servlet/JSP;②数据库技术,如 JDBC、Oracle、MySQL 等;③程序架构设计,如 Hibernate、Spring、Struts。

2. Java 的发展趋势

由于 Java 的诸多优点,它的发展前景十分广泛,具体表现在以下几方面。

(1) 应用范围不断扩大。随着信息化向智能化方向发展,Java 在面向对象开发、设计与调试动态画面、可视化开发、数据库操作与连接等方面不断发展,在企业级应用及大众服务方面作用举足轻重。

(2) 应用领域多样化。在 Sun、IBM、Oracle 等国际厂商的推动下,基于 Java 的服务器及应用软件层出不穷,带动 Java 在电信、金融、制造业等领域的广泛应用。在巨大的市场需求下,Java 人才依旧是企业争夺的资源。

(3) 嵌入式应用凸显。Java 语言近几年被广泛应用于移动电话、各种智能家用电器等方面,甚至 IC 卡等小型电子产品中也有所涉及。从 Java 语言的发展趋势来看,这种嵌入式的研究应用范围将会进一步扩大,甚至覆盖更多的电子信息产品,方便人们的生活。

(4) 移动与云计算前景广阔。Java 的跨平台性使得 Java 成为部署云的合适选择,越来越多的企业倾向将云应用部署在 Java 平台上。另外在 Oracle 的技术投资担保下,Java 也是企业在云应用方面回避微软平台、在移动应用方面回避苹果公司的一个最佳选择。

(5) 网络应用优势明显。Java 在开发网络应用程序系统方面具有明显的优势,能够很好地契合 WWW 浏览器。随着信息社会的发展,应用程序日趋网络化,作为 Web 程序的主要程序语言,Java 能够与浏览器良好结合,从而进一步扩大应用范围。

6.4　Java 的体系结构

Java 体系主要由三层组成,如图 6-1 所示。最低层为操作系统层,包括 Windows 系统、UNIX 系统及 Linux 系统等,主要负责将程序员编写的代码通过编译器转换为 Java 类文件。中间一层为 Java 的运行环境层,主要包括 Java 虚拟机及相关 Java API,主要负责将 Java 类文件翻译成字节码文件。最上层为应用程序层,包含若干 Java 语言的.class 文件。

在 Java 的体系中,Java 虚拟机是实现 Java 语言跨平台性的关键,它是一个虚拟的计算机,具有完善的硬件结构,如寄存器、堆栈、处理器等,并且具有相应的指令系统,能够在实际的计算机上模拟各种计算机功能。Java 虚拟机能够屏蔽与具体平台相关的信息,Java 语言编译程序只需生成在 Java 虚拟机上运行的目标字节码,然后通过虚拟机将字节码翻译成具体平台上的机器指令来执行,从而实现 Java 的跨平台性。

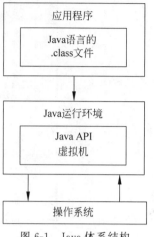

图 6-1　Java 体系结构

6.5　Java 的运行环境及配置

1. JDK 下载与安装

JDK 是 Sun 公司提供的免费开放运行环境,互联网上提供了多种下载资源与途径,这里推荐 JDK 与 JRE 的官方网址 http://www.oracle.com/technetwork/java/javase/downloads/index.html。从网站上下载 JDK 1.8(注意根据自己的计算机系统选择 32 位或 64 位),下载完成后单击【安装】按钮,在打开的页面中单击【下一步】按钮,如图 6-2 所示。

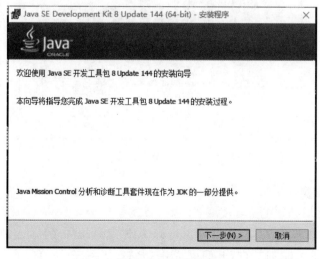

图 6-2　JDK 安装

Windows 系统下 Java 实验指导

选择安装路径,安装路径默认安装在 C 盘,如果不想安装在 C 盘,单击【更改】按钮,如图 6-3 所示。

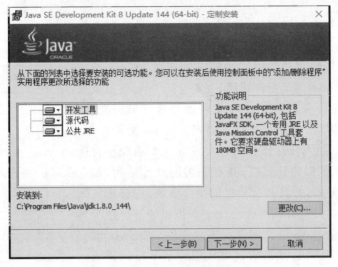

图 6-3　确认安装目录

安装过程如图 6-4 所示,安装完毕单击【关闭】按钮,如图 6-5 所示。安装 JDK 会自动安装 JRE,不必单独再次重复安装 JRE。

图 6-4　安装过程

2. 配置环境变量

安装完 JDK 之后必须配置环境变量,包括新建系统变量 JAVA_HOME、CLASSPATH 与 PATH,JDK 才能够正常运行。以 Windows 系统为例,右击【我的电脑】图标,在弹出的快捷菜单中选择【属性】选项,在打开的页面中选择【高级系统设置】选项,弹出【系统属性】对话框,选择【高级】选项卡,单击【环境变量】按钮,如图 6-6 所示。

在出现的【环境变量】对话框中单击【新建】按钮,建立系统变量 JAVA_HOME、

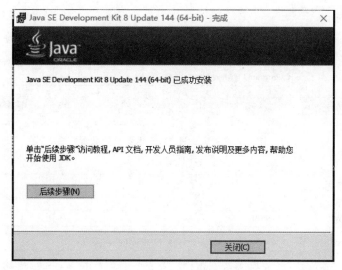

图 6-5　安装结束

图 6-6　配置环境变量

CLASSPATH 与 PATH，配置过程如下：单击【新建】按钮，弹出【新建环境变量】对话框，在
【变量名】文本框输入"JAVA_HOME"，在【变量值】文本框输入 JDK 的安装路径，如输入
"C:\Program Files\Java\jdk1.8.0_144"，同理配置 CLASSPATH 变量值为".；%JAVA_
HOME%\lib\dt.jar；%JAVA_HOME%\lib\tools.jar；"，配置 PATH 变量值为"%JAVA_
HOME%\bin；"，如图 6-7～图 6-9 所示。

Windows 系统下 Java 实验指导

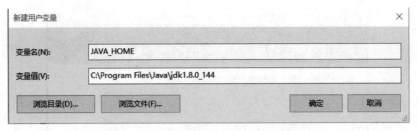

图 6-7　JAVA_HOME 环境变量配置

图 6-8　CLASSPATH 环境变量配置

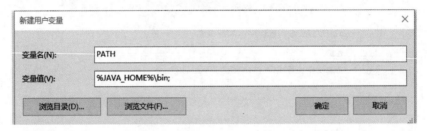

图 6-9　PATH 环境变量配置

第 7 章　进 程 管 理

7.1　实验一：线程的创建与撤销

7.1.1　实验目的

（1）了解进程与线程的概念。

（2）掌握 Java 环境下线程的创建与撤销方法。

7.1.2　实验准备知识

　　Java 中的多线程是一种抢占机制而不是分时机制。抢占机制指的是有多个线程处于可运行状态，但是只允许一个线程运行，它们通过竞争的方式抢占 CPU。

1. 线程创建

　　（1）继承 Thread 类创建线程类。Thread 类表示程序中的一个可执行线程，Java 虚拟机允许程序中多个线程同时运行，每个线程都存在优先级，优先级高的线程比优先级低的线程得到运行的概率更高。线程可以声明为后台线程，通过后台线程声明创建的线程是后台线程，通过某个线程创建的线程拥有当前线程相同的优先级。

　　Thread 类常用构造函数：

```
public Thread()                              //空构造函数
public Thread(Runnable target)               //target 为线程执行的任务
public Thread(String name)                   //name 为线程名称
public Thread(Runnable target,String name)   //target 为线程执行的任务,name 为线程名称
```

　　Thread 类的常用方法：

```
long getId()                     //返回当前线程的 ID
String getName()                 //返回当前线程的名称
Thread.state getState()          //返回当前线程的状态
static boolean interrupted()     //当前线程是否被中断
boolean isAlive()                //检测当前线程是否存活
boolean isDaemon()               //检测当前线程是否为后台线程
boolean isInterrupted()          //当前线程是否被中断
void setName(String name)        //设置线程名称
void setPriority(int newPriority) //设置线程优先级
void start()                     //启动线程
static void sleep(long millis)   //线程休眠
void join()                      //线程挂起
void run()                       //线程要执行的主体方法
```

Thread 类创建线程的步骤如下。

① 定义 Thread 类的子类,并重写该类的 run 方法。该 run 方法的方法体就代表了线程要完成的任务,因此把 run()方法称为执行体。

② 创建 Thread 子类的实例,即创建线程对象。

③ 调用线程对象的 start()方法来启动该线程。

Thread 类的用法举例:

```java
public class FirstThreadTest extends Thread{
    int i = 0;
    public void run()                          //重写 run 方法,run 方法的方法体就是现场执行体
    {
        for(;i<100;i++){
        System.out.println(getName() + " " + i);
        }
    }
    public static void main(String[] args)
    {
        new FirstThreadTest().start(); //实例化 Thread 子类并启动线程
    }
}
```

(2) 通过 Runnable 接口创建线程类。Runnable 接口非常简单,就定义了一个方法 run(),继承 Runnable 并实现这个方法就可以实现多线程了,但是这个 run()方法不能自己调用,必须由系统来调用。

Runnable 接口创建线程的步骤如下。

① 定义 Runnable 接口的实现类,并重写该接口的 run()方法,该 run()方法的方法体同样是该线程的线程执行体。

② 创建 Runnable 实现类的实例,并以此实例作为 Thread 的 target 来创建 Thread 对象,该 Thread 对象才是真正的线程对象。

③ 调用线程对象的 start()方法来启动该线程。

Runnable 接口创建线程的用法举例:

```java
public class RunnableThreadTest implements Runnable{
    int i = 0;
    public void run()                          //重写 run 方法
    {
        for(;i<100;i++){
        System.out.println(getName() + " " + i);
        }
    }
    public static void main(String[] args)
    {
        RunnableThreadTest rtt = new RunnableThreadTest();  //实例化
        new Thread(rtt,"新线程 1").start();                //启动线程 1
```

```
        new Thread(rtt,"新线程 1").start();                    //启动线程 2
    }
}
```

（3）通过 Callable 和 Future 创建线程（选学内容）。Callable 是类似于 Runnable 的接口，实现 Callable 接口的类和实现 Runnable 的类都是可被其他线程执行的任务。

Callable 和 Runnable 有以下几点不同。

- Callable 规定的方法是 call()，而 Runnable 规定的方法是 run()。
- Callable 的任务执行后可返回值，而 Runnable 的任务是不能返回值的。
- call()方法可抛出异常，而 run()方法是不能抛出异常的。
- 运行 Callable 任务可得到一个 Future 对象。

Future 表示异步计算的结果。它提供了检查计算是否完成的方法，以等待计算的完成，并检索计算的结果。通过 Future 对象既可了解任务执行情况，也可取消任务的执行，还可获取任务执行的结果。

Callable 和 Future 创建线程的步骤如下。

① 创建 Callable 接口的实现类，并实现 call()方法，该 call()方法将作为线程执行体，并且有返回值。

② 创建 Callable 实现类的实例，使用 FutureTask 类来包装 Callable 对象，该FutureTask 对象封装了该 Callable 对象的 call()方法的返回值。

③ 使用 FutureTask 对象作为 Thread 对象的 target 创建并启动新线程。

④ 调用 FutureTask 对象的 get()方法来获得子线程执行结束后的返回值。

Callable 和 Future 创建线程的用法举例：

```
import java.util.concurrent.Callable;
import java.util.concurrent.ExecutionException;
import java.util.concurrent.FutureTask;

public class CallableThreadTest implements Callable < Integer >//创建 Callable 接口的实现类
{

    public static void main(String[ ] args)
    {
        CallableThreadTest ctt = new CallableThreadTest();
        FutureTask < Integer > ft = new FutureTask <>(ctt);
        for( int i = 0;i < 100;i++)
        {
            System.out.println(Thread.currentThread().getName() + " 的循环变量 i 的值" + i);
            if(i == 20)
            {
                new Thread(ft,"有返回值的线程").start();
            }
        }
        try
        {
            System.out.println("子线程的返回值: " + ft.get());
```

Windows 系统下 Java 实验指导

```
        } catch (InterruptedException e)
        {
            e.printStackTrace();
        } catch (ExecutionException e)
        {
            e.printStackTrace();
        }

    }

    @Override
    public Integer call() throws Exception                    //重写 call()方法
    {
        int i = 0;
        for(;i < 100;i++)
        {
            System.out.println(Thread.currentThread().getName() + " " + i);
        }
        return i;
    }

}
```

2. 线程挂起

(1) sleep()方法。

方法介绍：通过调用 sleep()方法使线程进入休眠状态，线程在指定时间内不会运行，如 sleep(time)。

用法举例：

```
threadexample.sleep(5000)              //线程 threadexample 睡眠 5000ms
```

(2) join()方法。

方法介绍：通过调用 join()方法使线程挂起，如果某个线程在另一个线程 t 上调用 t.join()，这个线程将被挂起，直到线程 t 执行完毕为止。

用法举例：

```
a.start()                    //启动 a 线程
t.start()                    //启动 t 线程
t.join()                     //a 线程挂起,t 线程执行完毕才能执行 a 线程
```

(3) wait()方法。

方法介绍：通过调用 wait()方法使线程挂起，直到线程得到了 notify()和 notifyAll()消息，线程才会进入"可执行"状态。

用法举例：

```
thread.wait(1000)            //与 sleep()用法类似,线程等待 1000ms
thread.wait()               //线程挂起,直到 notify()唤醒
thread.notify()             //线程唤醒
```

3. 线程恢复

(1) notify()方法。

方法介绍：notify()的作用就是唤醒请求队列中的一个线程。

用法举例：

```
thread.notify()                    //唤醒线程 thread
```

(2) notifyAll()方法。

方法介绍：notifyAll()唤醒的是请求队列中的所有线程。

用法举例：

```
test1.notifyAll()                  //针对当前对象执行唤醒所有线程的操作
```

4. 线程终止

(1) 使用退出标志终止线程。

当 run()方法执行完后,线程就会退出。但有时 run()方法是永远不会结束的,例如,在服务端程序中使用线程进行监听客户端请求,或者是其他的需要循环处理的任务。在这种情况下,一般是将这些任务放在一个循环中,如 while 循环。如果想让循环永远运行下去,可以使用 while(true){…}来处理。但要想使 while 循环在某一特定条件下退出,最直接的方法就是设一个 boolean 类型的标志,并通过设置这个标志为 true 或 false 来控制 while 循环是否退出。

用法举例：

```
public class ThreadFlag extends Thread
{
    public volatile boolean exit = false;

    public void run()
    {
        while (!exit);
    }
    public static void main(String[] args) throws Exception
    {
        ThreadFlag thread = new ThreadFlag();
        thread.start();
        sleep(5000);                //主线程延迟 5s
        thread.exit = true;         //终止线程 thread
        thread.join();
        System.out.println("线程退出!");
    }
}
```

(2) 使用 stop()方法强行终止线程。

stop()方法可以强行终止正在运行或挂起的线程。

用法举例：

```
thread.stop()                      //线程 thread 终止
```

Windows 系统下 Java 实验指导

（3）使用 interrupt()方法中断线程。

在进程阻塞状态下使用 interrupt()方法，sleep()方法将抛出一个 InterruptedException 异常，否则进程直接退出。

应用举例：

```
thread.interrupt()                              //进程中断
```

7.1.3　实验内容

使用 Thread 类创建子线程，并在子线程中显示"thread is running!"，使用 sleep()方法挂起 5s，使用 notify()方法唤醒进程，然后使用 stop()方法撤销进程。

7.1.4　实验要求

能正确使用 Thread 类创建子线程，重写 run()方法，调用 sleep()、wait()、notify()、stop()等方法，进一步理解进程与线程理论。

7.1.5　实验指导

本实验在 Windows 7 及以上和 Eclipse 环境下实现，需要安装 JDK 及配置环境变量。

安装 JDK 及 Eclipse，并正确设置系统环境，配置环境变量，右击【计算机】图标，在弹出的快捷菜单中选择【属性】选项，在打开的页面中选择【高级】选项卡，单击【环境变量】按钮，在出现的【环境变量】对话框中单击【新建】按钮，弹出【新建系统变量】对话框，在【变量名】文本框输入【JAVA_HOME】，在【变量值】文本框输入 JDK 的安装路径。在【系统变量】选项区域中查看 PATH 变量，如果不存在，则新建变量 PATH，否则选中该变量，单击【编辑】按钮，在【变量值】文本框的起始位置添加【%JAVA_HOME%\bin;%JAVA_HOME%\jre\bin;】或者是直接输入【%JAVA_HOME%\bin;】。在【系统变量】选项区域中查看 CLASSPATH 变量，如果不存在，则新建变量 CLASSPATH，否则选中该变量，单击【编辑】按钮，在【变量值】文本框的起始位置添加【.;%JAVA_HOME%\lib\dt.jar;%JAVA_HOME%\lib\tools.jar;】。

（1）首先启动安装好的 Eclipse。

（2）在 Java 环境与 Eclipse 下，选择建立好的工作空间 OS，如图 7-1 所示。

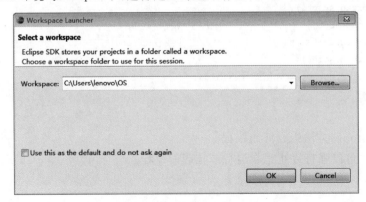

图 7-1　建立 Java 工作空间

（3）选择 File→New 命令，选择 Project 选项卡，然后选择 Java Project 选项，单击 Next 按钮，在 Project name 文本框输入工程名称，单击 Finish 按钮，如图 7-2 和图 7-3 所示。

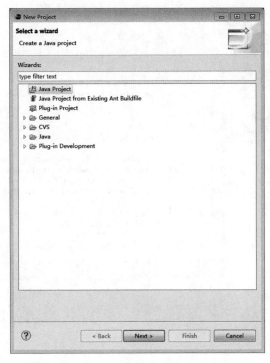

图 7-2　建立 java 工程

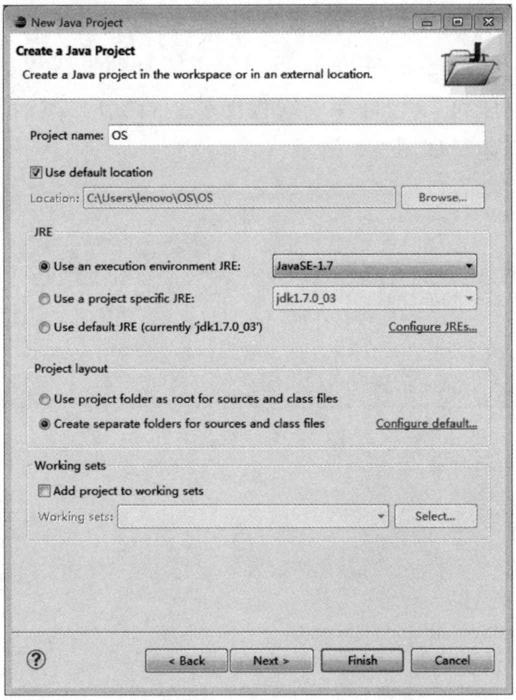

图 7-3　命名 java 工程

Windows 系统下 Java 实验指导

(4) 打开 Eclipse 编辑环境,编写 Java 程序代码,如图 7-4 所示,再编译运行该程序代码。

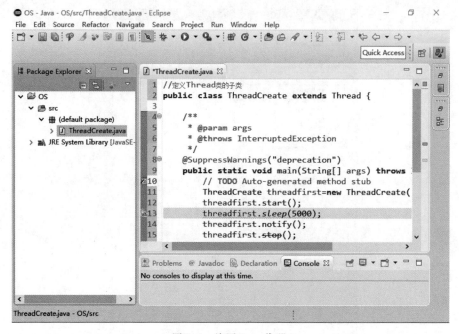

图 7-4　编写 Java 代码

7.1.6　实验总结

Java 中进程创建后,其主线程 main 也被创建,在该实验中,又创建了一个 threadfirst 的子线程,该子线程与主线程 main 并发执行。为了能看到子线程的运行情况,在主线程创建了子线程后,将主线程挂起 5s 以确保子线程能够运行完毕,然后调用 stop()方法将子线程 threadfirst 撤销,线程运行如图 7-5 所示。

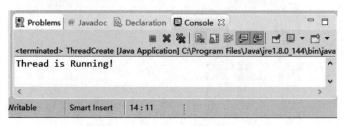

图 7-5　线程运行

7.1.7　源程序

```
//定义 Thread 类的子类
public class ThreadCreate extends Thread {
    /**
     * @param args
     * @throws InterruptedException
```

```
    */
@SuppressWarnings("deprecation")
public static void main(String[] args) throws InterruptedException {
    //TODO Auto-generated method stub
    ThreadCreate threadfirst = new ThreadCreate();
    threadfirst.start();            //启动子线程
    sleep(5000);                    //主线程挂起 5s
    threadfirst.stop();             //关闭子线程
}
//重写 run 方法, run 方法的方法体就是现场执行体
public void run()
{
    System.out.println("Thread is Running!\n");
}
}
```

7.2 实验二：线程的同步

7.2.1 实验目的

（1）进一步掌握 Java 环境下线程的创建与撤销。

（2）熟悉并掌握 Java 下线程同步的关键字与类。

（3）使用 Java 提供的线程同步关键字和类解决实际问题。

7.2.2 实验准备知识

1. synchronized 关键字

synchronized 关键字既可以同步方法,也可以同步代码块。在同步方法方面,由于 Java 的每个对象都有一个内置锁,当用此关键字修饰方法时,内置锁会保护整个方法。在调用该方法前,需要获得内置锁,否则就处于阻塞状态。在同步代码块方面,即有 synchronized 关键字修饰的语句块。被该关键字修饰的语句块会自动被加上内置锁,从而实现同步。

用法举例:

（1）同步方法。

```
public synchronized void save(){
…
}
```

（2）同步代码块。

```
synchronized(object){
…
}
```

注意：同步是一种高开销的操作,因此应该尽量减少同步的内容。通常没有必要同步整个方法,使用 synchronized 代码块同步关键代码即可。

2. 特殊域变量（volatile）

volatile 关键字为域变量的访问提供了一种免锁机制,使用 volatile 修饰域相当于告诉虚拟机该域可能会被其他线程更新,因此每次使用该域都要重新计算,而不是使用寄存器中

的值,volatile 不会提供任何原子操作,也不能用来修饰 final 类型的变量。

用法举例:

```
private volatile int account = 100;        //在关键变量 account 前加上 volatile 修饰,实现同步
public int getAccount() {
    return account;
}
```

3. ReentrantLock 类

在 Java SE 5.0 中新增了一个 java. util. concurrent 包来支持同步。ReentrantLock 类是可重入、互斥、实现了 Lock 接口的锁,它与使用 synchronized 方法和块具有相同的基本行为和语义,并且扩展了其功能。

ReentrantLock 类的常用方法:

```
ReenttantLock()                    //创建一个 ReentrantLock 实例
lock()                             //获得锁
unlock()                           //释放锁
```

注意:ReentrantLock()还有一个可以创建公平锁的构造方法,但由于其能大幅度降低程序运行效率,不推荐使用。

用法举例:

```
private Lock lock = new ReentrantLock();    //创建一个 ReentrantLock 实例
public void save(int money) {
    lock.lock();                            //获得锁
    try{
        account += money;
    }finally{
        lock.unlock();                      //释放锁
    }
}
```

4. 阻塞列队 LinkedBlockingQueue < E >

LinkedBlockingQueue < E >是一个基于已连接节点的、任意范围的 blocking queue。
LinkedBlockingQueue() : 创建一个容量为 Integer. MAX_VALUE 的 LinkedBlockingQueue。

```
put(E e)                           //在队尾添加一个元素,如果队列满则阻塞
size()                             //返回队列中的元素个数
take()                             //移除并返回队头元素,如果队列空则阻塞
```

用法举例:

```
private LinkedBlockingQueue < Integer > queue = new LinkedBlockingQueue < Integer >();
                                   //创建一个阻塞队列 queue
queue.put(a)                       //在队列中加入元素 a
queue.take(b)                      //移除队头元素 b
```

7.2.3 实验内容

采用上述不同的方法完成主线程与子线程的同步,要求子线程先执行,在主线程中使 Thread 类创建一个子线程,主线程创建后进入阻塞状态,直到子线程运行完毕后唤醒主线程。

7.2.4 实验要求

正确使用上述几种同步方法(synchronized 关键字、volatile、ReentrantLock 类与阻塞列队 LinkedBlockingQueue<E>),进一步理解线程的同步。

7.2.5 实验指导

具体的操作过程同本章实验一,在 Eclipse 环境的 OS 工程下建立 4 个不同的 Java 文件,编写 Java 程序,如图 7-6 所示,分别实现上述 4 种方式的进程同步。

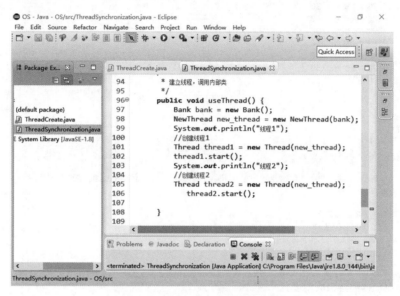

图 7-6   建立 java 类并编写程序

(1) synchronized 关键字实现线程同步。以银行存钱业务为例,建立类 bank,在 bank 类中用关键字 synchronized 修饰 save(),累加账户余额,实现 save()方法的同步。在 main 主线程中,建立两个子线程,调用 save()方法。由于设置了 synchronized 关键字,子线程 1 执行完之后才能执行子线程 2。

(2) 特殊域变量(volatile)实现线程同步。在上述实验代码的基础上,在 account 前面加上 volatile 修饰,即可实现子线程 1 和子线程 2 的同步。

(3) ReentrantLock 类实现线程同步。首先创建一个 ReentrantLock 实例锁,在 save() 方法中,对 account 进行累加之前先获得锁 lock,执行完之后释放锁 lock。

(4) 使用 LinkedBlockingQueue<E>来实现线程的同步。在实验中定义一个阻塞队列 LinkedBlockingQueue<Integer> queue 用来存储生产出来的商品,定义启动线程的标志 flag。当该值为 0 时,启动生产商品的线程;当该值为 1 时,启动消费商品的线程。

7.2.6 实验总结

该实验完成了子线程 1 与子线程 2 两个实验的同步,运行结果如图 7-7 所示。
该实验完成了生产者-消费者实验的同步,运行结果如图 7-8 所示。

Windows 系统下 Java 实验指导

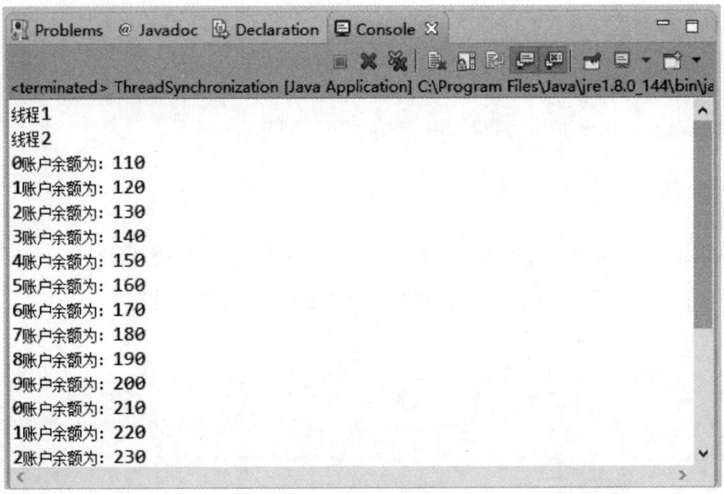

图 7-7　线程同步运行结果

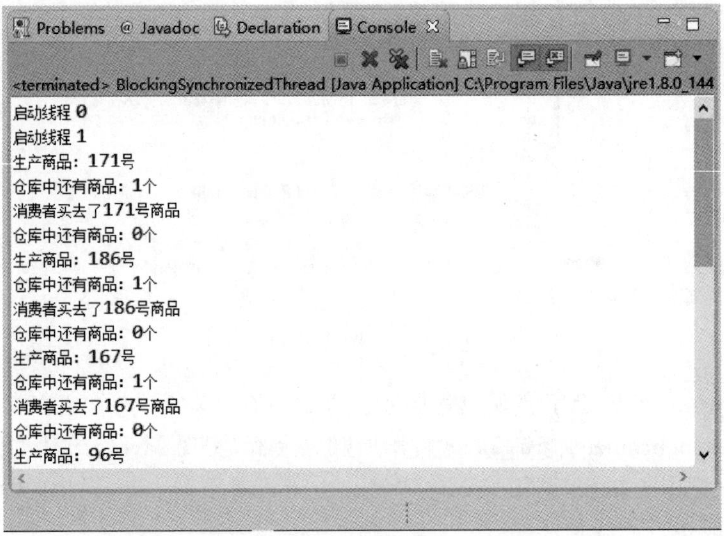

图 7-8　生产者-消费者运行结果

7.2.7　源程序

synchronized 关键字、volatile、ReentrantLock 类实现进程同步程序：

```java
public class ThreadSynchronization {
    /**
     * @param args
     */
    class Bank {
        private int account = 100;
        public int getAccount() {
            return account;
```

```java
        }
        /**
         * 用同步方法实现
         *
         * @param money
         */
        public synchronized void save(int money) {
            account += money;
        }
        /**
         * 用同步代码块实现
         *
         * @param money
         */
        public void save1(int money) {
            synchronized (this) {
                account += money;
            }
        }
    }
/* 采用变量 volatile 实现线程同步
 *
 * class Bank {
        //需要同步的变量加上 volatile
        private volatile int account = 100;
        public int getAccount() {
            return account;
        }
        //这里不再需要 synchronized
        public void save(int money) {
            account += money;
        }
    }
 ** /
/* 采用 ReentrantLock 类实现线程同步
 *
 * class Bank {
        private int account = 100;
        //需要声明这个锁
        private Lock lock = new ReentrantLock();
        public int getAccount() {
            return account;
        }
        //这里不再需要 synchronized
        public void save(int money) {
            lock.lock();
            try{
                account += money;
            }finally{
                lock.unlock();
            }
```

```
            }
        }
    ** /
        //采用 Runnable 创建线程类
    class NewThread implements Runnable {
        private Bank bank;
        public NewThread(Bank bank) {
            this.bank = bank;
        }
        @Override
        //重写 run()方法
        public void run() {
            for (int i = 0; i < 10; i++) {
                bank.save(10);
                System.out.println(i + "账户余额为: " + bank.getAccount());
            }
        }
    }
    / **
     * 建立线程,调用内部类
     * /
    public void useThread() {
        Bank bank = new Bank();
        NewThread new_thread = new NewThread(bank);
        System.out.println("线程 1");
        //创建线程 1
        Thread thread1 = new Thread(new_thread);
        thread1.start();
        System.out.println("线程 2");
        //创建线程 2
        Thread thread2 = new Thread(new_thread);
        thread2.start();
    }

    public static void main(String[] args) {
        //TODO Auto - generated method stub
        ThreadSynchronization st = new ThreadSynchronization();
        //启动线程
            st.useThread();
    }
}
```

阻塞列队 LinkedBlockingQueue < E >实现生产者消费者程序：

```
import java.util.Random;
import java.util.concurrent.LinkedBlockingQueue;
    / **
     * 用阻塞队列实现线程同步 LinkedBlockingQueue 的使用
     *
     * @author OS
```

```
     *
     */
public class BlockingSynchronizedThread {
    /**
     * 定义一个阻塞队列用来存储生产出来的商品
     */
    private LinkedBlockingQueue < Integer > queue = new LinkedBlockingQueue < Integer >();
    /**
     * 定义生产商品个数
     */
    private static final int size = 10;
                                    /**
     * 定义启动线程的标志,当该值为 0 时,启动生产商品的线程; 当该值为 1 时,启动消费
       商品的线程
     */
    private int flag = 0;
    private class LinkBlockThread implements Runnable {
        @Override
        //重写 run()方法
        public void run() {
            int new_flag = flag++;
            System.out.println("启动线程 " + new_flag);
            //生产者进程
            if (new_flag == 0) {
                for (int i = 0; i < size; i++) {
                    int b = new Random().nextInt(255);
                    System.out.println("生产商品: " + b + "号");
                    try {
                        queue.put(b);
                    } catch (InterruptedException e) {
                        //TODO Auto - generated catch block
                        e.printStackTrace();
                    }
                    System.out.println("仓库中还有商品: " + queue.size() + "个");
                    try {
                        Thread.sleep(100);
                    } catch (InterruptedException e) {
                        //TODO Auto - generated catch block
                        e.printStackTrace();
                    }
                }
            }

            //消费者进程
            else {
                for (int i = 0; i < size / 2; i++) {
                    try {
                        int n = queue.take();
                        System.out.println("消费者买去了" + n + "号商品");
                    } catch (InterruptedException e) {
                        //TODO Auto - generated catch block
```

Windows 系统下 Java 实验指导

```
                        e.printStackTrace();
                    }
                    System.out.println("仓库中还有商品: " + queue.size() + "个");
                    try {
                        Thread.sleep(100);
                    } catch (Exception e) {

                        //TODO: handle exception
                    }
                }
            }
        }
    }
    public static void main(String[] args) {
        BlockingSynchronizedThread bst = new BlockingSynchronizedThread();
        LinkBlockThread lbt = bst.new LinkBlockThread();
        //创建两个子线程
        Thread thread1 = new Thread(lbt);
        Thread thread2 = new Thread(lbt);
        //启动两个子线程
        thread1.start();
        thread2.start();
    }
}
```

7.3 实验三：线程的互斥

7.3.1 实验目的

(1) 熟悉掌握 Windows 系统环境下线程的创建与撤销。

(2) 熟悉 Java 环境提供的线程互斥类、接口与方法。

(3) 使用 Java 提供的类和方法解决实际问题。

7.3.2 实验准备知识

1. 临界区

Java 中,解决资源共享类的问题是通过关键字 synchronized 来实现的。Java 中的对象都有一个"锁",这样任何一个线程尝试访问对象的 synchronized 方法时,必须要先获得对象的"锁",否则必须等待。一个对象可能会有多个 synchronized 方法,如 synchronized a()方法和 synchronized b()方法。当一个线程获得了对象的锁,执行 a()方法或 b()方法,那么在线程释放该对象的锁之前,别的线程是不能访问该对象的其他 synchronized 方法的。

在 Java 中临界区也是通过 synchronized 关键字来实现的。在 synchronized 关键字后面,要传递一个对象参数,任何线程要进入临界区时必须先要获得该对象的锁,退出临界区时要释放该对象的锁,这样别的线程才有机会进入临界区。临界区和 synchronized 方法,其原理都是一样的,都是通过在对象上加锁来实现的,只不过临界区来得更加灵活,因为它不仅可以对这一个对象加锁,也可以对任何别的对象加锁。

用法举例：

```
synchronized(syncObject) {                    //syncObject 为任一 Java 对象
    代码块
}
```

2. Lock 加锁

Java 1.5 提供了一个显示加锁的机制（Lock），比起 synchronized 方法来说，Lock 可能让代码看上去更加复杂，但是也带来了更好的灵活性。Lock 使用注意事项：锁的释放必须放在 finally 块中，以保证锁被正确释放；如果临界区需要返回一个值，那么 return 语句应该放在 try 块中，从而不至于使 unlock 发生得过早而导致错误的发生。

用法举例：

```
lock.lock();                                  //加锁

    try
    {
        互斥代码块
    }

finally
    {
    lock.unlock();                            //解锁
    }
```

7.3.3 实验内容

分别采用临界区与 Lock 加锁方式完成两个子线程之间的互斥。在主线程中使用 thread 创建两个子线程，通过 synchronized 构造临界区并使两个子线程互斥使用打印进程。采用 Lock 加锁方式使两个子线程互斥使用全局变量 count。

7.3.4 实验要求

能正确地使用 synchronize 方式建立临界区，尝试使用 Lock 方法实现线程的互斥，进一步理解线程的互斥。

7.3.5 实验指导

具体操作过程同本章实验一，在 Eclipse 环境下，在 OS 工程下建立两个不同的 Java 文件，编写 Java 程序。其中一个 Java 文件，通过 synchronized 构造临界区，在 main() 主线程中，建立两个子线程，进入临界区，互斥打印。另一个 Java 文件，在共享全局变量 count 前加锁，后解锁，在 main() 主线程下建立两个子线程，使用全局变量 count，等两个子线程运行完毕，主线程使用 stop() 终止线程。

7.3.6 实验总结

该实验实现了 synchronized 构造临界区与 Lock 加锁的方式的两个线程的互斥，实验运行结果如图 7-9 和图 7-10 所示。

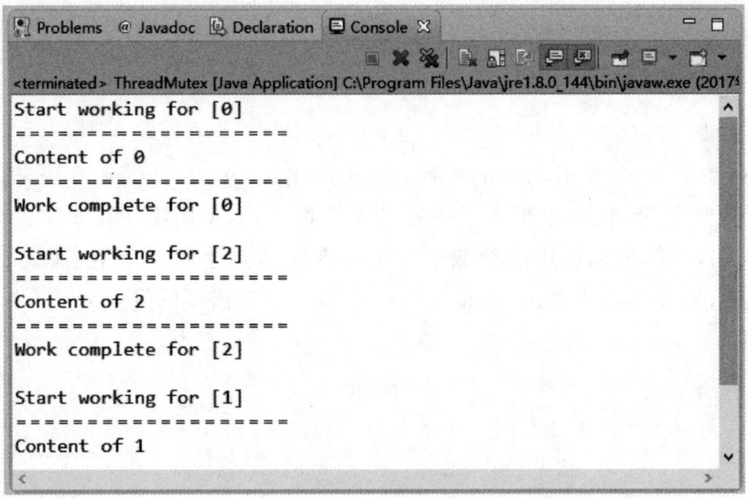

图 7-9 synchronized 线程互斥运行结果

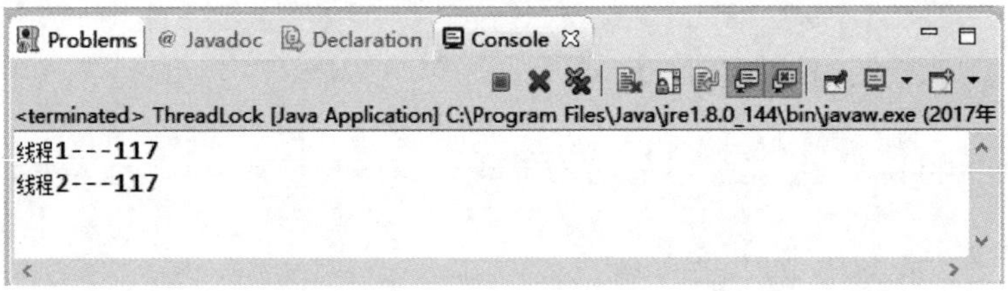

图 7-10 Lock 线程互斥运行结果

7.3.7 源程序

synchronized 方式建立临界区程序:

```java
public class ThreadMutex
{
    public void print(int printer, String content)
    {
//临界区
        synchronized(this)
        {
            System.out.println("Start working for [" + printer + "]");
            Thread.yield();
            System.out.println(" ================== ");
            Thread.yield();
            System.out.println(content);
            Thread.yield();
            System.out.println(" ================== ");
            Thread.yield();
            System.out.println("Work complete for [" + printer + "]\n");
        }
```

```
        }
        public static void main(String[] args)
        {
        //创建线程
        ThreadMutex p = new ThreadMutex();
                for (int i = 0; i < 3; i++) {
        //启动线程
                    new Thread(new Thread1(p)).start();
        }
    }
class Thread1 implements Runnable
{
        private static int counter = 0;
        private final int id = counter++;
        private ThreadMutex printer;
        public Thread1(ThreadMutex printer)
        {
            this.printer = printer;
        }
        @Override

        //重写 run 方法
        public void run()
        {
            printer.print(id, "Content of " + id);
        }
}
```

Lock 加锁的方式实现互斥程序：

```
import java.util.concurrent.locks.Lock;
import java.util.concurrent.locks.ReentrantLock;
public class ThreadLock {
    /**
     * @param args
     */
    public int count = 0;
    class mythread1 implements Runnable{
        private Lock lock = new ReentrantLock();
        public void compute1(){
            lock.lock();              //加锁
            try
            {
                count = count + 5;
                System.out.println("线程 1 --- " + count);
            }
            finally
            {
                lock.unlock();        //解锁
            }
        }
```

```
                    @Override
                    public void run() {
                        //TODO Auto - generated method stub
                            compute1();
                    }
            }
    class mythread2 implements Runnable{
        private Lock lock = new ReentrantLock();
        public void compute2(){
            lock.lock();                //加锁
            try
            {
                count = count + 112;
                System.out.println("线程 2 -- - " + count);
            }
            finally
            {
                lock.unlock();          //解锁
            }
        }

        @Override
        public void run() {
            //TODO Auto - generated method stub
                compute2();
        }
    }
    @SuppressWarnings("deprecation")
    public static void main(String[] args) {
        //TODO Auto - generated method stub
        ThreadLock threadlock = new ThreadLock();
         mythread1 t1 = threadlock.new mythread1();
         mythread2 t2 = threadlock.new mythread2();
        //创建两个子线程
        Thread thread1 = new Thread(t1);
        Thread thread2 = new Thread(t2);
        //启动两个子线程
        thread1.start();
        thread2.start();

    }
}
```

第8章　内　存　管　理

8.1　实验一：动态链接库的建立与调用

8.1.1　实验目的

（1）理解动态链接库的实现原理。
（2）掌握 Java 环境下动态链接库的建立方法。
（3）掌握 Windows 环境下使用 Java 语言调用动态链接库。

8.1.2　实验准备知识

Java 调用动态链接库的方法主要有 JNI、Jnative 及 JNA 3 种方式。

1. JNA 方式调用动态链接库原理

JNA(Java Native Access)框架是一个开源的 Java 框架，是 SUN 公司主导开发的，建立在经典的 JNI 基础之上的一个框架。JNA 提供一组 Java 工具类用于在运行期动态访问系统本地库(native library；如 Windows 的 DLL)而不需要编写任何 Native/JNI 代码。开发人员只要在一个 Java 接口中描述目标 native library 的函数与结构，JNA 便会自动实现 Java 接口到 native function 的映射。

DLL 和 SO 是 C 函数的集合和容器，这与 Java 中的接口概念吻合，所以 JNA 把 DLL 文件和 SO 文件看成一个个接口。在 JNA 中定义一个接口就相当于定义一个 DLL/SO 文件的描述文件，该接口代表了动态链接库中发布的所有函数。而且，对于程序不需要的函数，可以不在接口中声明。JNA 定义的接口一般继承 com. sun. jna. Library 接口，如果 dll 文件中的函数是以 stdcall 方式输出函数，那么，该接口就应该继承 com. sun. jna. win32. StdCallLibrary 接口。

JNA 难点表现在两个方面：一方面当前路径是在项目下而不是在 bin 输出目录下，另一方面编程语言之间的数据类型不一致。具体的数据类型对应关系如表 8-1 所示。

表 8-1　数据类型对应

Java 类型	C 类型	备　注
boolean	int	32 位整数(可定制)
byte	char	8 位整数
char	wchar_t	平台依赖

Java 类型	C 类型	备　　注
short	short	16 位整数
int	int	32 位整数
long	long long，__int64	64 位整数
float	float	32 位浮点数
double	double	64 位浮点数
Buffer/Pointer	pointer	平台依赖(32 或 64 位指针)
＜T＞[ ]（基本类型的数组）	pointer/array	32 或 64 位指针（参数/返回值） 邻接内存（结构体成员）
String	char *	/0 结束的数组(native encoding or jna. encoding)
WString	wchar_t *	/0 结束的数组(unicode)
String[ ]	char **	/0 结束的数组的数组
WString[ ]	wchar_t **	/0 结束的宽字符数组的数组
Structure	struct * /struct	指向结构体的指针（参数或返回值）
Union	union	等同于结构体
Structure[ ]	struct[ ]	结构体的数组，邻接内存
Callback	＜T＞(* fp)( )	Java 函数指针或原生函数指针
NativeMapped	varies	依赖于定义
NativeLong	long	平台依赖(32 或 64 位整数)
PointerType	pointer	和 Pointer 相同

2. 原型与解析

JNA 把一个 DLL/SO 文件看作一个 Java 接口。

用法举例：

```
public interface TestDll1 extends Library {
    //当前路径是在项目下,而不是在 bin 输出目录下
    TestDll1 INSTANCE = (TestDll1)Native.loadLibrary("TestDll1", TestDll1.class);
    public void printf(String format, Object... args);
}
```

（1）需要定义一个接口，继承自 Library 或 StdCallLibrary。

默认的是继承 Library，如果动态链接库里的函数是以 stdcall 方式输出的，那么就继承 StdCallLibrary，如 kernel32 库。

如果 DLL 是以 stdcall 方式输出函数，那么就继承 StdCallLibrary，否则就继承默认的 Library 接口。

（2）接口内部定义。

接口内部需要一个公共静态常量——INSTANCE。通过这个常量，就可以获得这个接口的实例，从而使用接口的方法，也就是调用外部 DLL/SO 的函数。该常量通过 Native. loadLibrary()这个 API 函数获得，该函数有以下两个参数。

① 第一个参数是动态链接库 DLL/SO 的名称，但不带 . dll 或 . so 后缀，这符合 JNI 的规范，因为带了后缀名无法实现跨操作系统平台。搜索动态链接库路径的顺序是：先从当前类的当前文件夹找，如果没有找到，再在工程当前文件夹下找 win32/win64 文件夹，找到

后搜索对应的 DLL 文件,如果找不到再到 Windows 下去搜索,再找不到就会抛出异常了。例如,printf 函数在 Windows 平台下所在的 dll 库名称是 msvcrt,而在其他平台如 Linux 下的 so 库名称是 c。

② 第二个参数是本接口的 Class 类型。JNA 通过这个 Class 类型,根据指定的.dll/.so文件,动态创建接口的实例。该实例由 JNA 通过反射自动生成。

(3) 调用链接库中的函数。定义好接口后,通过接口中的实例进行调用。

8.1.3　实验内容

使用 JNA 调用操作系统 API 及动态链接库,在实验中安装 JNA,分别调用操作系统自身提供的 DLL 及自己编写的 DLL 文件。

Java 调用动态链接库 DLL 的方法有 JNI(Java Native Interface)、Jinvoke、Jnative(Java to native interface)。JNI 是 Java 自身提供的方法,方法复杂,代码烦琐;JNA 比 JNI 简单许多,只需要在 Java 接口中描述目标 native library 的函数与结构,JNA 将自动实现 Java 接口到 native function 的映射,调用时就像在调用 Java 代码一样方便。使用 JNA 需要两个jar 包,即 jna-4.0.0.jar 与 jna-platform-4.0.0.jar。

8.1.4　实验要求

掌握动态链接库的建立和调用方法,在 Java 环境下调用操作系统动态链接库,体会跨平台调用动态链接库的操作流程。

8.1.5　实验指导

(1) 下载 jna.jar,使用 JNA 需要两个 jar 包,即 jna-4.0.0.jar 与 jna-platform-4.0.0.jar。

(2) 在 Java 项目中引入 jna.jar 包,在 Eclipse 中将 jna-4.0.0.jar 与 jna-platform-4.0.0.jar放到一个容易记住的文件夹中,然后在工程的 Java Build Path 中加入这两个 jar 即可,如图 8-1 所示。

(3) 编写接口类,继承 Library 或 StdCallLibrary 接口,编写代码,调用操作系统提供的DLL 动态链接库,执行代码,观察运行结果,如图 8-2 所示。

(4) 编写动态链接库,在 VS2012 中创建项目,win32 - win32 项目,名称为 MyDLL。应用程序设置选项选择 DLL 选项。新建头文件 testdll.h,新建 cpp 文件 testdll.cpp,在源文件目录下新建 mydll.def,自动创建 dllmain.cpp,定义 dll 应用程序的入口,然后编译,生成。在 workspace 的 MyDLL\Debug 目录即可找到生成的 MyDLL.dll。将该 dll 文件放到 jdk的 bin 目录下。

(5) 编写接口类,继承 Library 或 StdCallLibrary 接口,编写代码,调用 MyDLL,执行java 类,观察运行结果。

8.1.6　实验总结

该实验完成了基于 Java 跨平台调用操作系统动态链接库,程序运行结果如图 8-3 和图 8-4 所示。

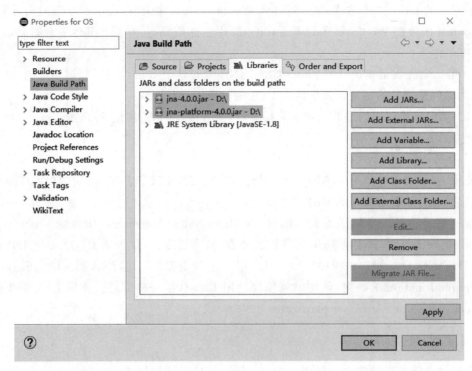

图 8-1　jna.jar 包导入

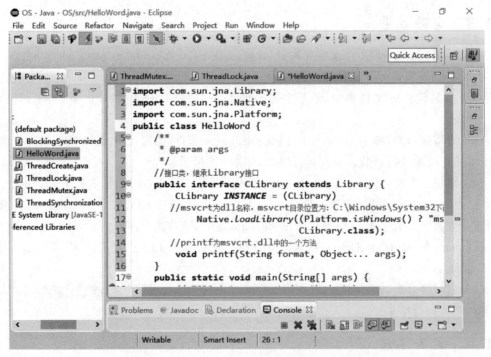

图 8-2　操作系统自身 DLL 调用运行代码

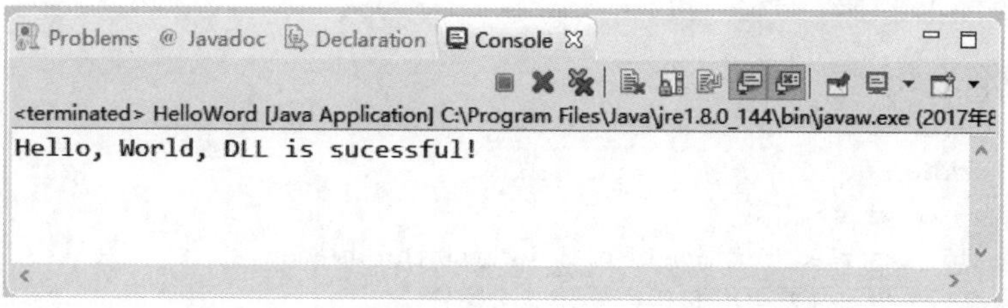

图 8-3　调用操作系统自身 DLL 运行结果

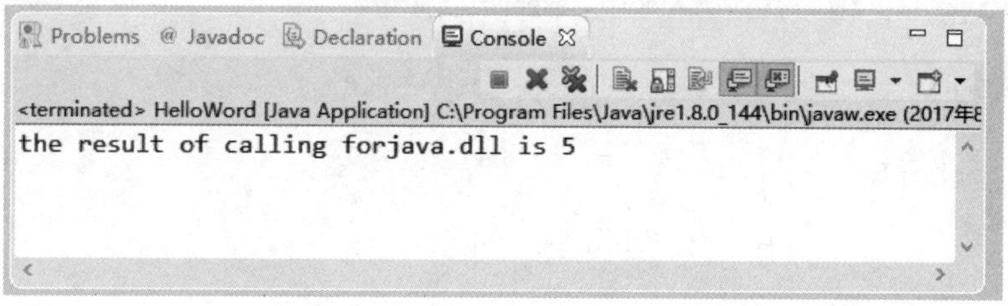

图 8-4　调用编写 DLL 运行结果

8.1.7　源程序

直接调用操作系统 DLL 程序：

```java
import com.sun.jna.Library;
import com.sun.jna.Native;
import com.sun.jna.Platform;
public class HelloWord {
    /**
     * @param args
     */
    //接口类,继承 Library 接口
    public interface CLibrary extends Library {
        CLibrary INSTANCE = (CLibrary)
        //msvcrt 为 dll 名称,msvcrt 目录位置为: C:\Windows\System32 下面
            Native.loadLibrary((Platform.isWindows() ? "msvcrt" : "c"),
                               CLibrary.class);
        //printf 为 msvcrt.dll 中的一个方法
        void printf(String format, Object... args);
    }
    public static void main(String[] args) {
        //TODO Auto - generated method stub
        CLibrary.INSTANCE.printf("Hello, World, DLL is successful!");
        for (int i = 0;i < args.length;i++) {
            CLibrary.INSTANCE.printf("Argument % d: % s/n", i, args[i]);
        }
    }
}
```

调用编写 DLL 程序：

main.h 文件
```
#ifndef __MAIN_H__
#define __MAIN_H__
#include <windows.h>
/* To use this exported function of dll, include this header
 * in your project. 为了调用 DLL,需要建立头文件
 */
#ifdef BUILD_DLL
    #define DLL_EXPORT __declspec(dllexport) __stdcall
#else
    #define DLL_EXPORT __declspec(dllexport) __stdcall
#endif
#ifdef __cplusplus
extern "C"
{
#endif
int DLL_EXPORT add(int a, int b);
#ifdef __cplusplus
}
#endif
#endif //__MAIN_H__
```
main.cpp
```
#include "main.h"
//简单的函数功能实现两个数的和
int DLL_EXPORT add(int a , int b)
{
    return a + b;
}

extern "C" DLL_EXPORT BOOL APIENTRY DllMain(HINSTANCE hinstDLL, DWORD fdwReason, LPVOID lpvReserved)
{
    switch (fdwReason)
    {
        case DLL_PROCESS_ATTACH:
            //绑定进程
            //DLL 加载失败返回 FALSE
            break;

        case DLL_PROCESS_DETACH:
            //进程分离
            break;

        case DLL_THREAD_ATTACH:
            //绑定线程
            break;

        case DLL_THREAD_DETACH:
            //线程分离
```

```
                break;
        }
        return TRUE; //成功
}
```

Java 代码：

```
import com.sun.jna.Library; //cdecl call 调用约定
import com.sun.jna.Native;
import com.sun.jna.Platform;
import com.sun.jna.win32.StdCallLibrary;

public class main {
    public interface CLibrary extends StdCallLibrary { //cdecl call 调用约定时为 Library
        CLibrary INSTANCE = (CLibrary)Native.loadLibrary("forjava",CLibrary.class);
        public int add(int a,int b);
    }
    public static void main(String[] args) {
        System.out.print("the result of calling forjava.dll is" + CLibrary.INSTANCE.add(2,
3));
    }
}
```

8.2 实验二：系统内存使用统计

8.2.1 实验目的

（1）了解 Windows 内存管理机制，理解页式存储。
（2）了解 Java 下内存管理的基本数据结构。
（3）掌握 Java 内存管理相关类和接口的使用。

8.2.2 实验准备知识

1. Java 内存查看命令

Java 通过 JVM 管理内存，同时 Java 提供了一些命令行工具，用于查看内存使用情况。
（1）jstat 查看 gc 实时执行情况。
jstat 命令格式：

jstat [Options] vmid [interval] [count]

命令参数说明：
Options：一般使用-gcutil 或-gc 查看 gc 情况。
pid：当前运行的 Java 进程号。
interval：间隔时间，单位为秒或毫秒。
count：打印次数，如果缺省则打印无数次。
Options 参数如下：
-gc：统计 jdk gc 时 heap 信息，以使用空间字节数表示。

-gcutil：统计 gc 时 heap 情况，以使用空间的百分比表示。

-class：统计 class loader 行为信息。

-compile：统计编译行为信息。

-gccapacity：统计不同 generations(新生代、老年代、持久代)的 heap 容量情况。

-gccause：统计引起 gc 的事件。

-gcnew：统计 gc 时新生代的情况。

-gcnewcapacity：统计 gc 时新生代 heap 容量。

-gcold：统计 gc 时老年代的情况。

-gcoldcapacity：统计 gc 时老年代 heap 容量。

-gcpermcapacity：统计 gc 时 permanent 区 heap 容量。

示例：

```
$  jstat  - gc 12538 5000
```

(2) jmap 查看各个代的内存使用。

jmap 可以从 core 文件或进程中获得内存的具体匹配情况，包括 Heap size、Perm size 等。

jmap 命令格式：

```
jmap [ option ] < pid > | < executable core > | <[ server - id@ ]remote - hostname - or - IP >
```

命令参数说明：

pid：Java 进程 ID。

executable：产生 core dump 的 Java 可执行程序。

core：core dump 文件。

remote-hostname-or-IP：远程 debug 服务的主机名或 IP。

server-id：远程 debug 服务的 ID。

option 参数：

```
 - heap
```

打印 heap 的概要信息，gc 使用的算法，heap 的配置及使用情况。

```
 - histo[ :live]
```

打印 jvm heap 的直方图。输出类名、每个类的实例数目、对象占用大小。JVM 的内部类名称开头会加上前缀" * "。

如果加上 live 则只统计活动的对象数量。

```
 - dump:[live,]format = b, file = < filename >
```

使用 hprof 二进制形式，导出 heap 内容到文件 filename。

假如指定 live 选项，那么只输出活动的对象到文件。

```
 - finalizerinfo
```

打印正等候回收的对象的信息。

– permstat

打印 classload 和 jvm heap 持久代的信息。

包含每个 classloader 的名称、是否活跃、地址、父 classloader、加载的 class 数量、内部 String 的数量和占用内存数。

– F

当 pid 没有响应的时候,与-dump 或-histo 共同使用,强制生成 dump 文件或 histo 信息。在这个模式下,live 子参数无效。

– J

传递参数给启动 jmap 的 jvm。

(3) 使用 Java 类库。

空闲内存:

```
Runtime.getRuntime().freeMemory()
```

总内存:

```
Runtime.getRuntime().totalMemory()
```

最大内存:

```
Runtime.getRuntime().maxMemory()
```

已占用的内存:

```
Runtime.getRuntime().totalMemory() - Runtime.getRuntime().freeMemory()
```

2. Java 内存分配函数与接口

Java 不能直接访问操作系统底层,而是通过本地方法来访问。Unsafe 类提供了硬件级别的原子操作,类中提供的 3 个本地方法(allocateMemory、reallocateMemory、freeMemory)分别用于分配内存、扩充内存和释放内存,与 C 语言中的 3 个方法相对应。

long Unsafe.allocateMemory(long size)——分配一块内存空间。这块内存可能会包含垃圾数据(没有自动清零)。如果分配失败会抛一个 java.lang.OutOfMemoryError 的异常。它会返回一个非零的内存地址。

Unsafe.reallocateMemory(long address,long size)——重新分配一块内存,把数据从旧的内存缓冲区(address 指向的地方)复制到新分配的内存块。如果地址等于 0,这个方法和 allocateMemory 的效果是一样的。它返回的是新的内存缓冲区的地址。

Unsafe.freeMemory(long address)——释放一个由前两个方法生成的内存缓冲区。如果 address 为 0 则不释放。

以上方法分配的内存应该在一个被称为单寄存器地址的模式下使用:Unsafe 提供了一组只接受一个地址参数的方法(不像双寄存器模式,它们需要一个 Object 还有一个偏移量 offset)。通过这种方式分配的内存可以比在-Xmx 的 Java 参数中配置的还要大。

注意:Unsafe 分配出来的内存是无法进行垃圾回收的,要把它当成一种正常的资源去进行管理。

用法举例：

```
import java. lang. reflect. Field;
import java. util. Arrays;
import sun. misc. Unsafe;

final int size = Integer. MAX_VALUE / 2;
final long addr = unsafe. allocateMemory( size );          //分配内存,大小为 size
try
{
    System. out. println( "Unsafe address = " + addr );
    for ( int i = 0; i < size; ++i )
    {
        unsafe. putByte( addr + i, (byte) 123);
        if ( unsafe. getByte( addr + i )!= 123 )
            System. out. println( "Failed at offset = " + i );
    }
}
finally
{
    unsafe. freeMemory( addr );                             //释放内存
}
```

8.2.3 实验内容

在 Java 环境下,使用函数和相关命令显示系统内存使用情况,为进程分配内存。

8.2.4 实验要求

使用 jstat 了解 JVM 内存内的各种堆栈和非堆栈的大小及其内存使用量。使用 Runtime 类查看系统总内存、可用内存、空闲内存及已用内存。尝试使用 Unsafe. allocateMemory 和 Unsafe. freeMemory 分配和释放内存,由于 Unsafe 类较为危险,且作为 SUN 公司的第三方 API,存在于 JDK 1.6 版本之前,JDK 1.7 版本之后无法导入,在这里不作为要求。

8.2.5 实验指导

1. 查看内存

(1) 使用 Java 类库查看内存。在 Eclipse 平台的 OS 工程下建立 Memory 类,在 main 方法中实例化 Runtime 类,编写代码查看内存使用情况,如图 8-5 所示。

(2) jstat 查看 gc 实时执行情况。首先编写 Java 程序,获取当前运行的 Java 进程 ID,如图 8-6 所示。通过 Java 程序自身将进程 ID 打印出来。通过 CMD 命令窗口,采用 jatat 命令查看内存。

2. 分配内存与释放内存

在 Eclipse 中导入 com. sun. misc. Unsafe jar 包,采用 allocateMemory 方法、reallocateMemory 方法、freeMemory 方法分别实现内存分配、内存扩充和内存释放。Unsafe 这个类的访问是受限的,只有 rt. jar 中的类才能使用 Unsafe 的功能,它的构造方法是私有的,所以,不能通过 new 来创建实例。但是,可以通过反射的方法来获取 Unsafe 实例。调用 allocateMemory 分配内存,将 100 写入到内存中,从内存中读取数据。

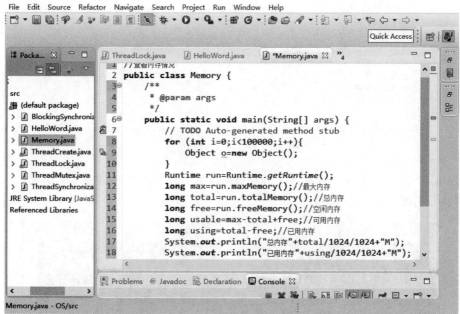

图 8-5　建立 Java 文件查看内存情况

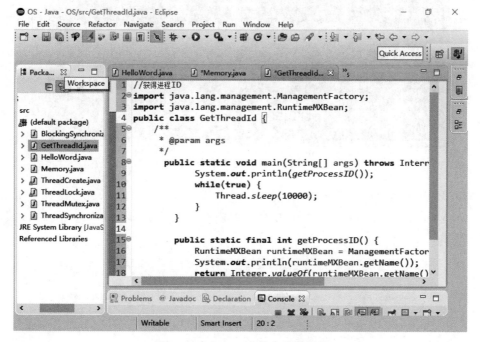

图 8-6　建立 Java 文件查看进程号

8.2.6　实验总结

(1) 通过 Java 查询当前的总内存为 15MB,已用内存 1MB,空闲内存 14MB,运行结果

Windows 系统下 Java 实验指导

如图 8-7 所示。

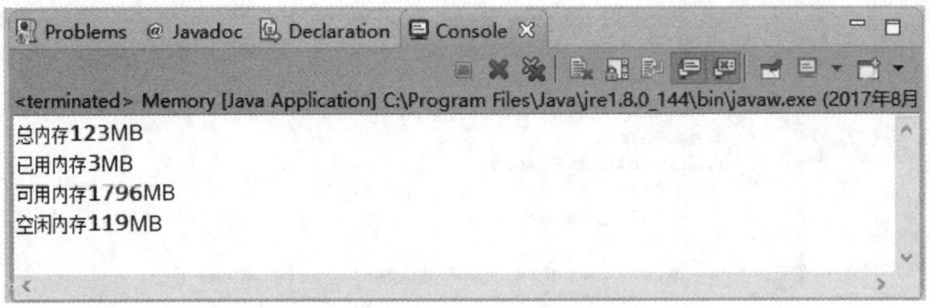

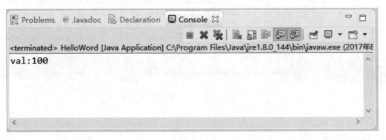

图 8-7　Java 查看内存情况

（2）在 Eclipse 平台下，编写 Java 程序代码，获取当前的 Java 进程 ID，采用 jstat 查看 gc 实时执行情况，如图 8-8 所示。

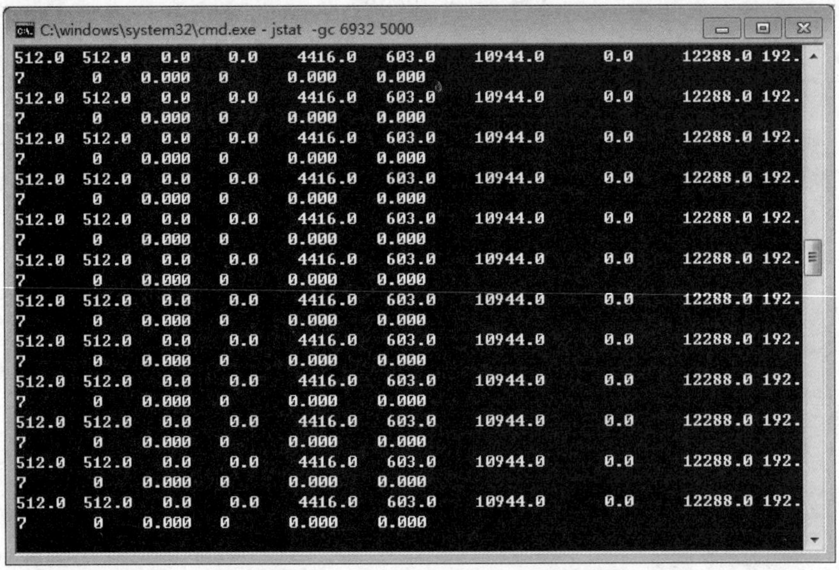

图 8-8　jstat 查看内存情况

（3）Eclipse 工程下导入 com. sun. misc. Unsafe jar 包，采用 allocateMemory、reallocateMemory、freeMemory 分别用于分配内存、扩充内存和释放内存，运行结果如图 8-9 所示。

图 8-9　内存分配运行结果

8.2.7 源程序

```java
//查看内存情况
public class Memory {
    /**
     * @param args
     */
    public static void main(String[] args) {
        //TODO Auto - generated method stub
        for (int i = 0; i < 100000; i++){
        Object o = new Object();
        }
        Runtime run = Runtime.getRuntime();
        long max = run.maxMemory();          //最大内存
        long total = run.totalMemory();      //总内存
        long free = run.freeMemory();        //空闲内存
        long usable = max - total + free;    //可用内存
        long using = total - free;           //已用内存
        System.out.println("总内存" + total/1024/1024 + "MB");
        System.out.println("已用内存" + using/1024/1024 + "MB");
        System.out.println("可用内存" + usable/1024/1024 + "MB");
        System.out.println("空闲内存" + free/1024/1024 + "MB");
    }
}


//获得进程 ID
import java.lang.management.ManagementFactory;
import java.lang.management.RuntimeMXBean;
public class GetThreadId {
    /**
     * @param args
     */
    public static void main(String[] args) throws InterruptedException {
        System.out.println(getProcessID());
        while(true) {
            Thread.sleep(10000);
        }
    }

    public static final int getProcessID() {
        RuntimeMXBean runtimeMXBean = ManagementFactory.getRuntimeMXBean();
        System.out.println(runtimeMXBean.getName());
        return Integer.valueOf(runtimeMXBean.getName().split("@")[0]).intValue();
}
```

```java
//分配内存
import java.lang.reflect.Field;
import sun.misc.Unsafe;
public class DirectMemoryAccess {
    public static void main(String[] args) {
        /*
         * Unsafe 的构造函数是私有的,不能通过 new 来获得实例
         * 通过反射来获取
         */
        Unsafe unsafe = null;
        Field field = null;
        try {
            field = sun.misc.Unsafe.class.getDeclaredField("theUnsafe");
            /*
             * private static final Unsafe theUnsafe = new Unsafe();
             *
             * 因为 field 的修饰符为 private static final,
             * 需要将 setAccessible 设置成 true,否则会报 java.lang.IllegalAccessException
             */
            field.setAccessible(true);
            unsafe = (Unsafe) field.get(null);
        } catch (SecurityException e) {
            //TODO Auto-generated catch block
            e.printStackTrace();
        } catch (NoSuchFieldException e) {
            //TODO Auto-generated catch block
            e.printStackTrace();
        } catch (IllegalArgumentException e) {
            //TODO Auto-generated catch block
            e.printStackTrace();
        } catch (IllegalAccessException e) {
            //TODO Auto-generated catch block
            e.printStackTrace();
        }

        long oneHundred = 100;
        byte size = 1;

        /*
         * 调用 allocateMemory 分配内存
         */
        long memoryAddress = unsafe.allocateMemory(size);

        /*
         * 将 100 写入到内存中
         */
        unsafe.putAddress(memoryAddress, oneHundred);
```

```
        /*
         * 内存中读取数据
         */
        long readValue = unsafe.getAddress(memoryAddress);

        System.out.println("Val : " + readValue);
    }
}
```

第9章 文件管理

9.1 实验：文件管理与 I/O 流

9.1.1 实验目的

(1) 熟悉用文件 File 类创建、删除、查看文件或目录。

(2) 掌握字节流、字符流、缓冲流、随机流等流式文件的创建与读写操作。

(3) 掌握用字符流和缓冲流从键盘接收字符串的方法。

9.1.2 实验准备知识

1. 流

(1) 字节流与字符流。

① 字节流。字节流读取时，读到一字节就返回一字节，主要用于读取图片、MP3、AVI 视频文件。

② 字符流。字符流使用字节流读一字节或多字节，如读取中文时，就会一次读取两字节。只要是处理纯文本数据，就要优先考虑使用字符流。

(2) 节点流与处理流。

① 节点流。和操作系统紧密连接的流，可以从(向)一个特定节点读(写)数据。

② 处理流。该层流是对节点流的封装，对节点流进行优化，例如加入缓冲器，提供更加丰富的 API 等，以便更加灵活方便地读写各种类型的数据。程序通过处理流类去调用节点流类，在创建处理流对象的时候一般都需要节点流对象作为其构造参数。

2. 文件读取

(1) 字节读取(InputStream)。

Java 中所有有关输入和输出的类都是从 InputStream 类和 OutputStream 类继承的。因为 InputStream 类和 OutputStream 类都是抽象的，仅提供了基本的函数类型，没有具体实现，所以不能直接生成对象。要通过其子类来生成所需的对象，同时必须重写 InputStream 类和 OutputStream 类中的方法。InputStream/OutputStream 是抽象类，不能被实例化，只能实例化其子类，如 FileInputStream 类与 FileOutputStream 类。

InputStream 类主要方法如下。

① 从流中读取数据。

```
int read()                        //读取一字节,返回值为所读的字节
int read(byte b[])                //读取多字节,放置到字节数组 b 中,通常读取的字
```

```
                                           //节数量为 b 的长度,返回值为实际读取的字节的数量
int read(byte b[] ,int off,int len)        //读取 len 字节,放置到以下标 off 开始字节
                                           //数组 b 中,返回值为实际读取的字节的数量
int available()                            //返回值为流中尚未读取的字节的数量
long skip(long n)                          //读指针跳过 n 字节不读,返回值为实际跳过的字节数量
```

② 关闭流。

```
close() //流操作完毕后必须关闭
```

③ 使用输入流中的标记。

```
void mark(int readlimit)                   //记录当前指针的所在位置,readlimit 表示读指针读
                                           //出的 readlimit 字节后所标记的指针位置才实效
void reset()                               //把读指针重新指向用 mark 方法所记录的位置
boolean markSupported()                    //当前的流是否支持读指针的记录功能
```

用法举例:

```
InputStream fileInput = new FileInputStream("a.txt"); //等同于 InputStream fileInput = new
FileInputStream(new File("a.txt"));    //实例化
fileInput = new FileInputStream(file)   //实例化
int byteread = fileInput.read(buffer)   //读操作
fileInput.close();                      //关闭
```

(2) 字符读取(FileReader)。

FileReade 类主要方法如下。

```
int read()   //读取单个字符,返回作为整数读取的字符,如果已达到流末尾,则返回 -1
int read(char []cbuf)   //将字符读入数组,返回读取的字符数,如果已经到达尾部,则返回 -1
void close()                            //关闭此流对象,释放与之关联的所有资源
```

用法举例:

```
FileReader fr = new FileReader("demo.txt")   //实例化
int ch1 = fr.read()                     //用 Reader 中的 read 方法读取字符
fr.close()                              //关闭流对象
```

(3) 行读取(BufferedReader)。

BufferedReader 类主要方法如下。

```
void close()                                //关闭该流并释放与之关联的所有资源
void mark(int readAheadLimit)               //标记流中的当前位置
int read()                                  //读取单个字符
int read(char[] cbuf, int off, int len)     //将字符读入数组的某一部分
String readLine()                           //读取一个文本行
boolean ready()                             //判断此流是否已准备好被读取
void reset()                                //将流重置到最新的标记
long skip(long n)                           //跳过字符
```

用法举例:

```
BufferedReader bufread = new BufferedReader(new FileReader(file));   //实例化
```

137

```
String read = bufread.readLine()                    //读取行
bufread.close();                                     //关闭流
```

3. 文件写入

(1) 字节写入(OutputStream)。

OutputStream 类主要方法如下。

① 输出数据。

```
void write(int b)                        //往流中写入一字节 b
void write(byte b[ ])                    //往流中写入一字节数组 b
void write(byte b[ ],int off,int len)    //把字节数组 b 中从下标 off 开始,长度为
                                         //len 的字节写入流中
```

② 刷新流。

```
flush( )                                 //刷新输出流,并输出所有被缓存的字节
```

由于某些流支持缓存功能,该方法将把缓存中所有内容强制输出到流中。

③ 关闭流。

```
close( )                                 //流操作完毕后必须关闭
```

用法举例:

```
FileOutputStream fop = null;                     //实例化
File file;                                       //实例 file
String content = "This is the text content";     //定义写入内容
file = new File("c:/newfile.txt");               //建立文件
fop = new FileOutputStream(file);                //实例化
byte[ ] contentInBytes = content.getBytes();     //读取字节
fop.write(contentInBytes);                       //写入操作
fop.flush();                                     //刷空输出流
fop.close();                                     //关闭
```

(2) 字符写入(FileWriter)。

FileWriter 类主要方法如下。

```
void write(String str)                   //写入字符串
```

当执行完此方法后,字符数据还并没有写入目的文件,字符数据保存在缓冲区,此时再使用刷新方法就可以使数据保存到目的文件。

```
void flush( )                            //刷新该流中的缓冲
```

将缓冲区中的字符数据保存到目的文件中去 void close()关闭此流。在关闭前会先刷新此流的缓冲区。在关闭后,再写入或者刷新,会抛 IOException 异常。

用法举例:

```
FileWriter fw = new FileWriter("C:\\demo1.txt",false);    //实例化
fw.write("Hello word!");                 //调用该对象的 write 方法,向文件写入字符
fw.flush();                              //进行刷新,将字符写入目的文件中
fw.close();                             //关闭流,关闭资源
```

（3）行写入（BufferedReader/BufferedWriter）。

BufferedWriter 类主要方法如下。

```
void write(char ch)                    //写入单个字符
void write(char []cbuf,int off,int len)    //写入字符数据的某一部分
void write(String s,int off,int len)       //写入字符串的某一部分
void newLine()                         //写入一个行分隔符
void flush()                           //刷新该流中的缓冲,将缓冲数据写入目的文件中去
void close()                           //关闭此流,在关闭前会先刷新此流
```

用法举例：

```
String content = "This is the content to write into file";    //定义写入内容
FileWriter fw = new FileWriter(file, true);    //实例化 FileWriter
BufferedWriter bw = new BufferedWriter(fw);    //实例化 BufferedWriter
bw.write(content);                             //写入字符串
bw.flush();                                    //刷新流
bw.close();                                    //关闭流
```

9.1.3 实验内容

建立一个函数,使用该函数将源文件 input. txt 中的内容读出,再写入目标文件 output. txt 中。

9.1.4 实验要求

采用上述 3 种不同的读写方式（FileReader、FileWriter、FileInputStream、FileOutStream、BufferedInPutStream、BufferedOutPutStream 类）完成文件的读写操作。

9.1.5 实验指导

（1）在 H 盘（或者其他的盘）下建立两个 txt 文件,一个读取文件 input. txt,包含文字内容,另一个写入文件 output. txt,为空白文件,如图 9-1 所示。

（2）在 Eclipse 下的 OS 项目工程下新建一个 Ioforjava 类,如图 9-2 所示。导入 FileReader、FileWriter、FileInputStream、FileOutStream、BufferedInPutStream、BufferedOutPutStream 类,编写 Java 程序,对 input. txt 文件进行读取,将读取的内容写入 output. txt 文件,需要注意的是创建 File 对象（可以对路径和文件进行更多的操作）,通过 File 对象创建 FileReader（FileWriter）[当然在这里也可以通过创建 InputStreamReader（new InputStream）来获取 reader 对象,看个人爱好],然后通过 FileReader（FileWriter）获得 BufferedReader（BufferedWriter）对象。还可以使用 Scanner 对读取的文件进行操作,此方法比较方便,Scanner 也是处理流,因此也是需要节点流作为其参数的。

9.1.6 实验总结

该实验完成自 Java 环境下 3 种方式的文件读写操作。先创建两个文件 input. txt、output. txt,然后反复从 input. txt 读取数据,并写入文件 output. txt 中,直到文件尾结束。

Windows 系统下 Java 实验指导

图 9-1　建立 txt 文件

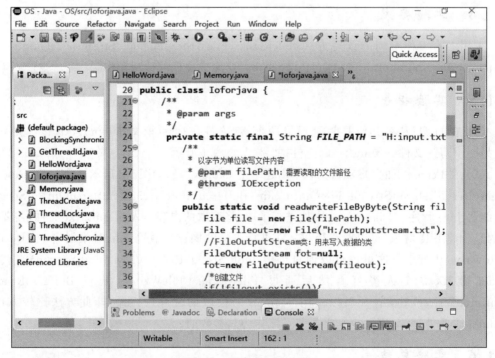

图 9-2　新建 ioforjava 类

9.1.7 源程序

```java
import java.io.BufferedReader;

import java.io.BufferedWriter;
import java.io.File;
import java.io.FileInputStream;
import java.io.FileNotFoundException;
import java.io.FileOutputStream;
import java.io.FileReader;
import java.io.FileWriter;
import java.io.IOException;
import java.io.InputStream;

/**
 * 文件读取类
 * 1.按字节读写文件内容
 * 2.按字符读写文件内容
 * 3.按行读写文件内容
 * @author OS
 *
 */
public class Ioforjava {
    /**
     * @param args
     */
    private static final String FILE_PATH = "H:input.txt";
    /**
     * 以字节为单位读写文件内容
     * @param filePath: 需要读取的文件路径
     * @throws IOException
     */
    public static void readwriteFileByByte(String filePath) throws IOException {
        File file = new File(filePath);
        File fileout = new File("H:/outputstream.txt");
        //FileOutputStream 类：用来写入数据的类
        FileOutputStream fot = null;
        fot = new FileOutputStream(fileout);
        /* 创建文件
        if(!fileout.exists()){
    try {
            fileout.createNewFile();
            } catch (IOException e) {
                //TODO Auto - generated catch block
                e.printStackTrace();
            }
        }
        readwriteFileByByte(FILE_PATH);
        readwriteFileByCharacter(FILE_PATH);
         */ readwriteFileByLine(FILE_PATH);
```

Windows 系统下 Java 实验指导

```java
//InputStream:此抽象类是表示字节输入流的所有类的超类
InputStream ins = null ;
try{
    //FileInputStream:从文件系统中的某个文件中获得输入字节
    ins = new FileInputStream(file);
    int temp ;
    //read():从输入流中读取数据的下一字节
    //write():从输出流中写入数据的下一字节
    while((temp = ins.read())!= - 1){
        System.out.write(temp);
        fot.write(temp);
    }
}catch(Exception e){
    e.getStackTrace();
}finally{
    if (ins!= null){
        try{
            ins.close();
            fot.close();

        }catch(IOException e){
            e.getStackTrace();
        }
    }
}
}


/**
 * 以字符为单位读写文件内容
 * @param filePath
 * @throws IOException
 */
public static void readwriteFileByCharacter(String filePath) throws IOException{
    File file = new File(filePath);
    //FileReader:用来读取字符文件的便捷类
    FileReader reader = null;
    File fileout = new File("H:/outputstream.txt");
    //FileWriter: 用来写入字符文件的便捷类
    FileWriter filewriter = new FileWriter(fileout);
    try{
        reader = new FileReader(file);
        int temp ;
        //read():从输入流中读取字符
        //write():从输出流中写入字符
        while((temp = reader.read())!= - 1){
            if (((char) temp)!= '\r') {
                System.out.print((char) temp);
                filewriter.write(temp);
            }
        }
    }catch(IOException e){
```

```
            e.getStackTrace();
        }finally{
            if (reader!= null){
                try {
                    reader.close();
                    filewriter.close();
                } catch (IOException e) {
                    e.printStackTrace();
                }
            }
        }
    }


    /**
     * 以行为单位读取文件内容
     * @param filePath
     * @throws IOException
     */
    public static void readwriteFileByLine(String filePath) throws IOException{
        File file = new File(filePath);

        //BufferedReader:从字符输入流中读取文本,缓冲各个字符,从而实现字符、数组和行
        //的高效读取
        BufferedReader buf = null;
        File fileout = new File("H:/outputstream.txt");
        FileWriter filewriter = new FileWriter(fileout);
        //BufferedWriter: 从字符输出流中写入文本
        BufferedWriter bw = new BufferedWriter(filewriter);
        try{
            //FileReader:用来读取字符文件的便捷类
            buf = new BufferedReader(new FileReader(file));
            //buf = new BufferedReader(new InputStreamReader(new FileInputStream(file)));
            String temp = null ;
            while ((temp = buf.readLine())!= null ){
                System.out.println(temp);
                bw.write(temp);
            }
        }catch(Exception e){
            e.getStackTrace();
        }finally{
            if(buf!= null){
                try{
                    buf.close();
                    bw.close();
                } catch (IOException e) {
                    e.getStackTrace();
                }
            }
        }
    }
```

```
public static void main(String[ ] args) throws IOException {
    //TODO Auto - generated method stub
        readwriteFileByByte(FILE_PATH);
        readwriteFileByCharacter(FILE_PATH);
        readwriteFileByLine(FILE_PATH);
    }
}
```

9.2　实验二：文件管理模拟

9.2.1　实验目的

(1) 熟悉文件管理中的空闲区块的数据结构。

(2) 掌握空闲表、空闲盘区链、位示图三种算法来管理空闲块。

9.2.2　实验准备知识

1. 文件分配基础知识准备

常用的外存分配方法有三种：连续分配、链接分配和索引分配。

连续分配是最简单的一种分配方案,它要求为每个文件分配一组连续的磁盘块。采用连续分配方式时,可把逻辑文件中的记录顺序地存储到邻接的各个物理盘块中,这样形成的物理文件称为顺序文件。这种分配方式保证了逻辑文件的记录顺序与物理存储器中文件占用的盘块顺序的一致性。随着文件的建立和删除,磁盘存储空间被分配和回收,使磁盘存储空间被分割成许多小块,这些较小的连续区由于比较小,会形成外存的碎片,可以借鉴内存管理模式,采用紧凑的方式将磁盘上的所有文件移动到一起,使所有碎片拼接成一大片连续的区域。

链接分配的每个磁盘块都含有一个指向下一个盘块的指针,通过指针将属于同一文件的多个离散的盘块连接成一个链表,形成链接文件。

索引分配的每个文件都有一个索引块,索引块是一个表,其中存放了文件所占用的盘块号。目录中存储每个文件的文件名和索引块的地址。

2. 空闲存储空间管理相关数据结构基础知识准备

空闲表：空闲表用于连续分配方式,连续分配方式为每个文件分配一个连续的存储空间,系统需要维护一张空闲表,记录外存上所有空闲区的情况。空闲表中包括序号、该空闲区的启示盘块号、该空闲区的空闲盘块数等信息。

空闲链：空闲链用于将所有空闲存储空间拉成一个空闲盘块链,当系统需要给文件分配空间时,分配程序从链首开始依次摘下适当数目的空闲盘块分配给文件,当删除文件而释放存储空间时,系统将回收的盘块依次插入空闲盘块链的尾部。

位示图：位示图是利用二进制的一位表示磁盘中一个盘块的使用情况。当其值为"0"时,表示对应的盘块空闲;当其值为"1"时,表示对应的盘块已经分配。

3. Java 相关知识准备

1) List

List 集合是有序的,Developer 可以对其中每个元素的插入位置进行精确的控制,通过索引访问元素、遍历元素。List 中主要有 ArrayList、LinkedList 两个实现类。

其中，ArrayList 底层通过数组实现，随着元素的增加而动态扩容，而 LinkedList 底层通过链表实现，随着元素的增加不断向链表的后端增加节点。ArrayList 是 Java 集合框架中使用最多的一个类，是一个数组队列，线程不安全集合。它继承于 AbstractList，实现了 List、RandomAccess、Cloneable 和 Serializable 接口。ArrayList 的主要方法如表 9-1 所示。

表 9-1　ArrayList 的主要方法

方　　法	功　　能
Add	添加一个元素到当前列表的末尾
AddRange	添加一批元素到当前列表的末尾
Remove	删除一个元素，通过元素本身的引用来删除
RemoveAt	删除一个元素，通过索引值来删除
RemoveRange	删除一批元素，通过指定开始的索引和删除的数量来删除
Insert	添加一个元素到指定位置，列表后面的元素依次向后移动
InsertRange	从指定位置开始添加一批元素，列表后面的元素依次向后移动

2）HashMap

HashMap 是一个散列表，它存储的内容是键-值对（key-value）映射。HashMap 实现了 Map 接口，根据键的 HashCode 值存储数据，具有很快的访问速度，最多允许一条记录的键为 null，不支持线程同步。HashMap 是无序的，即不会记录插入的顺序。HashMap 继承于 AbstractMap，实现了 Map、Cloneable 和 java. io. Serializable 接口。HashMap 的主要方法如表 9-2 所示。

表 9-2　HashMap 的主要方法

方　　法	功　　能
put(K key, V value)	将键(key)/值(value)映射存放到 Map 集合中
Get(Object key)	返回指定键所映射的值，没有该 key 对应的值则返回 null
size()	返回 Map 集合中的数据数量
Clear()	清空 Map 集合
isEmpty()	判断 Map 集合中是否有数据
Remove(Object key)	删除 Map 集合中键为 key 的数据并返回其所对应的 value 值

9.2.3　实验内容

模拟建立磁盘块序列，设置磁盘块的初始状态为空，设置块大小为固定值，编写程序模拟使用空闲表、空闲盘区链、位示图三种算法之一来管理空闲块。

9.2.4　实验要求

给出一个磁盘块序列：1,2,3,…,500，初始状态所有块为空，每块的大小为 2KB，实现以下要求：

（1）随机生成 2~10KB 的文件 50 个，文件名为 1. txt,2. txt,…,50. txt，选择文件空闲盘块算法存储到模拟磁盘中。

（2）删除奇数.txt(1.txt,3.txt,…,49.txt)文件。

（3）新创建 5 个文件(A.txt、B.txt、C.txt、D.txt、E.txt),大小为 7KB、5KB、2KB、9KB、3.5KB,按照与(1)相同的算法存储到模拟磁盘中。

（4）给出文件 A.txt、B.txt、C.txt、D.txt、E.txt 的盘块存储状态和所有空闲区块的状态。

9.2.5 实验指导

（1）在 eclipse 下的 OS 项目工程建立 File 类、Region 类、FileOperator 类,如图 9-3 所示。在 Region 类中程序用空闲盘块表算法来管理空闲块,所以定义空闲区域 Region 类,表示空闲表中的一项,根据 fileName 和 size 创建文件,根据 size 求出该文件占用的盘块数 s,再去遍历空闲 table,直到找出一个空闲表中的表项 size≥s。如果正好相等,就表示恰好占用一个表项,直接从表中移除;如果大于要求的空间,则切分表项,修改表项的 size 大小。申请到足够空间后,创建文件对象 file,并加入 map 集合中,标示出该文件已存在于文件系统中且唯一。

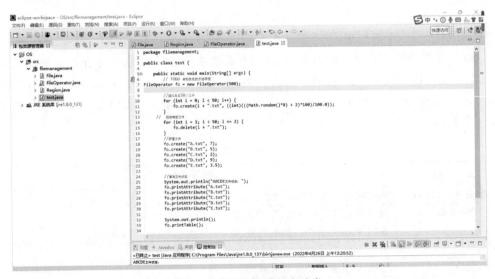

图 9-3 文件管理模拟实验类

（2）删除操作,首先从 map 集合中根据 fileName 移除相应的 file 对象,再释放占用空间。删除操作有三种情况,具体如下:

① 释放的空间与空闲表中某个 Region 范围左邻接,与该 Region 合并(Region 表示一块空闲区域)。

② 释放的空间与空闲表中某个 Region 范围右邻接,与该 Region 合并。

③ 要释放的空间与空闲表中所有表项 Region 不邻接,直接顺序插入。

（3）在 test 中将文件管理的模拟结果输出。

9.2.6 实验总结

该实验模拟完成了文件空闲块管理操作,模拟完成文件空间盘块的分配与回收。实验运行结果如图 9-4 和图 9-5 所示。

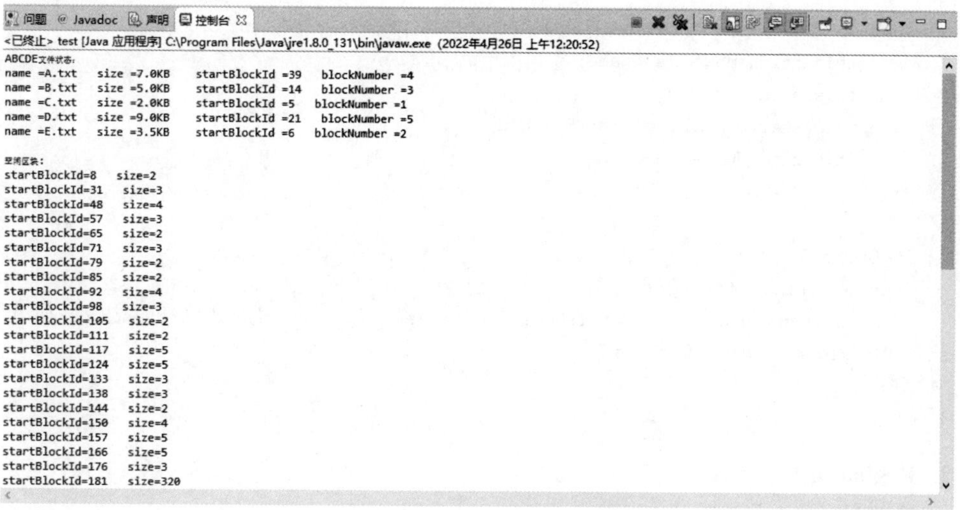

图 9-4　运行结果——文件状态与空间区表

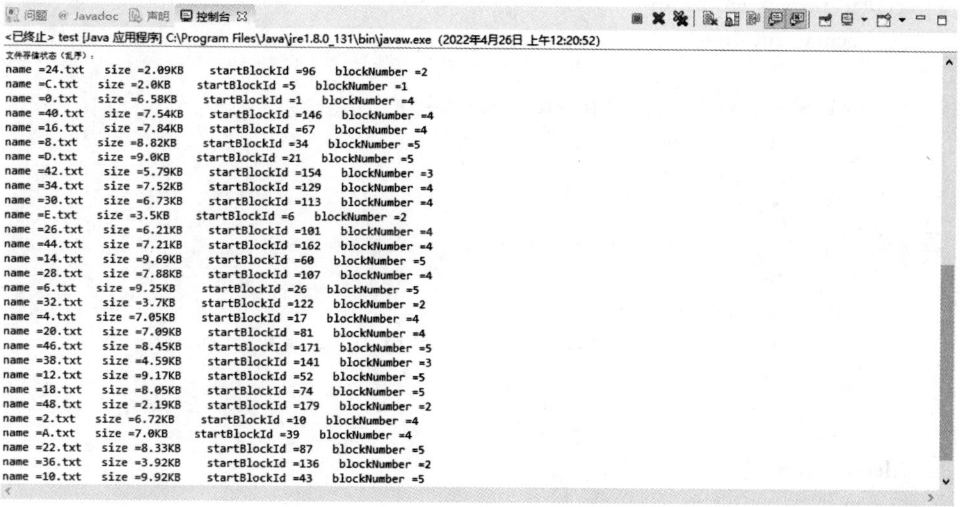

图 9-5　运行结果——文件存储状态

9.2.7　源程序

1. File 类

```java
package fliemanagement;
public class File {
    public String fileName;
    public double size;              //文件大小/KB
    public int startBlockId;         //起始盘块号
    public int blockNum;             //盘块数
```

Windows 系统下 Java 实验指导

```
        public File() {}

        public File(String fileName, int startBlockId, double size, int blockNum) {
            this.fileName = fileName;
            this.size = size;
            this.startBlockId = startBlockId;
            this.blockNum = blockNum;
        }

        @Override
        public String toString() {
            return "name = " + fileName + " size = " + size + "KB startBlockId = " +
startBlockId + " blockNumber = " + blockNum;
        }
    }
```

2. Region 类

```
package fliemanagement;

public class Region {
    public int startBlockId;
        public int size;

        public Region(int startBlockId, int size) {
            this.startBlockId = startBlockId;
            this.size = size;

        }
        @Override
        public String toString() {
            return "startBlockId = " + startBlockId + " size = " + size;
        }
    }
}
```

3. FileOperator 类

```
package fliemanagement;
import java.util.ArrayList;
import java.util.HashMap;
import java.util.List;
import java.util.Map;
import java.util.Set;

public class FileOperator {
    private int size;                                   //磁盘块数 1 to size
    private List<Region> table = new ArrayList<>();     //空闲表
    private Map<String, File> map = new HashMap<>();    //存储文件状态

    public FileOperator(int size) {
        this.size = size;
```

```java
        table.add(new Region(1, size));                    //初始状态, 空闲表只有一项
    }

    /**
     * 创建文件, 更新空闲表数据
     * @param fileName
     * @param size 接收 double 类型数据, 内部转换成盘块 size
     */
    public void create(String fileName, double size) {
        int s = getBlockNum(size);
        for (Region r : table) {
            if (s == r.size) { //占用一个表项
                File file = new File(fileName, r.startBlockId, size, s);
                map.put(fileName, file);
                table.remove(r);
                return;
            } else if (size < r.size) {                    //切分一个表项
                File file = new File(fileName, r.startBlockId, size, s);
                map.put(fileName, file);
                r.startBlockId += s;
                r.size -= s;
                return;
            } else {
                continue;
            }
        }
        //磁盘空间不足
        System.out.println("file: " + fileName + " size: " + size + ": OutOfDiskError");
    }

    /**
     * 删除文件
     * case 1, 与前驱合并
     * case 2, 与后继合并
     * case 3, 插入相应位置
     * @param fileName
     */
    public void delete(String fileName) {
        File file = map.remove(fileName);
        if (file != null) {
            Region r = new Region(file.startBlockId, file.blockNum);
            insertToTable(r);
        }
    }

    /**
     * 文件大小 size 到占用盘块数据的映射, 默认盘块大小为 2KB
     * @param size
     * @return
     */
```

```java
        private int getBlockNum(double size) {
            int s = (int)Math.ceil(size);
            if (s % 2 == 0) {
                return s >> 1;
            } else {
                return (s >> 1) + 1;
            }
        }


        public void insertToTable(Region re) {
//          if (re.startBlockId > table.get(table.size() - 1).startBlockId) {
//插入末尾
//              table.add(re);
//              return;
//          }
            //相邻
            for (int i = 0; i < table.size(); i++) { //相邻处理
                Region r = table.get(i);
                if (r.startBlockId == (re.startBlockId + re.size)) {
                    //re 的后继是 r 的前驱, 与后继合并
                    r.size += re.size;
                    r.startBlockId = re.startBlockId;
                    return;
                } else if (r.startBlockId + r.startBlockId == re.startBlockId) {
                    //r 的后继是 re 的前驱, 与前驱合并
                    r.size += re.size;
                    return;
                } else {
                    continue;
                }
            }
            //插入
            table.add(re);
            int sStart = re.startBlockId;
            int sSize = re.size;
            int i = table.size() - 2;
            for (; i >= 0; i--) {
                if (table.get(i).startBlockId > re.startBlockId) {
                    Region rr = table.get(i);
                    table.get(i + 1).startBlockId = rr.startBlockId;
                    table.get(i + 1).size = rr.size;
                } else {
                    break;
                }
            }
            table.get(i + 1).startBlockId = sStart;
            table.get(i + 1).size = sSize;
        }

        public void printTable() {
            System.out.println("空闲区块: ");
```

```java
        for (Region r : table) {
            System.out.println(r.toString());
        }
    }

    /**
     *
     * @param fileName
     */
    public void printAttribute(String fileName) {
        if (map.containsKey(fileName)) {
            System.out.println(map.get(fileName));
        }
    }
    public void printAttribute() {
        System.out.println("文件存储状态(乱序): ");
        Set<String> files = map.keySet();
        for (String file : files) {
            System.out.println(map.get(file).toString());
        }
    }

}
```

4. test 类

```java
package fliemanagement;

public class test {

    public static void main(String[] args) {
        // TODO 自动生成的方法存根
        FileOperator fo = new FileOperator(500);

        //随机生成 50 个文件
        for (int i = 0; i < 50; i++) {
            fo.create(i + ".txt", ((int)(((Math.random() * 8) + 2) * 100)/100.0));
        }
        //删除奇数文件
        for (int i = 1; i < 50; i += 2) {
            fo.delete(i + ".txt");
        }
        //新建文件
        fo.create("A.txt", 7);
        fo.create("B.txt", 5);
        fo.create("C.txt", 2);
        fo.create("D.txt", 9);
        fo.create("E.txt", 3.5);

        //查询文件状态
        System.out.println("ABCDE 文件状态: ");
        fo.printAttribute("A.txt");
```

```
            fo.printAttribute("B.txt");
            fo.printAttribute("C.txt");
            fo.printAttribute("D.txt");
            fo.printAttribute("E.txt");

            System.out.println();
            fo.printTable();

            fo.printAttribute();

    }

}
```

第三篇　Linux 系统实验指导

第 10 章　Linux 系统的安装和使用

Linux 发行版(Linux Distribution)是为一般用户预先集成好的 Linux 操作系统及各种应用软件,一般用户不需要重新编译,在直接安装之后,只需要小幅更改设置就可以使用,通常以软件包管理系统来进行应用软件的管理。Linux 发行版通常包含了包括桌面环境、办公包、媒体播放器、数据库等应用软件。Linux 发行版通常由 Linux 内核、来自 GNU 的大量函数库和基于 X Windows 的图形界面构成。现在有超过 300 个 Linux 发行版。

这些发行版可以大体分为两类,一类是商业公司维护的发行版本,一类是社区组织维护的发行版本。前者以著名的 Red Hat(RHEL)为代表,后者以 Debian 为代表。

10.1　常见的 Linux 发行版

1. Red Hat 系列

Red Hat 系列包括 RHEL(Red Hat Enterprise Linux)、Fedora(由原来的 Red Hat 桌面版本发展而来,免费版本)、CentOS(RHEL 的社区克隆版本,免费)。Red Hat 是在国内使用人群最多的 Linux 版本。Red Hat Enterprise Linux 是适用于服务器的版本,由于这是个收费的操作系统。国内外许多企业或空间商都选择 CentOS。CentOS 是 RHEL 的克隆版,免费。Red Hat 系列的包管理方式采用的是基于 RPM 包的 YUM 包管理方式。

2. CentOS

CentOS 在 2003 年年底推出,使用红帽企业级 Linux 中的免费源代码重新构建而成,是 RHEL 的克隆版本。CentOS 是一个可靠的服务器发行版。优点是稳定可靠,免费下载和使用;配备了 5 年的免费安全更新,及时发布和安全更新。缺点是缺乏最新的 Linux 技术,其发行时大多数软件已经过时。软件包管理系统采用 YUM 和 RPM 包管理。

3. Debian GNU/Linux

Debian GNU/Linux 首次公布于 1993 年。如今,它已成为最大的 Linux 发行版。Debian 的 stable(稳定版本)每 1~3 年才发布一次。它是包括 Ubuntu 在内许多发行版的基础。Debian 在服务器和桌面计算机领域都有着广泛的应用。优点是遵循 GNU 规范,100%免费,优秀的网络和社区资源,稳定和安全性都非常的高。缺点是最新的技术并不总是包括在内,周期缓慢(每 1~3 年发布性稳定版)。软件包管理采用 apt-get/dpkg 包管理方式。

4. Ubuntu

Ubuntu 是为初学者设计的,包含了桌面界面和自动更新。它是 2004 年 9 月首次公布的,严格来说 Ubuntu 不能算一个独立的发行版本,它是基于 Debian unstable 版本加强而来的,特点是界面非常友好,容易上手,对硬件的支持非常全面,是最适合做桌面系统的 Linux 发行版本。优点是,固定的发布周期和支持期限;易于初学者学习;丰富的文档,包括官方和用户贡献的。软件包管理采用 apt-get /dpkg 包管理方式。

5. Fedora

基于 Fedora Project(Red Hat 支持),由世界性社区范围的志愿者和开发人员来构建和维护。Fedora 是最具创新性的发行版,它仍然主要由红帽公司控制,作为红帽企业 Linux 测试版而出现,Red Hat Enterprise Linux 的新版本基于 Fedora。优点是高度创新,出色的安全功能;数量众多的支持包,严格遵守自由软件。缺点是 Fedora 的优先目的偏向企业应用,而不是桌面可用性,稳定性较差,最好只用于桌面应用。软件包管理采用 YUM 和 RPM 包管理。

6. Linux Mint

基于 Ubuntu,与 Ubuntu LTS 版本一致的 Linux Mint 是一个稳定、功能强大、完整、易于使用的 Linux 发行版。Mint 最显著的特点之一是在安装过程中允许从一个列表中选择桌面环境,适合从 Windows 操作系统转过来的人使用。

7. Arch Linux

Arch 最主要的特点之一就是,它是一个独立的开放源代码的发行版,并且受到了 Linux 用户的喜爱。Arch 遵循滚动发布模式,只要使用 Pacman 执行定期的系统更新,就可以获得最新的软件。不建议新用户使用 Arch,因为安装进程不会为用户做任何的决定,所以使用者最好能对 Linux 相关的概念有一定程度的了解。软件包管理采用 Pacman 方式。

10.2　选择发行版需考虑的因素

Linux 发行版本有 300 种以上,对于初次学习、使用 Linux 的人来说,选择适合的 Linux 版本,可以基于如下因素考虑:出身背景、用途、文档资源、支持周期、质量、易用程度都是选择时要考虑的因素。

1. 出身背景

出身背景包括衍生关系与出身。Linux 发行版总是出自商业公司或非商业社区,有些发行版衍生自另一个发行版,子发行版必然继承了许多衍生源的特性。

2. 用途

发行版被设计时,可能面向通用用途、娱乐、商业、工作、服务器。要根据自己的实际需要选择合适的发行版本。

3. 文档资源

使用中遇到问题,活跃的用户论坛资源、为数众多的优秀文档,可以帮助用户快速解决问题。

4. 支持周期

支持周期太短会让用户不得不频繁更新,支持周期太长也许会使软件仓库中的软件版本过时。

5. 质量

任何软件都会有 Bug,发行版系统也不例外。稳定可靠是用户选择合适版本的一个重要因素。

6. 易用程度

易用的发行版默认的设置会省去新手自行调整的麻烦。

总之，虽然 Linux 的发行版本众多，各个发行版提供了不同的图形窗口，但是 Linux 中图形界面仅仅是基于 X Windows 的一个应用程序。实质上，Linux 本身是基于命令行，即 Shell 命令。现在的 Linux 发行版一般都以 Bash 作为默认的 Shell。各种发行版有不同的包管理命令和一些其他的系统管理命令，但是基础的 Shell 命令大部分都是通用的。所以，对于广大 Linux 学习的人来说，学习 Shell 命令的使用才是最重要的。

10.3　安装 CentOS 7

10.3.1　实验目的

（1）了解 Linux 操作系统的发行版本。

（2）掌握 CentOS 7 的安装方法。

（3）掌握 VirtualBox 虚拟机的安装方法。

10.3.2　实验内容和步骤

在安装 Linux 系统之前，应该先检查计算机硬件，根据硬件安装说明连接各连线。

下面分别对 CentOS 7 光盘/U 盘安装和 VirtualBox 虚拟机安装进行说明。

1. CentOS 7 光盘/U 盘安装

（1）运行安装程序。

① 启动安装程序，进入安装界面。可使用 DVD 安装光盘或 U 盘来进行安装，其中，使用光盘安装时要求计算机有 DVD-ROM，使用 U 盘安装时要求计算机支持 U 盘启动。插入 DVD 或 U 盘，在计算机启动时进入 BIOS 设置菜单，将 DVD-ROM 或 U 盘设置为第一启动设备，保存设置后，重新启动计算机，系统自动启动并进入 Linux 安装界面。

② 选择语言。图 10-1 所示为选择语言界面。选择语言后，进入如图 10-2 所示的【安装信息摘要】界面。

③ 在【安装信息摘要】界面中单击【安装位置】图标，弹出如图 10-3 所示的【安装目标位置】界面，选中【自动配置分区】单选按钮后，单击左上角【完成】按钮，回到【安装信息摘要】界面，然后单击【开始安装】按钮。

（2）配置。

在【配置】界面中可以配置 ROOT 密码和创建用户，如图 10-4 所示。设置完成后，等待安装完成，如图 10-5 所示，取出安装光盘或 U 盘，单击【重启】按钮，重新启动计算机，系统启动进入 Linux 登录界面，输入用户名和密码后，系统进入图形用户界面。

2. 使用 VirtualBox 虚拟机安装 Linux

VirtualBox 是一个虚拟机软件，使用 VirtualBox 可以在虚拟机上练习安装和配置 Linux 系统而不必担心会破坏硬盘数据。安装过程如下。

（1）安装 VirtualBox（可以到其官方网站 https：//www.virtualbox.org 下载）。

（2）打开 VirtualBox 系统，如图 10-6 所示（或使用 Ctrl＋N 组合键），即可在 New 菜单中新建一个虚拟机，类型选择为 Linux，版本选择为 Red Hat（64-bit）。

图 10-1 选择语言界面

图 10-2 【安装信息摘要】界面

Linux 系统实验指导

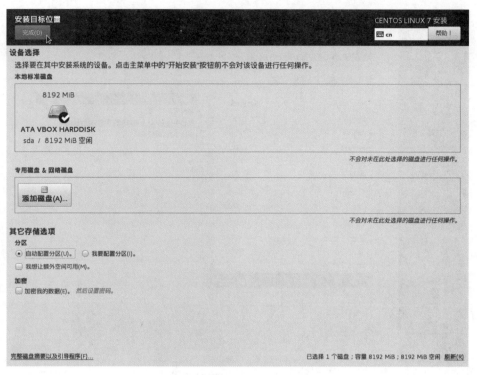

图 10-3　【安装目标位置】界面

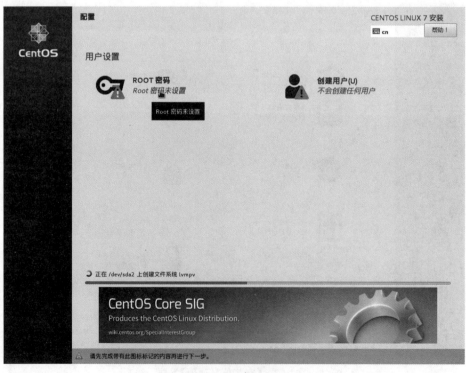

图 10-4　【配置】界面

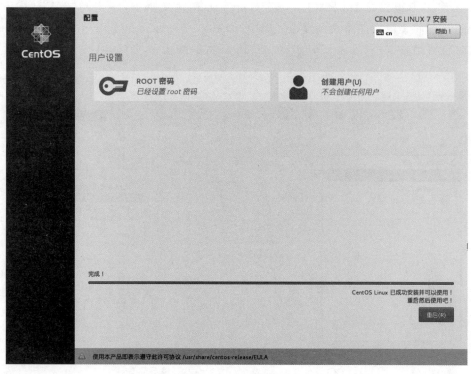

图 10-5　安装完成

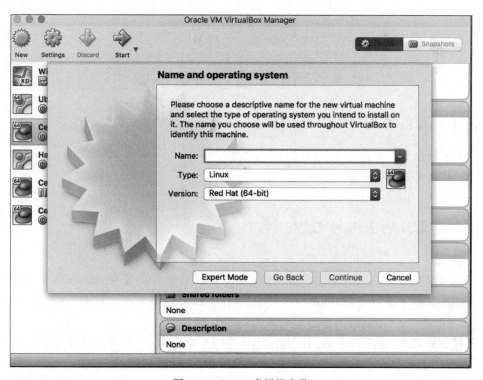

图 10-6　Linux 虚拟机安装

Linux 系统实验指导

（3）建完虚拟机之后，将 Linux 安装光盘插入到光驱中，或者单击 VirtualBox 的 Settings 按钮将镜像文件插入到虚拟光驱中，如图 10-7 所示。单击 VirtualBox 的 Start 按钮，此时启动此虚拟机，进入安装步骤。具体安装步骤请参见 CentOS 7 光盘/U 盘安装说明。

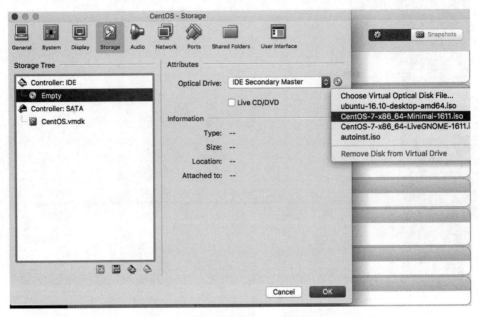

图 10-7　将镜像文件插入虚拟光驱中

（4）安装完 Linux，重新启动计算机后即可在虚拟机下使用 Linux 了。

10.4　Linux 系统的基本操作

10.4.1　实验目的

（1）了解 Linux 操作系统的启动与登录方法。

（2）掌握 Linux 图形界面下的基本操作。

（3）掌握 Linux 的基本设置。

10.4.2　实验内容和步骤

1. 登录

启动计算机，如果安装了 X Windows，系统启动时自动启动 X Windows，X Windows 的登录在图形界面下进行。图 10-8 所示的是 GNOME 的登录界面，分别输入用户账号（如 root）和用户密码后，系统进入图形用户界面。

若没有安装 X Windows，或由于显示卡等原因不能启动 X Windows 时，可以在字符界面（提示符状态）登录 Linux。当系统启动到出现提示 Login：时，输入用户账号，按 Enter 键，提示输入 Password 时，输入用户密码，按 Enter 键，即以自己的用户名登录到 Linux 系统中。

图 10-8　GNOME 的登录界面

从字符界面登录 Linux 系统后，还可以用以下命令启动 X Windows：

```
[root@localhost /root]# start x
```

在图形用户界面下，也可以不退出 X Windows 而直接进入提示符状态使用 Linux 命令。在桌面任意位置上右击，在弹出的快捷菜单中选择【终端】命令，弹出如图 10-9 所示的窗口，在该窗口中可以使用字符命令。

2. 系统设置

选择【应用程序】→【系统工具】→【设置】命令，打开【全部设置】窗口，如图 10-10 所示。在【全部设置】窗口中双击其中的项目可以对系统进行设置。例如，双击【背景】图标，弹出【背景】窗口，如图 10-11 所示。在该窗口内可以设置桌面的墙纸等。

3. 创建用户账号

一般情况下不应直接用 root 账号进行操作。在 Linux 中，可以为每一位用户创建一个用户账号，使用时以个人账号登录。

CentOS 中创建用户账号的方法有两种，一是在图形界面中创建用户账号，另一种是在字符状态下创建用户账号。

在字符状态下创建用户账号，只需要在字符（命令行）状态下用 adduser（或 useradd）命令创建用户账号即可。

下面介绍在图形界面中创建用户账号的主要步骤。

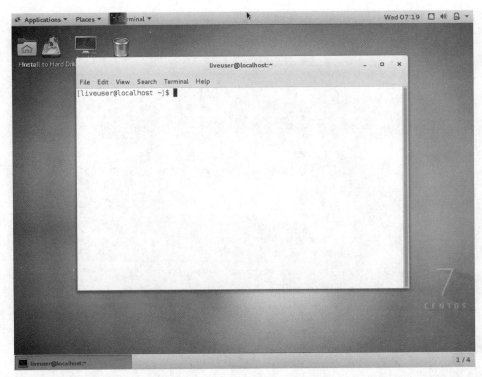

图 10-9　GNOME 的终端仿真程序

图 10-10　【全部设置】窗口

图 10-11　【背景】窗口

（1）需要超级用户创建用户，若系统只有 root 用户，则以 root 账号登录；若有其他用户账号，也可以以其他用户账号登录，但在创建用户账号时需要输入 root 账号密码。

（2）选择【应用程序】→【系统工具】→【设置】命令，打开【全部设置】窗口，在该窗口中双击【用户】图标，弹出【用户】窗口，如图 10-12 所示。单击【解锁】按钮，若不是以 root 账号登录，此时要求输入 root 密码。

图 10-12　【用户】窗口

(3) 在【用户】窗口的左下角单击【＋】按钮,弹出【添加用户】对话框,如图 10-13 所示。在该对话框中输入用户名、全名和密码。

图 10-13 【添加用户】对话框

(4) 单击【添加】按钮,在用户列表中添一个用户账号。若有需要,可再创建其他用户账号,可继续单击【＋】按钮进行创建。

4. 退出系统

在 Linux 中不能直接关闭计算机电源,或直接按主机箱上的 Reset 按钮重新启动计算机。在图形界面下,可以在桌面右上角弹出菜单中选择【注销】或【关机】命令退出系统。在字符界面下,可以用 shutdown 命令退出系统。退出系统后,才能关闭计算机电源或重新启动计算机。在字符界面下,用 shutdown 命令退出或重新启动系统可使用下面的命令形式。

例如:

```
shutdown -r now      //马上关闭并重新启动
shutdown -h +15      //15min 后关闭并终止
```

10.5 常用的 Linux 命令

10.5.1 实验目的

(1) 学会不同 Linux 用户登录的方法。

(2) 掌握常用 Linux 命令的使用方法。

(3) 了解 Linux 命令中参数选项的用法和作用。

10.5.2 实验准备知识

1. Linux 命令的执行

可以在 Linux 命令提示符下,直接输入 Linux 命令,然后按 Enter 键。如果命令不在默认路径,需要输入命令和完整的路径。注意以下两点。

(1) Linux 命令区分大小写字母。

(2) 默认路径:默认的查找执行文件的路径。每个用户登录时都有默认路径,若输入命令不指定路径,则在默认路径中的所有路径中按顺序检查与命令相关联的文件。可以用以下命令查找默认路径:

echo $ PATH

输出结果的格式:

/usr/local/bin:/bin:/usr/bin:/home/mj/bin:/usr/X11R6/bin

其中,冒号用来分隔不同目录。

2. 文件操作命令

文件操作命令主要包括以下几种。

(1) 查看文件命令(ls)。

(2) 显示文件内容命令(cat)。

(3) 文件复制命令(cp)。

(4) 文件改名命令(mv)。

(5) 删除文件命令(rm)。

(6) 设置文件访问权限(chmod)、改变文件拥有者(chown)及改变访问文件的群组(chgrp)。

3. 目录操作命令

目录操作命令主要包括以下几种。

(1) 改变当前目录命令(cd)。

(2) 显示当前目录命令(pwd)。

(3) 建立子目录命令(mkdir)。

4. 用户和系统管理操作命令

用户和系统管理操作命令主要包括以下几种。

(1) 登录和注销命令(login 和 logout)。

(2) 添加和更改用户账户命令及修改用户账户密码(useradd 和 usermod 及 passwd)。

(3) 更改用户命令(su)。

(4) 关机命令(shutdown)。

5. 其他操作命令

其他操作命令主要包括以下几种。

(1) 链接命令(ln)。

(2) 查看用户命令(who)、清屏命令(clear)。

(3) 显示日期、时间和月历命令(date)。

(4) 查看命令帮助信息命令(man)等。

Linux 的命令很多,用法也很灵活,熟练掌握这些命令不可能通过一两个实验就能完成,需要大量反复的练习。

10.3.3　实验内容和步骤

1. 登录系统

以适当的用户名在装有 Linux 系统的计算机中登录 Linux 系统。

2. 文件操作命令

(1) 查看文件与目录。用以下命令查看文件与目录。

```
- ls　(按字母顺序列出当前目录中的所有非隐藏文件)
- ls　- a(按字母顺序列出当前目录中的所有文件,包括隐藏文件)
- ls　- r(按字母逆序列出当前目录中的所有非隐藏文件)
- ls　- F(按类型列出所有文件)
- ls　- i(列出 inode)
- ls　- t(按文件最后修改时间列出文件)
- ls　- u(按文件最后访问时间列出文件)
- ls　- s(按文件大小列出文件)
- ls　- l(以长列表格式列出当前目录中的所有文件)
```

例如：

```
[root@biti root]# ls - l
total 56
d r w x r - x r - x    2 root    root     4096   Oct 25 19:14 2009011745
- r w - r - - r - -    1 root    root     1588   Oct 15 2007   anaconda - ks.cfg
- r w - r - - r - -    1 root    root        0   Oct 25 19:25 file1
- r w - r - - r - -    1 root    root    23140   Oct 15 2007   install.log
- r w - r - - r - -    1 root    root     3923   Oct 15 2007   install.log.syslog
- r w - r - - r - -    1 root    root    15755   Oct 25 18:36 Screenshot - Gnome - termina
1.png
d r w x r - x r - x    8 root    root     4096   Oct 15 2007   vmware - tools - distrib
```

每一列显示的内容如下：

[权限]、[链接计数]、[拥有者]、[群组]、[文件大小]、[修改日期]、[文件名]

其中,[权限]drwxr-xr-x 第 1 位若为 d 表示目录；-表示普通文件；l 表示链接文件；b、c 表示块设备和字符设备。第 2～4 位是文件的主权限；第 5～7 位是同组用户的权限；第 8～10 位是其他用户的权限。r 表示可读；w 表示可写；x 表示可执行。权限位置与权限的关系如表 10-1 所示。例如,rwxr-xr-x 表示文件的主权限 rwx 是 7,可读,可写,可执行；同组用户和其他用户的权限 r-x 是 5,可读,不可写,可执行。

表 10-1　权限位置与权限的关系

权　　限	数　　字	基　　础
r	4	=r(4)
w	2	=w(2)
x	1	=x(1)
rx	5	=r(4)+x(1)
rw	6	=r(4)+w(2)
wx	3	=w(2)+x(1)
rwx	7	=r(4)+w(2)+x(1)

【链接计数】是链接到其他文件和目录的数目。Linux 中包含两种链接：硬链接和软链接。硬链接指向文件的索引节点，两个文件有硬链接，这两个文件共享一个索引节点；软链接也称符号链接，软链接指向的是路径，即这个文件包含了另一个文件的路径名。

Linux 用户分角色，用户的角色是通过 UID(用户标识符)来标识的。Linux 下的用户可以分为三类：超级用户，超级用户(root)的 UID 为 0；系统用户，系统用户的 UID 一般为 1～499；普通用户，普通用户的 UID 为 500～60000。

Linux 中有两个与用户有关的重要的配置文件：账户和密码。账户记录在/etc/passwd，/etc/passwd 文件各字段的含义如表 10-2 所示。密码记录在/etc/shadow(只有 root 才能够读取)，/etc/shadow 文件各字段的含义如表 10-3 所示。

表 10-2　/etc/passwd 文件各字段的含义

字　　段	含　　义
用户名	也称为登录名，在系统内用户名应该具有唯一性
口令	存放加密的口令，在本例中看到的是一个 x，其实口令已被映射到/etc/shadow 文件中了
用户标识号	在系统内用一个整数标识用户 ID 号，每个用户的 UID 都是唯一的
组群标识号	在系统内用一个整数标识用户所属的组群的 ID 号，每个组群的 GID 都是唯一的
用户名全称	用户名描述，可以不设置
主目录	用户登录系统后首先进入的目录
登录 Shell	用户使用的 Shell 类型，如 bash

表 10-3　/etc/shadow 文件各字段的含义

字　　段	含　　义
用户名	与/etc/passwd 中的用户名是相同的
加密口令	口令已经加密，如果有些用户在这里显示的是"!!"，则表示这个用户还没有设置口令，不能登录到系统
用户最后一次更改口令的日期	从 1970 年 1 月 1 日算起到最后一次修改口令的时间间隔(天数)
口令允许更换前的天数	如果设置为 0，则禁用此功能。该字段是指用户可以更改口令的天数
口令需要更换的天数	如果设置为 0，则禁用此功能。该字段是指用户必须更改口令的天数
口令更换前警告的天数	用户登录系统后，系统登录程序提醒用户口令将要过期
账户被取消激活前的天数	表示用户口令过期多少天后，系统会禁用此用户，也就是说系统会不让此用户登录，也不会提示用户过期，是完全禁用的
用户账户过期日期	指定用户账户禁用的天数(从 1970 年 1 月 1 日开始到账户被禁用的天数)，如果这个字段的值为空，账户永久可用
保留字段	目前为空，以备将来 Linux 系统发展时使用

(2) 显示文件内容命令(cat)。设当前目录下包括两个文件 text1、text2，用以下命令了解 cat 命令的使用。

```
cat    text1
cat    text1    text2 > text3
cat    text3│more
```

这里">"输出重定向，"1"管道，详细介绍见 10.6 节。

（3）文件复制命令（cp）。了解 cp 命令的功能和使用技巧，并注意它们的区别。

```
cp  /root/ *  /temp
cp  readme  text4
cp  - r  /root/ *  /temp        (带目录复制)
cp  /root/.[a-z] *  /temp       (复制所有小写字母开头的隐藏文件)
```

（4）文件改名命令（mv）。了解 mv 命令的功能和使用方法，并注意各命令的区别。

```
mv  text4  newtext
mv  newtext  /home
```

（5）删除文件或目录命令（rm）。

```
rm - f file1              (删除 file1,不提示确认)
rm - r /home/wang         (递归删除目录/home/wang 及其下级的所有子目录)
rm - i file1              (提示用户确认后,删除文件 file1)
```

（6）设置文件访问权限（chmod）、改变文件拥有者（chown）及改变访问文件的群组（chgrp）。

```
chmod  764  file1   (文件 file1 的访问权限被设置为-rwxrw-r-,及主文件可读可写可执行,同组用
                     户可读可写,其他用户可读)
chmod  + x  file1  (文件 file1 的访问权限被设置为所有用户可执行)
chown wang file1   (使用户 wang 成为文件 file1 的拥有者,root 用户才有该权限,用户名必须在
                     /etc/passwd 文件内存在)
chgrp users install.log(文件 install.log 的组为 users,改变的组名必须在/etc/group 文件内存在)
```

3. 目录操作命令的使用

（1）改变当前目录命令（cd）和显示当前目录命令（pwd）。掌握 cd 命令的功能和使用，并了解以下各命令的区别。

```
cd  /root
cd  ..               (返回上一级目录)
cd                   (返回到用户目录内)
pwd                  (显示当前目录在文件系统层次中的位置)
```

（2）建立子目录命令（mkdir）。在用户目录下创建目录结构。

4. 用户管理命令的使用

（1）登录命令（login）和注销命令（logout）。

登录或重新登录系统命令：

```
login
```

退出或注销用户的命令：

```
logout
exit
```

提示：可以直接用 Ctrl＋D 组合键退出或注销用户。

（2）添加用户命令。系统刚完成安装时，只有 root 用户。由于 root 用户拥有系统的所有权限，容易因操作失误而引起系统损坏。因此，要为每一个用户创建一个账号，用户应以自己的账号登录。以 root 用户登录后，可用 adduser 命令为新用户创建账号。

操作方法为：在 root 账号提示符下输入命令 adduser，按系统提示依次输入新账号的名称、用户全称、用户的身份信息和电话、主目录及口令等信息，即可创建一个新账号。

命令行添加用户 useradd。

命令格式：

useradd ［选项］<用户名>

该命令的［选项］说明如下。

-c：用户全名或描述。

-d：指定用户主目录。

-e：禁用账号的日期。

-f：口令过期后，账号禁用前的天数。

-g：用户所属群组的组名或 GID。

-m：若主目录不存在，则创建它。

-p：加密的口令。

-s：指定用户登录 shell。

-u uid：指定用户的 UID。

例如：建立一个新用户账户，并设置 ID 为 544。

useradd −u 544 user2

新建立的用户账户还不能使用，需要为用户设置密码，设置及修改密码的命令为 passwd。

命令格式：

passwd <用户名>

输入 passwd 命令后，系统提示用户输入旧口令，检验通过后提示输入新口令。

例如：建立一个新用户账户 user1，其工作组为 root。

useradd − g root user1
passwd user1   //设置口令

建立用户账户后还可以对用户的属性信息进行修改，修改用户账户信息的命令为 usermod。

格式命令：

usermod ［选项］<用户名>

该命令的［选项］说明如下。

-c<备注>：修改用户账号的备注文字。

-d<登录目录>：修改用户登录时的目录。

-e<有效期限>：修改账号的有效期限。

-f<缓冲天数>：修改在密码过期后多少天即关闭该账号。

-g<群组>：修改用户所属的群组。

-l<账号名称>：修改用户名(对应的是/etc/passwd 的第一栏)。

-L：暂将用户的密码冻结，禁止其登录。

-U：暂将用户的密码解冻。

-p：更改用户密码。

例 1：修改用户名，把用户名"user1"改名为"u1"。

```
# usermod  - l  u1  user1
```

例 2：锁定"u1"用户，使其不能登录。

```
# usermod - L  u1
```

例 3：解锁"u1"用户账号，使其可以登录。

```
# usermod - U u1
```

（3）更改用户命令。一般情况下，登录其他账号之前必须退出当前的用户账号。在 Linux 中，可以在不退出当前账号的情况下登录另一个用户，并可用 su 命令在用户间进行转换。

su 命令的格式：

```
su [ - ] [用户名]
```

执行 su 命令时，系统提示用户输入口令。若输入的口令不正确，程序将给出错误信息后退出。若 su 命令后面不跟用户名，系统则默认为转换到超级用户（root 用户）。执行 su 命令后，当前的所有环境变量都会被传送到新用户状态下。su 命令就可以在不退出当前用户的情况下，转换到超级用户中执行一些普通用户无法执行的命令，命令执行完成后可将命令执行结果带回当前用户。

（4）关机命令（shutdown，终止或重启系统的命令）。

命令格式：

```
shutdown  [ - r] [ - h] [ - c] [ - k]  [[ + ]时间]
```

含义如下：

-r：表示系统关闭后将重新启动。

-h：表示系统关闭后将终止而不重新启动。

-c：取消最近一次运行的 shutdown 命令。

-k：只发出警告信息而不真正关闭系统。

[＋]时间："＋时间"表示过指定时间后关闭系统，而"时间"表示在指定时间关闭系统，时间可以是 13：00 或 now 等。例如：

```
shutdown -r now    //马上关闭并重新启动
shutdown -h + 10   //10min 后关闭并终止
```

在 Linux 中，绝对不要直接关机或直接按 Reset 按钮重新启动计算机。一般应先用 shutdown 命令关闭系统，然后再关机或重新启动计算机。可以用 Ctrl＋Alt＋Del 组合键重新启动计算机。

5．其他操作命令的使用

（1）链接命令（ln）：链接命令有两种使用方式，一种是链接，另一种是符号链接。

① 链接是指将一个文件同时归属于多个不同目录的操作，用 ln 命令可以将一个现存

的文件链接到另一个目录,格式如下:

```
ln  /root/text1  /home/X/b1
```

那么 ls /root 和 ls /home/X/b1 都能列出同一个文件 text1。

使用 rm 删除文件后,观察它在另一个目录的存在情况:

```
rm  /home/X/b1/text1
ls /root/
```

由此可见,rm 起到删除链接的作用。注意,ln 命令与 cp 命令的区别。

② 符号链接是指在一个目录下建立一个新文件,该文件中存储另一个目录下文件的路径。用以下命令在/usr 目录下创建一个/root 目录下 text1 文件的符号链接。

```
ln  -s  /root/text1  /usr/abc
```

在/usr 目录下输入 abc 命令,观察执行情况。

(2) 查看用户命令(who)、清屏命令(clear)。

① who 命令:查看当前正在登录的其他用户的命令。

② whoami 命令:查看当前正在使用(登录)的用户名。

③ clear 命令:清屏命令。

(3) 显示日期、时间和月历命令。

① date 命令:查看系统时间。

② cal:查看系统日历。

(4) 查看命令帮助信息命令(man)。man 命令用于查询命令和程序的使用方法和参数。例如:

```
man ls    //将显示 ls 命令的基本格式和使用方法
```

10.6　vi 的使用

10.6.1　实验目的

学习使用 vi 编辑器建立、编辑、显示文本文件。

10.6.2　实验准备知识

vi 是 UNIX 和 Linux 操作系统使用的全屏幕文本编辑器,任何一台安装了 UNIX 或 Linux 的计算机都会提供这套软件,它是系统管理员手中的得力工具。在使用 vi 时,用户往往需要建立自己的文件,如一般的文本文件、数据文件、数据库文件、程序源文件等。建立和编辑文本文件要利用编辑器。

1. vi 编辑器的工作模式

vi 编辑器有 3 种工作模式:命令模式(command mode)、插入模式(input mode)、末行模式(last line mode)。

(1) 命令模式。当在系统提示符下输入 vi 命令后,即进入 vi 全屏幕编辑界面,此时 vi 编辑器工作在命令方式。另外,在命令方式下输入的字符(即命令)并不在屏幕上显示出来。

（2）插入模式。通过输入 vi 的插入命令（i）、附加命令（a）、打开命令（o）、替换命令（s）、修改命令（c）或取代命令（r）便可以由命令方式进入插入模式。由插入模式回到命令模式的办法是按 Esc 键（通常在键盘的左上角）。如果已在命令方式下，那么按 Esc 键会发出"嘟嘟"声，不会切换到插入模式。

（3）末行模式。在命令模式下输入某些特殊字符，如"/""? ""："，可进入末行命令模式。在该模式下可存储文件或离开编辑器，也可设置编辑环境，如寻找字符串、列出行号等。

vi 的 3 种工作模式如图 10-14 所示。

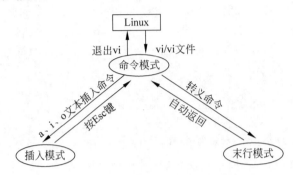

图 10-14　vi 编辑器的 3 种工作模式

2. vi 的启动与退出

（1）vi 的启动。在系统提示符下输入 vi 命令后，便进入全屏幕编辑环境，此时的状态为命令模式。

（2）退出 vi。建议在退出 vi 前，先按 Esc 键，以确保当前 vi 的状态为命令方式，然后再输入"："（冒号），输入下列命令，退出 vi。

:w——存盘但并不退出。

:q——退出 vi，若文件被修改过，则会被要求确认是否放弃修改过的内容。此指令可与 w 配合使用。

:wq——存盘并退出。

:x 和 zz——存盘并退出（注意，zz 前面没有"："）。

:q!（或 quit）——离开 vi 并放弃刚才编辑的内容。

3. 基本 vi 命令

（1）命令模式的常用命令如表 10-4～表 10-6 所示。

表 10-4　移动光标命令

命　　令	说　　明	功　能　键
h	向左移一个字符	←
l	向右移一个字符	→
k	向上移一个字符	↑
j	向下移一个字符	↓
0	移至该行之首	Home
$	移至该行之末	End

命 令	说 明	功 能 键
H	移至窗口的第一行	
M	移至窗口的中间那行	
L	移至窗口的最后一行	
G	移至该文件的最后一行	
nG	移至该文件的第 n 行	
Ctrl＋f	向后翻一页	PageDown
Ctrl＋b	向前翻一页	PageUp

表 10-5　删除与修改命令

命 令	说 明	功 能 键
x	删除光标后的字符	Delete
X	删除光标前的字符	
dd	删除光标所在的行	
ndd	删除包括光标所在行的 n 行文本	
r	修改光标所在字符	
R	进入替换状态,直到按 Esc 键回到命令模式为止	Insert
s	删除光标所在字符,并进入输入模式	
S	删除光标所在的行,并进入输入模式	
u	恢复刚才被修改的文本	
U	恢复光标所在行的所有修改	

表 10-6　复制命令

命 令	说 明
Y	复制当前行至编辑缓冲区
nY	复制当前行开始的 n 行至编辑缓冲区
p	将编辑缓冲区的内容粘贴到光标后的一行
P	将编辑缓冲区的内容粘贴到光标前的一行

（2）插入模式的常用命令如表 10-7 所示。

表 10-7　插入模式的常用命令

命 令	说 明
a	从光标所在位置后面开始新增文本
A	从光标所在行最后面开始新增文本
i	从光标所在位置前面开始插入文本
I	从光标所在列的第一个非空白字符前面开始插入文本
o	在光标所在列下方新增一行并进入输入模式
O	在光标所在列上方新增一行并进入输入模式

173

第三篇

（3）末行模式的常用命令如表 10-8 所示。

表 10-8　末行模式的常用命令

命　　令	说　　明
:q	结束编辑
:q!	强制离开 vi,放弃存盘
:w	存盘
:w filename	将编辑内容保存为名为 filename 的文件
:wq	存盘并退出
ZZ	存盘并退出(这属于命令模式)
:x	若有修改则存盘并退出程序
:e filename	编辑名为 filename 的文件
:set nu	显示行号
:set nonu	不显示行号
/exp	往前查找字符串 exp
? exp	往后查找字符串 exp

4. 使用 vi 替换

vi 提供了几种定位查找一个指定的字符串在文件中位置的方法。同时还提供一种功能强大的全局替换功能。

（1）查找一个字符串。一个字符串是一行上的一个或几个字符,它可能包括字母、数字、标点符号、特殊字符、空格或 Enter。为查找一个字符串,在 vi 命令模式下输入"/",后面跟要查找的字符串,再按 Enter 键。vi 将光标定位在该串下一次出现的地方。输入 n 跳到该串的下一个出现处,输入 N 跳到该串的上一个出现处。查找通常是区分大小写的。有些特殊字符(/、&、*、$、\、?)对查找过程有特殊意义,如果这些字符出现在查找字符串中必须进行转义。为转义一个特殊字符,需要在该字符前面加一个反斜杠(\)。

（2）精确查找字符串。在 vi 中可以通过在字符串中加入如下特殊字符,使得查找更加准确。

① 匹配行首,字符串要以^开头。

② 匹配行尾,字符串要以 $ 结束。

③ 匹配词首,字符串的串首输入\<。

④ 匹配词尾,字符串的串尾输入\>。

⑤ 匹配任意字符,字符串在要匹配的位置输入一个点(.)。

（3）替换一个字符串。替换字符串以查找为基础,所有用于查找的特殊匹配字符都可以用于查找和替换。替换时要指定替换的范围(l,n),l 和 n 指行号,n 为 $ 时指最后一行。s 是替换命令,g 代表全程替换。例如,":,$s/pattern1/pattern2/g"将行 l 至结尾的文字,pattern1 的字符串改为 pattern2 的字符串,如无 g,则仅更换每一行所匹配的第一个字符串,如有 g,则将每一个字符串均做更换。

5. 编辑多个文件

（1）将一个文件插入另一个文件中。将另一个文件 filename 插入当前文件的 line♯ 行位置,命令格式为:line♯ r filename。例如,将文件 file1 插入当前文件的当前光标位置,输入":r file1"。

(2) 编辑一系列文件。要想编辑多个文件,需要在 vi 命令之后列出多个文件名,中间用空格分开,如":vi file1 file2 file3"。输入":n"进入下一文件。要想跳转到下一个文件,而不保存对当前文件所做的修改,则输入":n!"来代替":n"。

(3) 文件之间复制行。为将行从一个文件 file1 复制到另一文件 file2,先编辑第一个文件 file1,用"♯yy"(♯代表数字)把要复制的内容复制到缓冲区,不退出 vi,编辑另一个文件,输入":n file2"再按 P 键,把缓冲区中的内容粘贴在当前光标位置。

10.6.3　实验内容和步骤

(1) 进入和退出 vi。
(2) 利用文本插入方式建立一个文件。
(3) 在新建的文本文件上移动指针。
(4) 在文本文件执行删除、复原、修改、替换操作。

10.7　Linux 的编译器 GCC

10.7.1　实验目的

(1) 了解 Linux 的编译器的特点。
(2) 熟悉 Linux 的开发环境。
(3) 学习用 gcc 编写 C 控制台程序。

10.7.2　实验准备知识

gcc 是 Linux 和 UNIX 平台下的 C/C++编译工具。在 Linux 下开发 C/C++语言,这是必须要会使用的工具,工具使用如下。

1. 命令格式

gcc [选项] 源文件　[目标文件]

2. 选项含义

-ansi:只支持 ANSI 标准的 C 语法。这一选项将禁止 GNU C 的某些特色,如 asm 或 typeof 关键词。

-c:只编译并生成目标文件。

-DMACRO:以字符串"1"定义 MACRO 宏。

-DMACRO=DEFN:以字符串"DEFN"定义 MACRO 宏。

-E:只运行 C 预编译器。

-g:生成调试信息。GNU 调试器可利用该信息。

-IDIRECTORY:指定额外的头文件搜索路径 DIRECTORY。

-LDIRECTORY:指定额外的函数库搜索路径 DIRECTORY。

-lLIBRARY:连接时搜索指定的函数库 LIBRARY。

-m486:针对 486 进行代码优化。

-o FILE：生成指定的输出文件。用在生成可执行文件时。

-O0：不进行优化处理。

-O 或-O1：优化生成代码。

-O2：进一步优化。

-O3：比-O2 更进一步优化，包括 inline 函数。

-shared：生成共享目标文件。通常用在建立共享库时。

-static：禁止使用共享连接。

-UMACRO：取消对 MACRO 宏的定义。

-w：不生成任何警告信息。

-Wall：生成所有警告信息。

10.7.3 实验内容和步骤

1. 用 gcc 编译单个源文件

例如，编写了一个 main.c 文件。代码如下：

```
/ *******************************************************************
   main.c file
   ******************************************************************* /
# include < stdio.h >
int main( int argc, char * argv[ ])
{
printf("Hello World!");
return 0;
}
```

要编译这段程序，可以：

```
gcc main.c - o hello.exe
```

第一个参数告诉 gcc 编译并连接 main.c 文件，第二个参数-o 指定生成的可执行文件的文件名，这里是 hello.exe。在当前目录下输入命令 hello，屏幕就会输出 Hello World!

这是 gcc 最简单的一个使用方法。

2. 用 gcc 编译多个源文件

如果有两个或少数几个 C 源文件，也可以方便地利用 gcc 编译、连接并生成可执行文件。例如，假设有两个源文件 main.c 和 factorial.c，现在要编译生成一个计算阶乘的程序。代码如下：

```
/ ***************************************************************
factorial.c file
 *************************************************************** /
int factorial ( int n)
{
    if ( n < = 1)
        return 1;
    else return factorial ( n - 1) * n;
}
```

```
/ ******************************************************************
main.c file
****************************************************************** /
# include < stdio.h >
# include < unistd.h >
int factorial (int n);
int main ()
{
        int n;
        float y;
        //printf("input a integer number: ");
        scanf(" % d",&n);
        y = factorial(n);
        printf ("Factorial of % d is % 15.0f.\n", n, y);
            }
        return 0;
}
```

利用如下命令可编译生成可执行文件,并执行程序:

```
$ gcc – o factorial main.c factorial.c
$ ./factorial 5
Factorial of 5 is 120
```

注意:gcc 可同时用来编译 C 程序和 C++程序。一般来说,C 编译器通过源文件的后缀名来判断是 C 程序还是 C++程序。在 Linux 中,C 源文件的后缀名为.c,而 C++源文件的后缀名为.C 或.cpp。但是,gcc 命令只能编译 C++源文件,而不能自动和 C++程序使用的库连接。因此,通常使用 g++命令来完成 C++程序的编译和连接,该程序会自动调用 gcc 实现编译。

假设有一个如下 C++源文件(hello.C):

```
# include < iostream.h >
void main ()
{
  cout << "Hello, world!"<< endl;
}
```

可以如下调用 g++命令编译、连接并生成可执行文件:

```
$ g++ – o hello hello.C
$ ./hello
Hello, world!
```

当有两个或两个以上源文件需要编译时建议使用 make 程序和 makefile 来维护而实现自动编译。Linux 系统的许多软件都是使用 make 程序和 makefile 来维护而实现自动编译的,make 程序自动确定需要重新编译的文件,只对它们进行重新编译,然后连接生成可执行文件。

make 程序是在程序调试、改进过程中必不可少的工具。make 程序可以自动对已修改的源程序进行编译,而对未改变的部分跳过编译步骤,从而大大提高效率,使源程序的编译、连接、管理更加规范和有条理。

make 程序需要两方面的信息：一是可执行文件和各个程序模块之间的关系；二是文件的修改日期。可执行文件和各个程序模块之间的关系通常记录在 makefile 或 Makefile 中。

Makefile 语法：

```
target(目标名): dependency(依赖模块)
command(命令行)
```

- 依赖关系一行放不下时,续行用"\"标记。
- 命令行(command)之前不可有空格,只是加制表符 Tab。
- 命令行(command)中的命令若不想显示在屏幕上则在其前加@。

例如,makefile 文件为：

```
test  : testmain.o  testfun.o
    gcc  -o test  testmain.o  testfun.o
testmain.o :  testmain.c
    gcc  -c  testmain.c
testfun.o:  testfun.c
    gcc  -c testfun.c
clean:
    @rm -f  test*.o
```

特别需要注意的是命令前用 Tab 键。

10.8 Shell 程序设计

10.8.1 实验目的

(1) 了解 Shell 的含义和种类。
(2) 了解 Shell 的一般语法规则。
(3) 能编写简单的 Shell 程序。

10.8.2 实验准备知识

1. Shell 的含义和种类

Shell 是一个命令行解释器,它为用户提供了一个向 Linux 内核发送请求以便运行程序的界面系统级程序,用户可以用 Shell 来启动、挂起、停止甚至是编写一些程序。

当用户使用 Linux 时是通过命令来完成所需工作的。一个命令就是用户和 Shell 之间对话的一个基本单位,它是由多个字符组成并以换行结束的字符串。Shell 解释用户输入的命令,就像 DOS 里的 command.com 所做的一样,所不同的是,在 DOS 中,command.com 只有一个,而在 Linux 下比较流行的 Shell 有好几个,每个 Shell 都各有千秋。一般的 Linux 系统都将 bash 作为默认的 Shell。

Shell 本身是一个用 C 语言编写的程序,它是用户使用 Linux 的桥梁。Shell 既是一种命令语言,又是一种程序设计语言。作为命令语言,它交互式地解释和执行用户输入的命令；作为程序设计语言,它定义了各种变量和参数,并提供了许多在高级语言中才具有的控制结构,包括循环和分支。

Shell 虽然不是 Linux 系统核心的一部分,但它调用了系统核心的大部分功能来执行程序、建立文件并以并行的方式协调各个程序的运行。因此,对于用户来说,Shell 是最重要的实用程序,深入了解和熟练掌握 Shell 的特性及其使用方法,是用好 Linux 系统的关键。可以说,对 Shell 使用的熟练程度反映了用户对 Linux 使用的熟练程度。

目前流行的 Shell 有 ash、bash、ksh、csh、zsh 等,使用不同的 Shell 的原因在于它们各自都有自己的特点,下面进行简单的介绍。

(1) ash。ash Shell 是由 Kenneth Almquist 编写完成的,Linux 中占用系统资源最少的一个小 Shell,它只包含 24 个内部命令,因而使用起来很不方便。

(2) bash。bash 是 Linux 系统默认使用的 Shell,它由 Brian Fox 和 Chet Ramey,共同编写完成,是 Bourne Again Shell 的缩写,内部命令一共有 40 个(可使用 help 命令查看)。Linux 使用它作为默认的 Shell 是因为它有以下特色。

① 可以使用类似 DOS 下面的 doskey 的功能,用方向键查阅和快速输入并修改命令。

② 自动通过查找匹配的方式给出以某字符串开头的命令。

③ 包含了自身的帮助功能,只要在提示符下面输入 help 就可以得到相关的帮助。

(3) ksh。ksh 是 Korn Shell 的缩写,由 Eric Gisin 编写完成的,共有 42 条内部命令。该 Shell 最大的优点是几乎和商业发行版的 ksh 完全兼容,这样就可以在不用花钱购买商业版本的情况下尝试商业版本的性能。

(4) csh。csh 是 Linux 比较大的内核,它由以 William Joy 为代表的共计 47 位作者编成完成的,共有 52 个内部命令。该 Shell 其实是指向/bin/tcsh 这样的一个 Shell,也就是说,csh 其实就是 tcsh。

(5) zsh。zsh 是 Linux 最大的 Shell 之一,由 Paul Falstad 编写完成的,共有 84 个内部命令。如果只是一般的用途,是没有必要安装这样的 Shell 的。

2. Shell 程序设计基础

(1) Shell 的基本语法。

Shell 的基本语法主要就是如何输入命令运行程序,以及如何在程序之间通过 Shell 的一些参数提供便利手段来进行通信。

① 输入输出重定向。在 Linux 中,每一个进程都有 3 个特殊的文件描述指针:标准输入(Standard Input,文件描述指针为 0)、标准输出(Standard Output,文件描述指针为 1)、标准错误输出(Standard Error,文件描述指针为 2)。这 3 个特殊的文件描述指针使进程在一般情况下接收标准输入终端的输入,同时由标准输出终端来显示输出,Linux 同时也向使用者提供可以使用普通的文件或管道来取代这些标准输入输出设备。

在 Shell 中,使用者可以利用"<"和">"来进行输入输出重定向。

command>file:将命令的输出结果重定向到一个文件。

command>&file:将命令的标准输出和标准错误输出一起重定向到一个文件。

command>>file:将标准输出的结果追加到文件中。

command>>&file:将标准输出和标准错误输出的结果都追加到文件中。

② 管道(pipe)。pipe 同样可以在标准输入输出和标准错误输出间做代替工作,这样可以将某一个程序的输出送到另一个程序的输入,其语法如下:

command1|command2[|command3 …]

也可以连同标准错误输出一起送入管道：

command1| &command2[| &command3 …]

例如：查看系统中是否已安装 kde 软件包。

♯ rpm - qa | grep - i kde

③ 前台和后台。在 Shell 下面，一个新产生的进程可以通过用命令后面的符号";"和
"&"来分别以前台和后台的方式来执行，语法如下：

command

产生一个前台的进程，下一个命令需等该命令运行结束后才能输入。

command &

产生一个后台的进程，此进程在后台运行的同时，可以输入其他的命令。

（2）Shell 程序的变量和参数。

像高级程序设计语言一样，Shell 也提供说明和使用变量的功能。对 Shell 来讲，所有变
量的取值都是一个字符串，Shell 程序采用 $var 的形式来引用名为 var 的变量值。

Shell 有以下几种基本类型的变量。

① Shell 定义的环境变量。Shell 在开始执行时就已经定义了一些和系统的工作环境
有关的变量，这些变量用户还可以重新定义，常用的 Shell 环境变量有以下几种。

- HOME：用于保存注册目录的完全路径名。
- PATH：用于保存用冒号分隔的目录路径名，Shell 将按 PATH 变量中给出的顺序
  搜索这些目录，找到的第一个与命令名称一致的可执行文件将被执行。
- TERM：终端的类型。
- UID：当前用户的标识符，取值是由数字构成的字符串。
- PWD：当前工作目录的绝对路径名，该变量的取值随 cd 命令的使用而变化。
- PS1：主提示符，在特权用户下，默认的主提示符是"♯"，在普通用户下，默认的主提
  示符是"$"。
- PS2：在 Shell 接收用户输入命令的过程中，如果用户在输入行的末尾输入"\"后按
  Enter 键，或者当用户按 Enter 键时 Shell 判断出用户输入的命令没有结束时，显示
  这个辅助提示符，提示用户继续输入命令的其余部分，默认的辅助提示符是">"。

② 用户定义的变量。用户可以按照下面的语法规则定义自己的变量：

变量名 = 变量值

注意：在定义变量时，变量名前不应加符号"$"，在引用变量的内容时，应在变量名前
加"$"；在给变量赋值时，等号两边一定不能留空格，若变量本身就包含了空格，则整个字
符串都要用双引号括起来。

在编写 Shell 程序时，为了使变量名和命令名相区别，建议所有的变量名都用大写字母
来表示。

有时想要在说明一个变量并对它设定为一个特定值后就不再改变它的值，可以用下面
的命令来保证一个变量的只读性。

```
readonly 变量名 = 变量值
```

在任何时候,建立的变量都只是当前 Shell 的局部变量,所以不能被 Shell 运行的其他命令或 Shell 程序所利用,export 命令可以将一局部变量提供给 Shell 运行的其他命令使用,其格式为:

```
export 变量名
```

也可以在给变量赋值的同时使用 export 命令。例如:

```
export 变量名 = 变量值
```

使用 export 说明的变量,在 Shell 以后运行的所有命令或程序中都可以访问到。

③ 位置参数。位置参数是一种在调用 Shell 程序的命令行中按照各自的位置决定的变量,是在程序名之后输入的参数。位置参数之间用空格分隔,Shell 取第一个位置参数替换程序文件中的 $1,第二个替换 $2,依次类推。$0 是一个特殊的变量,它的内容是当前 Shell 程序的文件名,所以,$0 不是一个位置参数,在显示当前所有的位置参数时是不包括 $0 的。

④ 预定义变量。预定义变量和环境变量相类似,也是在 Shell 一开始时就定义了的变量,所不同的是,用户只能根据 Shell 的定义来使用这些变量,而不能重定义它。所有预定义变量都是由 $ 和另一个符号组成的,常用的 Shell 预定义变量如下。

$♯:位置参数的数量。

$*:所有位置参数的内容。

$?:命令执行后返回的状态。

$$:当前进程的进程号。

$!:后台运行的最后一个进程号。

$0:当前执行的进程名。

其中,"$?"用于检查上一个命令执行是否正确(在 Linux 中,命令退出状态为 0 表示该命令正确执行,任何非 0 值表示命令出错);"$$"变量最常见的用途是用作临时文件的名称以保证临时文件不会重复。

⑤ 参数置换的变量。Shell 提供了参数置换能力以便用户可以根据不同的条件来给变量赋不同的值。参数置换的变量有 4 种,这些变量通常与某一个位置参数相联系,根据指定的位置参数是否已经设置类决定变量的取值,它们的语法和功能分别如下。

```
变量 = ${参数-word}
```

如果设置了参数,则用参数的值置换变量的值,否则用 word 置换。即这种变量的值等于某一个参数的值,如果该参数没有设置,则变量就等于 word 的值。

```
变量 = ${参数 = word}
```

如果设置了参数,则用参数的值置换变量的值,否则把变量设置成 word,然后再用 word 替换参数的值。注意,位置参数不能用于这种方式,因为在 Shell 程序中不能为位置参数赋值。

```
变量 = ${参数?word}
```

如果设置了参数,则用参数的值置换变量的值,否则就显示 word 并从 Shell 中退出,如果省略了 word,则显示标准信息。这种变量要求一定等于某一个参数的值,如果该参数没有设置,就显示一个信息,然后退出,因此这种方式常用于出错指示。

> 变量 = ＄{参数 + word}

如果设置了参数,则用 word 置换变量,否则不进行置换。

所以这 4 种形式中的"参数"既可以是位置参数,也可以是另一个变量,只是用位置参数的情况比较多。

3. Shell 程序设计流程控制

和其他高级程序设计语言一样,Shell 提供了用来控制程序执行流程的命令,包括条件分支和循环结构,用户可以用这些命令建立非常复杂的程序。

与传统的语言不同的是,Shell 用于指定条件值的不是布尔表达式而是命令和字符串。

(1) test 测试命令。

test 命令用于检查某个条件是否成立,它可以进行数值、字符串和文件三方面的测试。其测试符和相应的功能分别如下。

① 数值测试。

-eq:等于则为真。

-ne:不等于则为真。

-gt:大于则为真。

-ge:大于或等于则为真。

-lt:小于则为真。

-le:小于或等于则为真。

② 字符串测试。

＝:等于则为真。

!＝:不相等则为真。

字符串:字符串不为空则为真。

-n 字符串:字符串长度大于 0 则为真。

-z 字符串:字符串长度等于 0 则为真。

③ 文件测试。

-e 文件名:如果文件存在,则为真。

-f 文件名:如果文件存在且为普通文件,则为真。

-d 文件名:如果文件存在且为目录,则为真。

-p 文件名:如果文件存在且为命名管道,则为真。

-S 文件名:如果文件存在且为 socket,则为真。

-c 文件名:如果文件存在且为字符型特殊文件,则为真。

-b 文件名:如果文件存在且为块特殊文件,则为真。

-r 文件名:如果文件存在且对当前用户或进程可读,则为真。

-w 文件名:如果文件存在且对当前用户或进程可写,则为真。

-x 文件名:如果文件存在且对当前用户或进程可执行,则为真。

-s 文件名:如果文件存在且文件长度不为 0,则为真。

-u 文件名:如果文件存在且 SUID 位被设置,则为真。

-g 文件名:如果文件存在且 SGID 位被设置,则为真。

-k 文件名:如果文件存在且粘贴位被设置,则为真。

-L 文件名：如果文件存在且是一个符号链接，则为真。

-O 文件名：如果文件存在且为当前用户所有，则为真。

-G 文件名：如果文件存在且为当前组所有，则为真。

-N 文件名：如果文件存在且自上次访问后又被修改过，则为真。

file1 -nt file2：如果 file1 比 file2 新，则为真。

file1 -ot file2：如果 file1 比 file2 旧，则为真。

file1 -ef file2：如果 file1 是 file2 的硬链接，则为真。

说明：test 命令可以使用"[ ]"符号替代；可以使用逻辑操作符非（"!"）、与（"-a"）或（"-o"）将测试条件连接起来，构成复杂的复合条件。

同时，bash 也能完成简单的算术运算，格式如下：

```
$ [ expression ]
```

（2）分支控制语句。

① if 条件语句。Shell 程序中的条件分支是通过 if 条件语句来实现的，其一般格式为：

```
if    条件命令串 1
    then
        条件 1 为真时的命令串
    [elif 条件命令串 2
        then
            条件 2 为真时的命令串]
    else
        条件为假时的命令串
```

② ficase 条件选择。if 条件语句用于在两个选项中选定一项，而 case 条件选择为用户提供了根据字符串或变量的值从多个选项中选择一项的方法，其格式如下：

```
case string in
    exp - 1)
        若干命令行 1
        ;;
    exp - 2)
        若干命令行 2
        ;;
    …
    * )
        其他命令行
esac
```

Shell 通过计算字符串 string 的值，将其结果依次和表达式 exp-1、exp-2 等进行比较，直到找到一个匹配的表达式为止，如果找到了匹配项，则执行它下面的命令，直到遇到一对分号（;;）为止。

在 case 表达式中，也可以使用 Shell 的通配符（"＊""?""[ ]"）。通常用"＊"作为 case 命令的最后表达式以便使在前面找不到任何相应的匹配项时执行"其他命令行"的命令。

（3）函数定义。

在 Shell 中还可以定义函数。函数实际上也是由若干 Shell 命令组成的，因此它与 Shell 程序形式上是相似的，不同的是它不是一个单独的进程，而是 Shell 程序的一部分。

① 函数定义的基本格式为：

```
Functionname
{
    若干命令行
}
```

② 函数调用的格式为：

```
functionname param1 param2 …
```

Shell 函数可以完成某些例行的工作,而且还可以有自己的退出状态,因此函数也可以作为 if、while 等控制结构的条件。

在函数定义时不用带参数说明,但在调用函数时可以带参数,此时 Shell 将把这些参数分别赋予相应的位置参数 $1,$2,…,以及 $ * 。

(4) 命令分组。

在 Shell 中有两种命令分组的方法："()"和"{ }"。

① "()"。当 Shell 执行()中的命令时将再创建一个新的子进程,然后这个子进程去执行圆括号中的命令。当用户在执行某个命令时不想让命令运行时对状态集合(如位置参数、环境变量、当前工作目录等)的改变影响到下面语句的执行时,就应该把这些命令放在圆括号中,这样就能保证所有的改变只对子进程产生影响,而父进程不受任何干扰。

② "{ }"。用于将顺序执行的命令的输出结果用于另一个命令的输入(管道方式)。

当要真正使用圆括号和花括号时(如计算表达式的优先级),则需要在其前面加上转义符(\)以便让 Shell 知道它们不是用于命令执行的控制所用。

4. Shell 程序运行方法与调试

(1) Shell 程序运行方法。

Shell 程序是纯文本文件,可以用任何编辑程序来编写 Shell 程序。

因为 Shell 程序是解释执行的,所以不需要编译装配成目标程序。

按照 Shell 编程的惯例,以 bash 为例,程序的第一行一般为"♯! /bin/bash",其中♯表示该行是注释,叹号"!"告诉 Shell 运行叹号之后的命令并用文件的其余部分作为输入,也就是运行/bin/bash 并让/bin/bash 去执行 Shell 程序的内容。

常用的执行 Shell 程序的方法有以下两种。

① sh Shell 程序文件名。这种方法的命令格式为：

```
bash Shell 程序文件名
```

实际上是调用一个新的 bash 命令解释程序,而把 Shell 程序文件名作为参数传递给它。新启动的 Shell 将去读取指定的文件,执行文件中列出的命令,当所有的命令都执行完时结束。该方法的优点是可以利用 Shell 调试功能。

② 用 chmod 命令使 Shell 程序成为可执行。

一个文件能否运行取决于该文件的内容本身可执行且该文件具有执行权。

对于 Shell 程序,当用编辑器生成一个文件时,系统赋予的许可权限都是 644(rw-r-r--),因此,当用户需要运行这个文件时,需要添加执行权,然后直接输入文件名即可。

在运行 Shell 程序的方法中,最好按下面的方式选择：当刚建立一个 Shell 程序,对它的正确性还没有把握时,应当使用第 1 种方法进行调试；当一个 Shell 程序已经调试好时,应使用第 2 种方法把它固定下来,以后只要输入相应的文件名即可,并可被另一个程序所调用。

（2）Shell 程序的调试。

在编程过程中难免会出错,有时调试程序比编写程序花费的时间还要长,Shell 程序同样如此。

Shell 程序的调试主要是利用 bash 命令解释程序的选择项。调用 bash 的形式为：

bash -选择项 Shell 程序文件名

常用的选择项如下。

-e：如果一个命令失败,就立即退出。

-n：读入命令但是不执行它们。

-u：置换时把未设置的变量看作出错。

-v：当读入 Shell 输入行时把它们显示出来。

-x：执行命令时把命令和它们的参数显示出来。

上面的所有选项也可以在 Shell 程序内部用"set－选择项"的形式引用,而"set＋选择项"则将禁止该选择项起作用。如果只想对程序的某一部分使用某些选择项,则可以将该部分用上面两个语句包围起来。

① 未置变量退出。

未置变量退出特性允许用户对所有变量进行检查,如果引用了一个未赋值的变量,就终止 Shell 程序的执行。Shell 通常允许未置变量的使用,在这种情况下,变量的值为空。如果设置了未置变量退出选择项,则一旦使用了未置变量就显示错误信息,并终止程序的运行。未置变量退出选择项为"-u"。

② 立即退出。

当 Shell 运行时,若遇到不存在或不可执行的命令、重定向失败或命令非正常结束等情况时,如果未经重新定向,该出错信息会打印在终端屏幕上,而 Shell 程序仍将继续执行。要想在错误发生时迫使 Shell 程序立即结束,可以使用"-e"选项将 Shell 程序的执行立即终止。

③ Shell 程序的跟踪。

调试 Shell 程序的主要方法是利用 Shell 命令解释程序的"-v"或"-x"选择项来跟踪程序的执行。"-v"选择项使 Shell 在执行程序的过程中,把它读入的每一个命令行都显示出来,而"-x"选择项使 Shell 在执行程序的过程中把它执行的每一个命令在行首用一个"＋"加上命令名显示出来,并把每一个变量和该变量所取的值也显示出来。因此,它们的主要区别在于：在执行命令行之前无"-v",当打印出命令行的原始内容时有"-v",则打印出经过替换后的命令行的内容。

除了使用 Shell 的"-v"和"-x"选择项以外,还可以在 Shell 程序内部采取一些辅助调试的措施。例如,可以在 Shell 程序的一些关键地方使用 echo 命令把必要的信息显示出来,它的作用相当于 C 语言中的 printf 语句,这样就可以知道程序运行到什么地方及程序目前的状态。

5．Shell 常用的命令

bash 命令解释程序包含了一些内部命令。内部命令在目录列表时是看不见的,它们由 Shell 本身提供。常用的内部命令有 echo、eval、exec、export、readonly、read、shift、wait、exit 和点(.)。下面简单介绍其命令格式和功能。

（1）echo。

命令格式：

echo arg

功能：在屏幕上打印出由 arg 指定的字符串。

（2）eval。

命令格式：

eval args

功能：当 Shell 程序执行到 eval 语句时，Shell 读入参数 args，并将它们组合成一个新的命令，然后执行。

（3）exec。

命令格式：

exec 命令 命令参数

功能：当 Shell 执行到 exec 语句时，不会创建新的子进程，而是转去执行指定的命令，当指定的命令执行完时，该进程，也就是最初的 Shell 就终止了，所以 Shell 程序中 exec 后面的语句将不再被执行。

（4）export。

命令格式：

export 变量名

或

export 变量名 = 变量值

功能：Shell 可以用 export 把它的变量向下带入子 Shell，从而让子进程继承父进程中的环境变量。但子 Shell 不能用 export 把它的变量向上带入父 Shell。

注意：不带任何变量名的 export 语句将显示出当前所有的 export 变量。

（5）readonly。

命令格式：

readonly 变量名

功能：将一个用户定义的 Shell 变量标识为不可变的。不带任何参数的 readonly 命令将显示出所有只读的 Shell 变量。

（6）read。

命令格式：

read 变量名表

功能：从标准输入设备读入一行，分解成若干字，赋值给 Shell 程序内部定义的变量。

（7）shift。

功能：shift 语句按如下方式重新命名所有的位置参数变量，即 $2 成为 $1，$3 成为 $2……在程序中每使用一次 shift 语句，都使所有的位置参数依次向左移动一个位置，并使位置参数"$ #"减一，直到减为 0。

（8）wait。

功能：使 Shell 等待在后台启动的所有子进程结束。wait 的返回值总是真。

(9) exit。

功能：退出 Shell 程序。在 exit 之后可有选择地指定一个数字作为返回状态。

(10)"."（点）。

命令格式：

. shell 程序文件名

功能：使 Shell 读入指定的 Shell 程序文件并依次执行文件中的所有语句。

10.8.3　实验内容和步骤

1. 简单 Shell 程序的编写和执行

用户可以用任何编辑程序来编写 Shell 程序，因为 Shell 程序是解释执行的，所以无须编译装配成目标程序。在实验系统中，可使用 vi 来完成这项工作。例如，编写如下名为 first 的 Shell 程序。

```
$ vi first
#!/bin/bash
# My first Shell script
#
clear
echo "Hello,everybody!"
```

程序 first 的功能是清屏并显示字符串"Hello,everybody!"。程序的第一行一般为"#!/bin/bash"，由"#"开始的行为注释行，"!"告诉 Shell 运行叹号之后的命令并用文件的其余部分作为输入，也就是运行/bin/bash 并让/bin/bash 执行 Shell 程序的内容。

在使用 vi 编辑 Shell 程序时，保存修改的结果后，便可在末行命令方式下执行该程序，其命令如下：

:!文件名

2. Shell 程序详细跟踪

程序 rename. sh 源代码如下：

```
#!/bin/sh
echo "Old filename: "
read old
echo "New filename: "
read new
mv $old $new
echo "File $old is now called $new ."
date
```

使用 vi 进行输入如图 10-15 所示，并保存为 rename. sh 文件。

rename. sh 程序详细跟踪程序过程如下：

```
$ sh - v rename
echo "Old filename: "
Old filename:
read old
a.sh
```

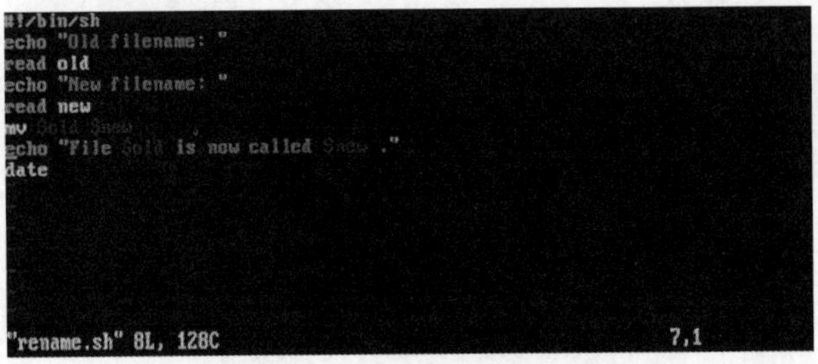

图 10-15　vi 编译器的对话框

```
echo "New filename: "
New filename:
Read new
c.sh
mv $ old $ new
echo "File $ old is now called $ new. "
File a.sh is now called c.sh
Date
Tue Aug 17 03: 13: 16 CST 2004
$
```

运行结果如图 10-16 所示。

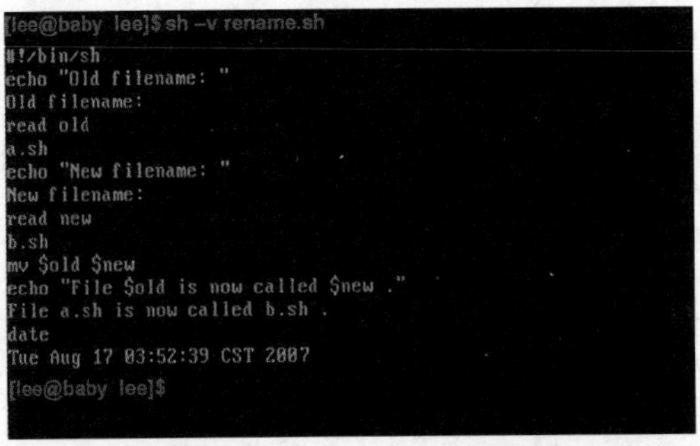

图 10-16　rename.sh 运行结果

第 11 章　Linux 的进程管理

11.1　实　验　目　的

(1) 加深对进程概念的理解,明确进程和程序的区别。

(2) 进一步认识并发执行的实质。

(3) 分析进程争用资源的现象,学习解决进程互斥的方法。

(4) 了解 Linux 系统中进程通信的基本原理。

(5) 掌握 Linux 系统软中断通信的实现方法。

(6) 学会使用 Linux 系统中关于进程通信的一些系统调用。

(7) 掌握管道通信的使用方法。

11.2　实验准备知识

系统调用是一种进入系统空间的办法。通常,在操作系统的核心都设置了一组用于实现各种系统功能的子程序,并将它们提供给程序员调用。程序员在需要操作系统提供某种服务时,便可以调用一条系统调用命令,去实现希望的功能,这就是系统调用。因此,系统调用就像一个黑箱子一样,对用户屏蔽了操作系统的具体动作而只是控制程序的执行速度等。各个不同的操作系统有各自的系统调用,如 Windows API 是 Windows 的系统调用,Linux 的系统调用与之不同的是,Linux 由于内核代码完全公开,因此可以细致地分析出其系统调用的机制。

Linux 的系统调用是通过中断机制实现的。中断这个概念涉及计算机系统结构方面的知识,显然它与微处理器等硬件有着密不可分的关系。

中断(interrupt)是指计算机在执行期间,系统内发生任何非寻常的或非预期的急需处理事件,使得 CPU 暂时中断当前正在执行的程序而转去执行相应的事件处理程序,待处理完毕后再返回原来被中断处继续执行的过程。其发生一般而言是“异步”的,换句话说就是在无法预测何种情况下发生的(如系统断电)。所以计算机的软硬件对于中断的相应反应完全是被动的。

软中断是对硬中断的一种模拟,发送软中断就是向接收进程的 proc 结构中的相应项发送一个特定意义的信号。软中断必须等到接收进程执行时才能生效。

陷阱(trap),由软件产生的中断,指处理机和内存内部产生的中断,它包括程序运算引起各种错误,如地址非法、校验错、页面失效等。它由专门的指令,如 x86 中的“INT n”,在程序中有意地产生,所以说陷阱是主动的、“同步”的。

异常(exception)一般也是异步的,多半是由于不小心而造成的,如在进行除法操作时除数为 0,就会产生一次异常。

下面分别介绍进程控制的 API 和进程之间通信的 API。

11.2.1 进程控制的 API

1. fork()函数

fork()函数创建一个新进程。

调用格式:

```
# include < sys/types. h >
# include < unistd. h >
int fork();
```

返回值:

正确返回时,等于 0 表示创建子进程,从子进程返回的 ID 值;大于 0 表示从父进程返回的子进程的进程 ID 值。

错误返回时,等于−1 表示创建失败。

用法举例:

```
# include < stdio. h >
# include < sys/types. h >
# include < unistd. h >
int main(int argc, char ** argv)
{
        if ((pid = fork())> 0)
        {
            printf("I am the parent process. \n");
            / * 父进程处理过程 * /
        }
        else if (pid == 0)
        {
            printf("I am the child process. \n");
            / * 子进程处理过程 * /
            exit(0);
        }
        else
        {
            printf("fork error\n");
            exit(0);
        }
}
```

在传统的 UNIX 环境下,有两个基本的操作用于创建和修改进程:函数 fork()用来创建一个新的进程,该进程几乎是当前进程的一个完全复制;函数 exec()用来启动另外的进程以取代当前运行的进程。Linux 的进程控制和传统的 UNIX 进程控制基本一致,只在一些细节的地方有些区别,如在 Linux 系统中调用 vfork 和 fork 完全相同,而在有些版本的 UNIX 系统中,vfork 调用有不同的功能。由于这些差别几乎不影响大多数的编程,在这里不予考虑。

2. exec()函数

exec()函数用来执行一个文件。

调用格式:

```
# include < unistd. h >
int execl(path, arg0, …, argn, (char * )0)
char * path, * arg0, …, * argn;
```

```
int execv(path,argv)
char * path, * argv[];
int execle(path,arg0,…,argn,(char * )0,envp)
char * path, * arg0,…, * argn, * envp[];
int execve(path,argv,envp)
char * path, * argv[], * envp[];
int execvp(file,argv)
char * file, * argv[];
```

说明：这是一组系统调用，用于将一个新的程序调入本进程所占的内存，并将其覆盖，产生新的内存进程映像。新的程序可以是可执行文件或 Shell 批命令。

用法举例：

```
/ * exec.c * /
# include < unistd.h >
int main(int argc, char * argv[])
{   char * envp[] = {"PATH = /tmp", "USER = lei", "STATUS = testing", NULL};
    char * argv_execv[] = {"echo", "excuted by execv", NULL};
    char * argv_execvp[] = {"echo", "executed by execvp", NULL};
    char * argv_execve[] = {"env", NULL};
    if(fork()== 0)
      {   if(execl("/bin/echo", "echo", "executed by execl", NULL)< 0)
              perror("Err on execl"); }
    if(fork()== 0)
      {   if(execlp("echo", "echo", "executed by execlp", NULL)< 0)
              perror("Err on execlp"); }
    if(fork()== 0)
      {   if(execle("/usr/bin/env", "env", NULL, envp)< 0)
              perror("Err on execle"); }
    if(fork()== 0)
      {   if(execv("/bin/echo", argv_execv)< 0)
              perror("Err on execv"); }
    if(fork()== 0)
      {   if(execvp("echo", argv_execvp)< 0)
              perror("Err on execvp"); }
    if(fork()== 0)
      {   if(execve("/usr/bin/env", argv_execve, envp)< 0)
              perror("Err on execve"); }
}
```

程序中调用了两个 Linux 常用的系统命令，即 echo 和 env。echo 会把后面的命令行参数原封不动地打印出来，env 用来列出所有环境变量。

由于各个子进程执行的顺序无法控制，因此有可能出现一个比较混乱的输出——各子进程打印的结果交杂在一起，而不是严格按照程序中列出的次序。

3. wait()函数

wait()函数常用来控制父进程与子进程的同步。在父进程中调用 wait()函数，则父进程被阻塞，进入等待队列，等待子进程结束。当子进程结束时，会产生一个终止状态字，系统会向父进程发出 SIGCHLD 信号。当接到信号后，父进程提取子进程的终止状态字，从 wait()函数返回继续执行原程序。

调用格式：

```
# include < sys/type.h >
```

```
# include < sys/wait.h >
(pid_t) wait(int * statloc);
```

返回值：

正确返回时,大于 0 表示子进程的进程 ID 值；等于 0 表示其他。

错误返回时,等于 -1 表示调用失败。

4. exit()函数

exit()函数是进程结束最常调用的函数,在 main()函数中调用 return,最终也是调用 exit()函数。这些都是进程的正常终止。在正常终止时,exit()函数返回进程结束状态。

调用格式：

```
# include < stdio.h >
void exit(int status);
```

其中,status 为进程结束状态。

5. kill()函数

kill()函数用于删除执行中的程序或者任务。

调用格式：

```
kill(int PID, int IID);
```

其中,PID 为要被 kill 的进程号,IID 为向将被 kill 的进程发送的中断号。

6. signal()函数

signal()函数是允许调用进程控制软中断信号的处理。

调用格式：

```
# include < signal.h >
int sig;
void ( * func)();
signal(sig, function);
```

(1) sig 的值是下列值之一。

SIGHUP	挂起	1
SIGINT	按 Delete 键或 Break 键	2
SIGQUIT	按 Ctrl+Q 组合键	3
SIGILL	非法指令	4
SIGTRAP	跟踪中断	5
SIGIOT	IOT 指令	6
SIGBUS	总线错	7
SIGFPE	浮点运算溢出	8
SIGKILL	要求终止进程	9
SIGUSR1	用户定义信号#1	10
SIGSEGV	段违法	11
SIGUSR2	用户定义信号#2	12
SIGPIPE	向无读者管道上写	13
SIGALRM	定时器告警,时间到	14

SIGTERM	kill 发出的软件结束信号	15
SIGCHLD	子进程被 kill	17
SIGPWR	电源故障	30

（2）function 的解释如下。

SIG_DFL：默认操作。对除 SIGPWR 和 SIGCHLD 外所有信号的默认操作是进程终结。对信号 SIGQUIT、SIGTRAP、SIGILL、SIGIOT、SIGTEMT、SIGFPE、SIGBUS、SIGSEGV 和 SIGSYS,它产生一内存映像文件。

SIG_IGN：忽视该信号的出现。

Function：在该进程中的一个函数地址,在核心返回用户态时,它以软件中断信号的序号作为参数调用该函数,对除了信号 SIGILL、SIGTRAP 和 SIGPWR 以外的信号,核心自动地重新设置软中断信号处理程序的值为 SIG_DFL,一个进程不能捕获 SIGKILL 信号。

11.2.2 进程之间通信的 API

pipe()函数

pipe()函数用于创建一个管道。

调用格式：

```
# include < unistd. h >
pipe(int fp[2]);
```

其中,fp[2]是供进程使用的文件描述符数组,fp[0]用于写,fp[1]用于读。

返回值：

正确返回时,0 表示调用成功。

错误返回时,−1 表示调用失败。

11.3 实 验 内 容

11.3.1 编制实现软中断通信的程序

使用系统调用 fork()函数创建两个子进程,再用系统调用 signal()函数让父进程捕捉键盘的中断信号(即按 Del 键),当父进程接收到这两个软中断的其中某一个后,父进程用系统调用 kill()函数向两个子进程分别发送整数值为 16 和 17 的软中断信号,子进程获得对应软中断信号后,分别输出下列信息后终止。

```
Child process 1 is killed by parent!!
Child process 2 is killed by parent!!
```

父进程调用 wait()函数等待两个子进程终止后,输出以下信息后终止。

```
Parent process is killed!!
```

多运行几次编写的程序,简略分析出现不同结果的原因。

11.3.2 编制实现管道通信的程序

使用系统调用 pipe()函数建立一条管道线,两个子进程分别向管道各写一句话。

Child process 1 is sending a message!
Child process 2 is sending a message!

而父进程则从管道中读出来自于两个子进程的信息，显示在屏幕上。

要求：父进程先接收子进程 P1 发来的消息，然后再接收子进程 P2 发来的消息。

11.4 实 验 指 导

11.4.1 软中断通信算法流程图

软中断通信算法流程图如图 11-1 所示。

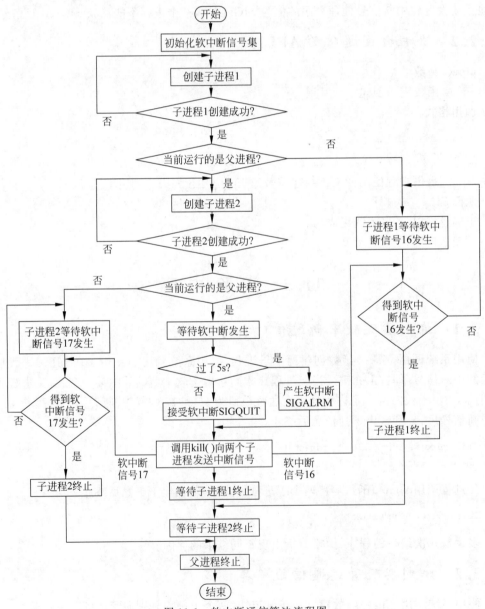

图 11-1 软中断通信算法流程图

11.4.2 管道通信算法流程图

管道通信算法流程图如图 11-2 所示。

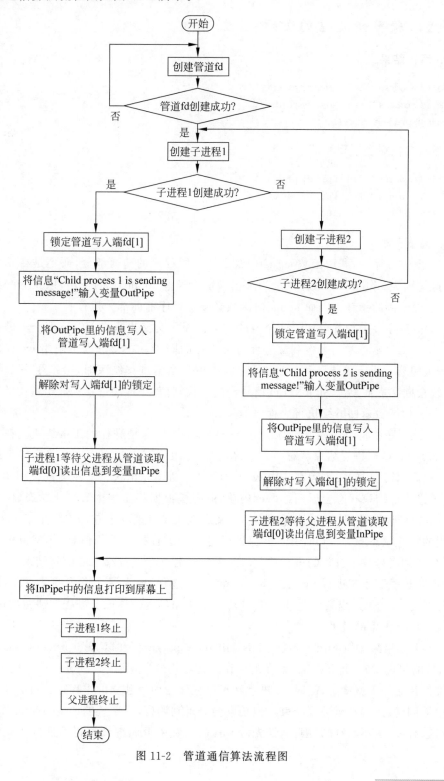

图 11-2　管道通信算法流程图

第三篇

Linux 系统实验指导

11.5 实 验 总 结

11.5.1 软中断通信的运行

1. 运行结果

Child process 1 is killed by parent!!
Child process 2 is killed by parent!!
Parent process is killed!!

或者（运行多次后会出现如下结果）

Child process 2 is killed by parent!!
Child process 1 is killed by parent!!
Parent process is killed!!

2. 简要分析

（1）上述程序中,调用函数 signal()都放在一段程序的前面部分,而不是在其他接收信号处,这是因为 signal()的执行只是为进程指定信号量 16 和 17 的作用,以及分配相应的与 stop()过程连接的指针。因而 signal()函数必须在程序前面部分执行。

（2）该程序段前面部分用了两个 wait(0),这是因为父进程必须等待两个子进程终止后才终止。wait()函数常用来控制父进程与子进程的同步。在父进程中调用 wait()函数,则父进程被阻塞。进入等待队列,等待子进程结束。当子进程结束时,会产生一个终止状态字,系统会向父进程发出 SIGCHLD 信号。当接收到信号后,父进程提取子进程的终止状态字,从 wait()函数返回继续执行原程序。

（3）该程序中每个进程退出时都用了语句 exit(0),这是进程的正常终止。在正常终止时,exit()函数返回进程结束状态。异常终止时,则由系统内核产生一个代表异常终止原因的终止状态,该进程的父进程都能用 wait()函数得到其终止状态。在子进程调用 exit()函数后,子进程的结束状态会返回给系统内核,由内核根据状态字生成终止状态,供父进程在 wait()函数中读取数据。若子进程结束后,父进程还没有读取子进程的终止状态,则系统将子进程的终止状态置为"ZOMBIE"并保留子进程的进程控制块等信息,等父进程读取信息后,系统才彻底释放子进程的进程控制块。若父进程在子进程结束之前就结束,则子进程变成了"孤儿进程",系统进程 init 会自动"收养"该子进程,成为该子进程的父进程,即父进程标识号变为 1,当子进程结束时,init 会自动调用 wait()函数读取子进程的遗留数据,从而避免系统中留下大量的垃圾。

（4）上述结果中"Child process 1 is killed by parent!"和"Child process 2 is killed by parent!"的出现,当运行几次后,谁在前谁在后是随机的,这是因为从进程调度的角度看,子进程被创建后处于就绪态,此时,父进程和子进程作为两个独立的进程,共享同一个代码段,分别参加调度、执行直至进程结束。但是谁会先得到调度,与系统的调度策略和系统当前的资源状态有关,是不确定的,因此,谁先从 fork()函数中返回继续执行后面的语句也是不确定的。

11.5.2 管道通信的运行

1. 运行结果

Child process 1 is sending message!
Child process 2 is sending message!

2. 简要分析
简要分析由实验者自己完成。

11.6 源 程 序

11.6.1 软中断通信的源程序

```c
# include < stdio. h>
# include < signal >
# include < unistd. h>
# include < sys/types. h>
int wait_flag;
void stop());
main() {
        int pid1, pid2;
        signal(3,stop);        //或者 signal(14,stop);
        while((pid1 = fork())==−1);
        if(pid1 > 0) {
            while((pid2 = fork())==−1);
            if(pid2 > 0) {
                wait_flag = 1;
                sleep(5);
                kill(pid1,16);
                kill(pid2,17);
                wait(0);
                wait(0);
                printf("\n Parent process is killed!!\n");
                exit(0);
            }
            else {
                wait_flag = 1;
                signal(17,stop);
                printf("\n Child process 2 is killed by parent!!\n");
                exit(0);
            }
        }
        else {
            wait_flag = 1;
            signal(16,stop);
            printf("\n Child process 1 is killed by parent!!\n");
            exit(0);
        }
```

```
    }
    void stop() {
    wait_flag = 0;
        }
```

11.6.2 管道通信的源程序

```
# include < unistd. h >
# include < signal. h >
# include < stdio. h >
int pid1,pid2;
main() {
        int fd[2];
        char OutPipe[100],InPipe[100];
        pipe(fd);
        while((pid1 = fork()) == -1);
        if(pid1== 0) {
            lockf(fd[1],1,0);
            sprintf(OutPipe,"\n Child process 1 is sending message!\n");
            write(fd[1],OutPipe,50);
            sleep(5);
            lockf(fd[1],0,0);
            exit(0);
        }
        else {
            while((pid2 = fork()) == -1);
            if(pid2== 0) {
                lockf(fd[1],1,0);
                sprintf(OutPipe,"\n Child process 2 is sending message!\n");
                write(fd[1],OutPipe,50);
                sleep(5);
                lockf(fd[1],0,0);
                exit(0);
            }
            else {
                wait(0);
                  read(fd[0],InPipe,50);
                  printf(" % s\n",InPipe);
                  wait(0);
                  read(fd[0],InPipe,50);
                  printf(" % s\n",InPipe);
                  exit(0);
            }
        }
    }
```

第 12 章   Linux 的存储器管理

12.1   实验目的

(1) 掌握查看实时监控内存、内存回收的方法。

(2) 进一步掌握虚拟存储器的实现方法。

(3) 掌握各种页面置换算法。

(4) 比较各种页面置换算法的优缺点。

12.2   实验准备知识

12.2.1   实时监控内存使用情况

1. 在命令行用 free 命令监控内存使用情况

表 12-1 所示为一个 256MB 的 RAM 和 512MB 交换空间的系统输出情况。

表 12-1   一个 256MB 的 RAM 和 512MB 交换空间的系统输出情况

	total	used	free	shared	buffers	cached
Mem:	256024	192284	63740	0	10676	101004
	-/+	80604	75420			
	buffers/cac he:					
Swap:	522072	0	522072			

表 12-1 中第二行输出(Mem)显示物理内存: total 列显示共有的可用内存(不显示核心使用的物理内存,通常大约 1MB),used 列显示被使用的内存总额,free 列显示全部空闲的内存,shared 列显示多个进程共享的内存总额,buffers 列显示磁盘缓存的当前大小。

表 12-1 中第二行输出(Swap)显示交换空间的信息,与上一行类似。如果该行为全 0,则没有使用交换空间。

默认状态下,free 命令以千字节(即 1024 字节为单位)显示内存使用情况。若使用-h 参数,则以字节为单位显示内存使用情况;若使用-m 参数,则以兆字节为单位显示内存使用情况。

若命令带-s 参数,则不间断地监视内存使用情况,如♯free -b -s5,则表示该命令在终端窗口中连续不断地报告内存的使用情况,每 5s 更新一次。

2. 用 vmstat 命令监视虚拟内存使用情况

在提示符后面输入命令 vmstat,显示表 12-2 所示的信息。

表 12-2　输入命令 vmstat 显示的信息

procs						-memory	swap		io		system		cpu		
r	b	w	swpd	free	buff	cache	si	so	bi	bo	in	cs	us	sy	id
1	0	0	0	63692	10704	101008	0	0	239	42	126	105	48	45	7

vmstat 命令是一个通用监控程序,是 Virtual Memory Statistics(虚拟内存统计)的缩写。如果 vmstat 命令没有带任何命令行参数,将得到一次性的报告。

vmstat 命令报告主要的活动类型有进程(procs)、内存(以千字节为单位)、交换分区(以千字节为单位)、来自块设备(硬盘驱动器)的输入输出量、系统中断(每秒发生的次数),以及中央处理单元(CPU)分配给用户、系统和空闲时分别占用的比例。

12.2.2　使用 Linux 命令回收内存

可以用 ps、kill 两个命令检测内存使用情况和进行回收。使用超级用户权限时,用命令 ps 可列出所有正在运行的程序名称和对应的进程号(PID)。kill 命令的工作原理是向 Linux 操作系统的内核送出一个系统操作信号和程序的进程号(PID)。

以下例子说明如何用命令 ps 和参数 v 来高效率地回收 ping 命令的内存。

```
#ps v
#kill – 9 2818
```

用命令 ps 和参数 v 显示的信息如表 12-3 所示。

表 12-3　输入命令 ps v 显示的信息

PID	TTY	STAT	TIME	MAJFL	TRS	DRS	RSS	%MEM	COMMAND
2530	vc/1	s	0:00	104	6	1325	408	0.1	/sbin/mingetty tty1
2531	vc/2	s	0:00	104	6	1325	408	0.1	/sbin/mingetty tty2
					...				
2684	pts/1	s	0:00	361	586	2501	1592	0.6	bash
2711	pts/0	s	0:00	545	16	2643	968	0.3	[su]
2714	pts/0	s	0:00	361	586	2501	1592	0.6	bash
2754	pts/2	s	0:00	545	16	2643	968	0.3	[su]
2757	pts/2	s	0:00	361	586	2501	1592	0.6	bash
2818	pts/1	s	0:00	120	29	1478	480	0.1	ping 192.168.1.7
					...				

12.2.3　虚拟内存实现的机制

由于人们需要的内存容量远远大于物理内存容量,因而有各种策略来解决这个问题,其中最成功的是虚拟内存技术。

Linux 虚拟内存的实现需要 6 种机制的支持：地址映射机制、内存分配和回收机制、缓存和刷新机制、请求页机制、交换机制和内存共享机制。

内存管理程序通过映射机制把用户程序的逻辑地址映射到物理地址。当用户程序运行时，如果发现程序需要的虚拟地址没有对应的物理内存，即发出请求页要求。如果有空闲的内存可供分配，就请求分配内存（用到内存分配和回收机制），并把正在使用的物理页记录在缓存中（用到缓存机制）。如果没有足够的内存可供分配，则调用交换机制，腾出一部分内存。另外，在地址映射中要通过页表缓冲（Translation Lookaside Buffer，TLB）寻找物理页；交换机制中用到交换缓存，并且把物理页内容交换到交换文件中，也要修改页表来映射文件地址。Linux 虚拟内存实现原理如图 12-1 所示。

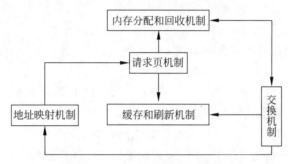

图 12-1　Linux 虚拟内存实现原理

12.3　实 验 内 容

12.3.1　内存的监控、检查和回收

1. 用 free 命令监控内存使用情况

```
# free
# free -b -s5
```

用 vmstat 命令监视虚拟内存使用情况。

```
# vmstat
```

2. 检查和回收内容

用命令 ps 列出所有正在运行的程序名称、对应的进程号（PID）等信息。

```
# ps v
```

用 kill 命令回收泄漏的内存。

```
# kill -9 <PID>
```

12.3.2　模拟 FIFO、LRU 和 OPT 页面置换算法

模拟实现先进先出（FIFO）、最近最久未使用（LRU）和最佳（OPT）置换算法；列出缺页中断次数。

12.4 实 验 指 导

12.4.1 FIFO

1. 原理简述

(1) 在分配内存页面数(AP)小于进程页面数(PP)时,当然是最先的 AP 个页面放入内存。

(2) 这时若有需要处理新的页面,则将原来在内存中的 AP 个页面中最先进入的调出(所以称为 FIFO),然后放入新页面。

(3) 以后如果有新页面需要调入,按(2)的规则进行。

算法特点是,所使用的内存页面构成一个队列。

2. 图表描述

假设某个进程在硬盘上被化为 5 个页面(PP=5),以 1、2、3、4、5 分别表示,而下面是处理机调用它们的顺序(这取决于进程本身):

$$1、4、2、5、3、3、2、4、2、5$$

而内存可以控制的页面数为 3(AP=3),那么在使用 FIFO 算法时,这 3 个页面的内存使用情况如图 12-2 所示。

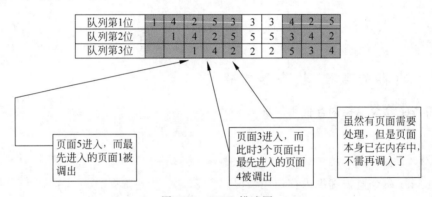

图 12-2　FIFO 描述图

由图 12-2 不难看出,本例共换入页面 8 次,diseffect=8。

3. 算法实现提示

要得到"命中率",必然应该有一个常量 total_instruction 记录页面总共使用次数;此外需要一个变量记录总共换入页面的次数(需要换出页面,总是因为没有命中而产生的)diseffect。利用 $1-\dfrac{\text{diseffect}}{\text{total\_instruction}}\times100\%$ 可以得到命中率。

(1) 初始化。设置两个数组 page[ap]和 pagecontrol[pp]分别表示进程页面数和内存分配的页面数,并产生一个随机数序列 main[total_instruction](当然这个序列由 page[]的下标随机构成),表示待处理的进程页面顺序,diseffect 置零。

(2) 观察 main[]中是否有下一个元素。如果有,则由 main[]中获取该页面下标,并转到(3);如果没有,则转到(7)。

（3）如果该 page 已在内存中，就转到（2）；否则转到（4），同时未命中的 diseffect 加 1。

（4）观察 pagecontrol 是否占满，如果占满，需将使用队列[（6）中建立的]中最先进入的（就是队列第一个单元）pagecontrol 单元"清干净"，同时将对应的 page[]单元置为"不在内存中"。

（5）将该 page[]与 pagecontrol[]建立关系（可以改变 pagecontrol[]的标示位，也可以采用指针链接。总之，至少要使对应的 pagecontrol 单元包含两个信息：一是它被使用了；二是哪个 page[]单元使用的。page[]单元包含两个信息，即对应的 pagecontrol 单元号（本 page[]单元已在内存中）。

（6）将用到的 pagecontrol 置入使用队列（这里的队列是一种先进先出的数据结构，而不是泛指），返回（2）。

（7）显示 $1-\dfrac{\text{diseffect}}{\text{total\_instruction}}\times 100\%$，完成。

12.4.2 LRU

1. 原理简述

（1）在分配内存页面数（AP）小于进程页面数（PP）时，当然是最先的 AP 个页面放入内存。

（2）当需要调页面进入内存，而当前分配的内存页面全部不空闲时，选择将其中最长时间没有用到的那个页面调出，以空出内存来放置新调入的页面（因而称为 LRU）。

算法特点是，每个页面都有属性表示有多长时间未被 CPU 使用的信息。

2. 图表描述

为了便于比较学习，例子和前面的一样。某进程在硬盘上被划为 5 个页面，用 1、2、3、4、5 表示，而处理机处理它们的顺序为 1、4、2、5、3、3、2、4、2、5。而内存可以控制的页面数为 3（AP＝3），那么在使用 LRU 算法时，这 3 个页面的内存使用情况如图 12-3 所示。

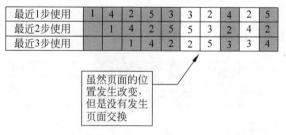

图 12-3　LRU 描述图

由图 12-3 不难看出，页面换入共 7 次，diseffect＝7。

3. 算法实现提示

与前述算法一样，只有先得到 diseffect，才能获得最终的"命中率"。

（1）初始化。主要是进程页面 page[]和分配的内存页面 pagecontrol[]，同时产生随机序列 main[]，diseffect 置零。

（2）观察 main[]是否有下一个元素，如果有，就从 main[]获取该 page[]的下标，并转到（3）；如果没有，就转到（6）。

（3）如果该 page[]单元在内存中便改变页面属性，使它保留"最近使用"的信息，就转到（2）；否则转到（4），同时 diseffct 加 1。

（4）判断是否有空闲的内存页面，如果有，就返回页面指针，转到（5）；否则，在内存页面中找出最长时间没有使用到的页面，将其"清干净"，并返回该页面指针。

（5）将需处理的 page[]与（4）中得到的 pagecontrol[]建立联系，同时需让对应的 page[]单元保存"最新使用"的信息，返回（2）。

（6）如果序列处理完成，就输出 $1-\dfrac{diseffect}{total\_instruction}\times100\%$，并结束。

12.4.3 OPT

1. 原理简述

前提还是分配的内存页面占满。最佳置换法是一种理想状况下的算法，它要求先遍历所有的 CPU 待处理的进程页面序列（实际上由于待处理的页面有时取决于先前处理的页面，所以很多情况下不可能得到完整的待处理页面序列。在这个层面上，才说该算法是理想的）。这些页面如果已经在内存中，而 CPU 不再处理的，就将其换出；这些页面如果在内存中，并且 CPU 待处理，就取从当前位置算起，最后处理到的页面，将其换出。例如 CPU 待处理的页面序列号为：

1	3	2	2	4	5	2	5	1	4	3	4	1	1	5	5	3	4	2	1

已经处理了 5 个页面（底纹为灰色），那么页面 5 是第一个待处理的页面；2 是第二个；1 是第四个；4 是第五个；3 是第六个。那么页面 3 就是针对当前位置而言，最后处理到的页面。

2. 图表描述

还用前面的例子，某进程在硬盘上被划为 5 个页面，用 1、2、3、4、5 表示，而处理机处理它们的顺序为 1、4、2、5、3、3、2、4、2、5。而内存可以控制的页面数为 3（AP＝3），那么在使用 OPT 算法时，这 3 个页面的内存使用情况如图 12-4 所示。

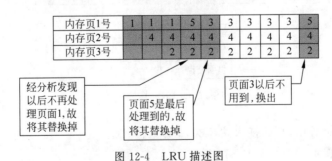

图 12-4　LRU 描述图

由图 12-4 不难看出共发生页面交换 6 次，diseffect＝6。

3. 算法实现提示

（1）初始化。设置两个数组 page[ap]和 pagecontrol[pp]，分别表示进程页面数和内存分配的页面数，并产生一个随机数序列 main[total_instruction]（这个序列由 page[]的下标随机构成),表示待处理的进程页面顺序,diseffect 置零。

(2) 观察 main[] 是否有下一个元素。如果有,就从序列 main[] 中获取一个 CPU 待处理的页面号;如果没有,就转到(6)。

(3) 如果该页面已经在内存中了,就转到(2);否则转到(4)。

(4) 观察是否有空闲的内存页面,如果有,就直接返回该页面指针;如果没有,遍历所有未处理的进程页面序列,如果有位于内存中的页面,而以后 CPU 不再处理的,首先将其换出,返回页面指针;如果没有这样的页面,找寻出 CPU 最晚处理到的页面,将其换出,返回该内存页面指针。

(5) 将内存页面和待处理的进程页面建立联系,返回(2)。

(6) 输出 $1-\dfrac{\text{total\_instruction}}{\text{diseffect}}\times100\%$,结束。

注意:关于第(4)步的实现有个小小的技巧,可以为每个进程页面设一个"间隔"属性 distance,表示 CPU 将在第几步处理到该页面,如果页面不再被 CPU 处理,可以设为某个很大的值(如 32767),这样每次就换出 distance 最大的那个页面。

12.5　实　验　总　结

页面置换算法是虚拟存储管理实现的关键,通过本次实验理解内存页面调度的机制,在模拟实现 FIFO、LRU 和 OPT 几种经典页面置换算法的基础上,比较各种置换算法的效率及优缺点,从而了解虚拟存储实现的过程。

12.6　源　程　序

模拟 FIFO、LRU 和 OPT 页面置换算法源代码如下:

```cpp
# include < iostream >
# include < string >
# include < vector >
# include < cstdlib >
# include < cstdio >
# include < unistd. h >

using namespace std;

# define INVALID - 1

const int TOTAL_INSTRUCTION(320);
const int TOTAL_VP(32);
const int CLEAR_PERIOD(50);

# include "Page. h"
# include "PageControl. h"
# include "Memory. h"
```

```
int main()
{
    int i;
    CMemory a;
    for(i = 4; i <= 32; i++)
    {
        a.FIFO(i);
            a.LRU(i);
        a.NUR(i);
        a.OPT(i);
        cout <<"\n";
    }
    return 0;
}
```

//Memory.h
```
# ifndef_MEMORY_H
# define_MEMORY_H


class CMemory
{

public:
    CMemory();
    void initialize(const int nTotal_pf);
    void FIFO(const int nTotal_pf);
    void LRU(const int nTotal_pf);
    void NUR(const int nTotal_pf);
    void OPT(const int nTotal_pf);
private:
    vector < CPage >_vDiscPages;
    vector < CPageControl >_vMemoryPages;
    CPageControl  * _pFreepf_head, * _pBusypf_head, * _pBusypf_tail;
    vector < int >_vMain, _vPage, _vOffset;
    int_nDiseffect;
};

CMemory:: CMemory(): _vDiscPages(TOTAL_VP),
                     _vMemoryPages(TOTAL_VP),
                     _vMain(TOTAL_INSTRUCTION),
                     _vPage(TOTAL_INSTRUCTION),
                     _vOffset(TOTAL_INSTRUCTION)
{
    int S, i, nRand;
    srand(getpid() * 10);
    nRand = rand() % 32767;

    S = (float)319 * nRand/32767 + 1;
```

```
for(i = 0; i < TOTAL_INSTRUCTION; i += 4)
{
    _vMain[i] = S;
    _vMain[i + 1] = _vMain[i] + 1;
    nRand = rand() % 32767;
    _vMain[i + 2] = (float)_vMain[i] * nRand/32767;
    _vMain[i + 3] = _vMain[i + 2] + 1;
    nRand = rand() % 32767;
    S = (float)nRand * (318 - _vMain[i + 2])/32767 + _vMain[i + 2] + 2;
}
for(i = 0; i < TOTAL_INSTRUCTION; i++)
{
    _vPage[i] = _vMain[i]/10;
    _vOffset[i] = _vMain[i] % 10;
    _vPage[i] %= 32;
}
}
void CMemory:: initialize(const int nTotal_pf)
{
    int ix;
    _nDiseffect = 0;
    for(ix = 0; ix < _vDiscPages.size(); ix++)
    {
        _vDiscPages[ix].m_nPageNumber = ix;
        _vDiscPages[ix].m_nPageFaceNumber = INVALID;
        _vDiscPages[ix].m_nCounter = 0;
        _vDiscPages[ix].m_nTime = -1;
    }
    for(ix = 1; ix < nTotal_pf; ix++)
    {
        _vMemoryPages[ix - 1].m_pNext = &_vMemoryPages[ix];
        _vMemoryPages[ix - 1].m_nPageFaceNumber = ix - 1;
    }
    _vMemoryPages[nTotal_pf - 1].m_pNext = NULL;
    _vMemoryPages[nTotal_pf - 1].m_nPageFaceNumber = nTotal_pf - 1;
    _pFreepf_head = &_vMemoryPages[0];
}
void CMemory:: FIFO(const int nTotal_pf)
{
    int i;
    CPageControl * p;
    initialize(nTotal_pf);
    _pBusypf_head = _pBusypf_tail = NULL;
    for(i = 0; i < TOTAL_INSTRUCTION; i++)
    {
        if(_vDiscPages[_vPage[i]].m_nPageFaceNumber == INVALID)
        {
            _nDiseffect += 1;
            if(_pFreepf_head == NULL)   //no empty pages
            {
                p = _pBusypf_head -> m_pNext;
```

```
                DiscPages[_pBusypf_head->m_nPageNumber].m_nPageFaceNumber = INVALID;
                 _pFreepf_head = _pBusypf_head;
                 _pFreepf_head->m_pNext = NULL;
                 _pBusypf_head = p;
            }
             p = _pFreepf_head->m_pNext;
             _pFreepf_head->m_pNext = NULL;
             _pFreepf_head->m_nPageNumber = _vPage[i];
             _vDiscPages[_vPage[i]].m_nPageFaceNumber = _pFreepf_head->m_nPageFaceNumber;
             if(_pBusypf_tail == NULL)
             _pBusypf_head = _pBusypf_tail = _pFreepf_head;
             else
         {
             _pBusypf_tail->m_pNext = _pFreepf_head;
             _pBusypf_tail = _pFreepf_head;
                }
             _pFreepf_head = p;
             }
             }
         cout <<"FIFO: "<< 1-(float)_nDiseffect/320;
             }
     void CMemory::LRU(const int nTotal_pf)
     {
         int i,j,nMin,minj,nPresentTime(0);
         initialize(nTotal_pf);
         for(i = 0; i < TOTAL_INSTRUCTION; i++ )
             {
             if(_vDiscPages[_vPage[i]].m_nPageFaceNumber == INVALID)
             {
             _nDiseffect++ ;
             if(_pFreepf_head == NULL)
             {
             nMin = 32767;
             for(j = 0; j < TOTAL_VP; j++ ) //get the subscribe of the least used page
               //after the recycle iMin is the number of times
               //used of the least used page while minj is its subscribe
             if(nMin >_vDiscPages[j].m_nTime&&_vDiscPages[j].m_nPageFaceNumber!= INVALID)
                 {
                   nMin = _vDiscPages[j].m_nTime;
                   minj = j;
                 }
                 _pFreepf_head = &_vMemoryPages[_vDiscPages[minj].m_nPageFaceNumber];
                 _vDiscPages[minj].m_nPageFaceNumber = INVALID;
                 _vDiscPages[minj].m_nTime = -1;
                 _pFreepf_head->m_pNext = NULL;
               }
             vDiscPages[_vPage[i]].m_nPageFaceNumber = _pFreepf_head->m_nPageFaceNumber;
             _vDiscPages[_vPage[i]].m_nTime = nPresentTime;
             _pFreepf_head = _pFreepf_head->m_pNext;
             }
             else
```

```cpp
                _vDiscPages[_vPage[i]].m_nTime = nPresentTime;
                    nPresentTime++;
            }
    cout<<"LRU: "<<1-(float)_nDiseffect/320;
 }
void CMemory::NUR(const int nTotal_pf)
{
    int i,j,nDiscPage,nOld_DiscPage;
    bool bCont_flag;
        initialize(nTotal_pf);
    nDiscPage = 0;
    for(i = 0; i<TOTAL_INSTRUCTION; i++)
      {
        if(_vDiscPages[_vPage[i]].m_nPageFaceNumber == INVALID)
        {
            _nDiseffect++;
            if(_pFreepf_head == NULL)
            {
            bCont_flag = true;
            nOld_DiscPage = nDiscPage;
            while(bCont_flag)
        {

    if(_vDiscPages[nDiscPage].m_nCounter == 0&&_vDiscPages[nDiscPage].m_nPageFaceNumber != INVALID)
        bCont_flag = false;
      else
          {
            nDiscPage++;
            if(nDiscPage == TOTAL_VP) nDiscPage = 0;
            if(nDiscPage == nOld_DiscPage)
          for(j = 0; j<TOTAL_VP; j++)
            _vDiscPages[j].m_nCounter = 0;
          }
      }
    _pFreepf_head = &_vMemoryPages[_vDiscPages[nDiscPage].m_nPageFaceNumber];
          _vDiscPages[nDiscPage].m_nPageFaceNumber = INVALID;
          _pFreepf_head->m_pNext = NULL;
          }
_vDiscPages[_vPage[i]].m_nPageFaceNumber = _pFreepf_head->m_nPageFaceNumber;
          _pFreepf_head = _pFreepf_head->m_pNext;
    }
      else
    _vDiscPages[_vPage[i]].m_nCounter = 1;
      if(i%CLEAR_PERIOD == 0)
    for(j = 0; j<TOTAL_VP; j++)
      _vDiscPages[j].m_nCounter = 0;
  }
    cout<<"NUR: "<<1-(float)_nDiseffect/320;
}
void CMemory::OPT(const int nTotal_pf)
{
    int i,j,max,maxpage,nDistance,vDistance[TOTAL_VP];
```

```
            initialize(nTotal_pf);
            for(i = 0; i < TOTAL_INSTRUCTION; i++ )
              {
                if(_vDiscPages[_vPage[i]].m_nPageFaceNumber == INVALID)
              {
            _nDiseffect++ ;
        if(_pFreepf_head == NULL)
          {
            for(j = 0; j < TOTAL_VP; j++ )
        if(_vDiscPages[j].m_nPageFaceNumber!= INVALID)
          vDistance[j] = 32767;
        else
            vDistance[j] = 0;
            nDistance = 1;
            for(j = i + 1; j < TOTAL_INSTRUCTION; j++ )
          {
    if((_vDiscPages[_vPage[j]].m_nPageFaceNumber!= INVALID)&&(vDistance[_vPage[j]]== 32767))
                vDistance[_vPage[j]] = nDistance;
            nDistance++ ;
          }
            max = - 1;
            for(j = 0; j < TOTAL_VP; j++ )
        if(max < vDistance[j])
          {
            max = vDistance[j];
            maxpage = j;
          }
            _pFreepf_head = &_vMemoryPages[_vDiscPages[maxpage].m_nPageFaceNumber];
            _pFreepf_head -> m_pNext = NULL;
            _vDiscPages[maxpage].m_nPageFaceNumber = INVALID;
          }
                _vDiscPages[_vPage[i]].m_nPageFaceNumber = _pFreepf_head -> m_nPageFaceNumber;
            _pFreepf_head = _pFreepf_head -> m_pNext;
              }
          }
      cout <<"OPT: "<< 1 - (float)_nDiseffect/320;
  }
  #endif


  //Page.h
  #ifndef PAGE_H
  #define PAGE_H

  class CPage
  {
  public:
      int m_nPageNumber,
        m_nPageFaceNumber,
        m_nCounter,
        m_nTime;
  };
```

```
# endif


//PageControl.h

# ifndef_PAGECONTROL_H
# define_PAGECONTROL_H
class CPageControl
{
public:
    int m_nPageNumber,m_nPageFaceNumber;
    class CPageControl  *  m_pNext;
};
# endif
```

第 13 章 Linux 的设备管理

13.1 实验目的

(1) 了解 Linux 操作系统的设备驱动程序。

(2) 了解 Linux 操作系统设备驱动程序的组成。

(3) 编写简单的字符设备。

(4) 编写简单的块设备。

(5) 通过对设备驱动程序的测试,了解 Linux 操作系统是如何管理设备的。

13.2 实验准备知识

13.2.1 设备驱动程序简介

Linux 设备驱动程序集成在内核中,实际上是处理或操作硬件控制器的软件。从本质上讲,驱动程序是常驻内存的低级硬件处理程序的共享库,设备驱动程序就是对设备的抽象处理;也即是说,设备驱动程序是内核中具有高特权级的、常驻内存的、可共享的下层硬件处理例程。

设备驱动程序软件封装了如何控制这些设备的技术细节,并通过特定的接口导出一个规范的操作集合,如图 13-1 所示;内核使用规范的设备接口(字符设备接口和块设备接口)通过文件系统接口把设备操作导出到用户空间程序中(由于本实验不涉及网络设备,因此在此就不做讨论)。

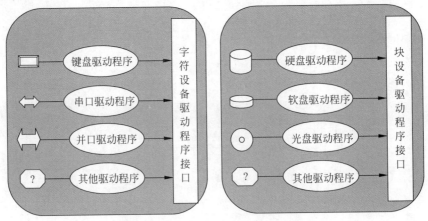

图 13-1 字符(块)设备、驱动程序和接口

在 Linux 中,字符设备和块设备的 I/O 操作是有区别的。块设备在每次硬件操作时把多字节传送到主存缓存中或从主存缓存中把多字节信息传送到设备中;而字符设备并不使用缓存,信息传送是一字节一字地进行的。

Linux 操作系统允许设备驱动程序作为可装载内核模块实现,这也就是说,设备的接口实现不仅可以在 Linux 操作系统启动时进行注册,而且还可以在 Linux 操作系统启动后装载模块时进行注册。

总之,Linux 操作系统支持多种设备,这些设备的驱动程序有如下一些特点。

(1) 内核代码。设备驱动程序是内核的一部分,如果驱动程序出错,则可能导致系统崩溃。

(2) 内核接口。设备驱动程序必须为内核或者其子系统提供一个标准接口。例如,一个终端驱动程序必须为内核提供一个文件 I/O 接口;一个 SCSI 设备驱动程序应该为 SCSI 子系统提供一个 SCSI 设备接口,同时 SCSI 子系统也必须为内核提供文件的 I/O 接口及缓冲区。

(3) 内核机制和服务。设备驱动程序使用一些标准的内核服务,如内存分配等。

(4) 可装载。大多数的 Linux 操作系统设备驱动程序都可以在需要时装载进内核,在不需要时从内核中卸载。

(5) 可设置。Linux 操作系统设备驱动程序可以集成为内核的一部分,并可以根据需要把其中的某一部分集成到内核中,这只需要在系统编译时进行相应的设置即可。

(6) 动态性。当系统启动且各个设备驱动程序初始化后,驱动程序将维护其控制的设备。如果该设备驱动程序控制的设备不存在也不影响系统的运行,此时的设备驱动程序只是多占用了一些系统内存。

13.2.2 设备驱动程序与外部接口

每种类型的驱动程序,不管是字符设备还是块设备,都为内核提供相同的调用接口,因此内核能以相同的方式处理不同的设备。Linux 为每种不同类型的设备驱动程序维护相应的数据结构,以便定义统一的接口并实现驱动程序的可装载性和动态性。

Linux 设备驱动程序与外部的接口可以分为如下三部分。

(1) 驱动程序与操作系统内核的接口。这是通过数据结构 file_operations 来完成的。

(2) 驱动程序与系统引导的接口。这部分利用驱动程序对设备进行初始化。

(3) 驱动程序与设备的接口。这部分描述了驱动程序如何与设备进行交互,这与具体设备密切相关。

这三部分之间的关系,如图 13-2 所示。

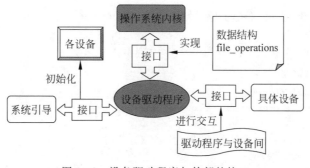

图 13-2　设备驱动程序与外部的接口

13.2.3 设备驱动程序的组织结构

设备驱动程序有一个比较标准的组织结构,一般可以分为以下 3 个主要组成部分。

(1) 自动配置和初始化子程序。这部分程序负责检测所要驱动的硬件设备是否存在,以及是否能正常工作。如果该设备正常,则对设备及其驱动程序所需要的相关软件状态进行初始化。这部分程序仅在初始化时被调用一次。

(2) 服务于 I/O 请求的子程序。该部分又可称为驱动程序的上半部分。系统对这部分进行调用。系统认为这部分程序在执行时和进行调用的进程属于同一个进程,只是由用户态变成了内核态,而且具有进行此系统调用的用户程序的运行环境。因此可以在其中调用与进程运行环境有关的函数。

(3) 中断服务子程序。该部分又可称为驱动程序的下半部分。设备在 I/O 请求结束时或在其他状态改变时产生中断。中断可以产生在任何一个进程运行时,因此中断服务子程序被调用时不能依赖于任何进程的状态,因而也就不能调用与进程运行环境有关的函数。因为设备驱动程序一般支持同一类型的若干设备,所以一般在系统调用中断服务子程序时都带有一个或多个参数,以唯一标识请求服务的设备。

13.3 实 验 内 容

13.3.1 字符类型设备的驱动程序

编写一个简单的字符设备驱动程序。要求该字符设备包括 scull_open()、scull_write()、scull_read()、scull_ioctl()和 scull_release()5 个基本操作,并编写一个测试程序来测试所编写的字符设备驱动程序。

13.3.2 块类型设备的驱动程序

编写一个简单的块设备驱动程序。要求该块设备包括 sbull_open()、sbull_ioctl()和 sbull_release()等基本操作。

13.4 实 验 指 导

13.4.1 字符类型设备的驱动程序

先给出字符设备驱动程序要用到的数据结构定义。

```
struct device_struct{
        const char * name;
        struct file_operations * chops;
};
static struct device_struct chrdevs[MAX_CHRDEV];
typedef struct Scull_Dev {
        void ** data;
```

```
    int quantum;                    //the current quantum size
    int qset;                       //the current array size
    unsigned long size;
    unsigned int access_key;        //used by sculluid and scullpriv
    unsigned int usage;             //lock the device while using it
  struct Scull_Dev * next;          //next listitem
} scull;
```

1. 字符设备的结构

字符设备的结构即字符设备的开关表。当字符设备注册到内核后,字符设备的名称和相关操作被添加到 device_struct 结构类型的 chrdevs 全局数组中,称 chrdevs 为字符设备的开关表。下面以一个简单的例子说明字符设备驱动程序中字符设备结构的定义(假设设备名为 scull)。

```
        **** file_operation 结构定义如下,即定义 chr 设备的_fops ****
    static int scull_open(struct inode * inode,struct file * filp);
    static int scull_release(struct inode * inode,struct file * filp);
    static ssize_t scull_write(struct inode * inode,struct file * filp,const char * buffer,int count);
    static ssize_t scull_read(struct inode * inode,struct file * filp,char * buffer,int count);
    static int scull _ioctl(struct inode * inode, struct file * filp, unsigned long int cmd,
unsigned long arg);
        struct file_operation chr_fops = {
    NULL,                   //seek
    scull_read,             //read
    scull_write,            //write
    NULL,                   //readdir
    NULL,                   //poll
    scull_ioctl,            //ioctl
    NULL,                   //mmap
    scull_open,             //open
    NULL,                   //flush
    scull_release,          //release
    NULL,                   //fsync
    NULL,                   //fasync
    NULL,                   //check media change
    NULL,                   //revalidate
    NULL                    //lock
    };
```

2. 字符设备驱动程序入口点

字符设备驱动程序入口点主要包括初始化字符设备、字符设备的 I/O 调用和中断。在引导系统时,每个设备驱动程序通过其内部的初始化函数 init()对其控制的设备及其自身初始化。字符设备初始化函数为 chr_dev_init(),包含在/Linux/drivers/char/mem.c 中,它的主要功能之一是,在内核中登记设备驱动程序。具体调用是通过 register_chrdev()函数进行的。register_chrdev()函数定义如下:

```
# include <Linux/fs.h>
# include <Linux/errno.h>
int register_chrdev(unsigned int major,const char * name,struct file_operation * fops);
```

其中,major 是为设备驱动程序向系统申请的主设备号。如果为 0,则系统为此驱动程

215

第三篇

Linux 系统实验指导

序动态地分配一个主设备号。name 是设备名。fops 是前面定义的 file_operation 结构的指针。在登记成功的情况下,如果指定了 major,则 register_chrdev()函数返回值为 0;如果 major 值为 0,则返回内核分配的主设备号,并且 register_chrdev()函数操作成功,设备名就会出现在/proc/devices 文件中;在登记失败的情况下,register_chrdev()函数返回值为负。

初始化部分一般还负责给设备驱动程序申请系统资源,包括内存、中断、时钟、I/O 端口等,这些资源也可以在 open()子程序或其他地方申请。在这些资源不用时,应该释放它们,以利于资源的共享。

用于字符设备的 I/O 调用主要有 open()、release()、read()、write()和 ioctl()。

open()函数的使用比较简单,当一个设备被进程打开时,open()函数被唤醒。

```
static int scull_open(struct inode * inode, struct file * filp) {
    …
    MOD_INC_USE_COUNT;
    return 0;
}
```

release()函数的使用和 open()函数相似。

```
static int scull_release(struct inode * inode, struct file * filp) {
    …
    MOD_DEC_USE_COUNT;
    return 0; }
```

注意宏 MOD_INC_USE_COUNT 的使用,Linux 内核需要跟踪系统中每个模块的使用信息,以确保设备的安全使用。MOD_INC_USE_COUNT 和 MOD_DEC_USE_COUNT 可以检查使用驱动程序的用户数,以保护模块不被意外地卸载。

当设备文件执行 read()调用时,将从设备中读取数据,实际上是从内核数据队列中读取,并传送给用户空间。设备驱动程序的 write()函数的使用和 read()函数相似,只不过是数据传送的方向发生了变化,即按要求的字节数 count 从用户空间的缓冲区 buf 复制到硬件或内核的缓冲区中。

有时需要获取或改变正在运行的设备的参数,这时就需要用到 ioctl()函数,具体如下:

```
static int scull_ioctl(struct inode *inode, struct file *filp, unsigned long int cmd, unsigned
long arg);
```

其中,参数 cmd 是驱动程序要执行的命令的特殊代码;参数 arg 是任何类型的 4 字节数,它为特定的 cmd 提供参数。在 Linux 中,内核中的每个设备都有唯一的基本号(base number)及和基本号相关的命令范围。具体的 ioctl 基本号可参见 Documentation/ioctl-number。Linux 中定义了 4 种 ioctl()函数调用,具体如下:

```
_IO(base,command)            //可以定义所需要的命令,没有数据传送的问题,返回正数
_IOR(base,command,size)      //读操作的 ioctl 控制
_IOW(base,command,size)      //写操作的 ioctl 控制
_IOWR(base,command,size)     //读/写操作的 ioctl 控制
```

当用到的硬件设备能产生中断信号时,需要中断服务子程序。

下面给出几个入口函数流程图的参考设计。

（1）函数 scull_open()流程图如图 13-3 所示。

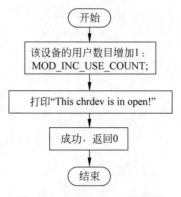

图 13-3　scull_open()流程图

（2）函数 scull_write()流程图如图 13-4 所示。

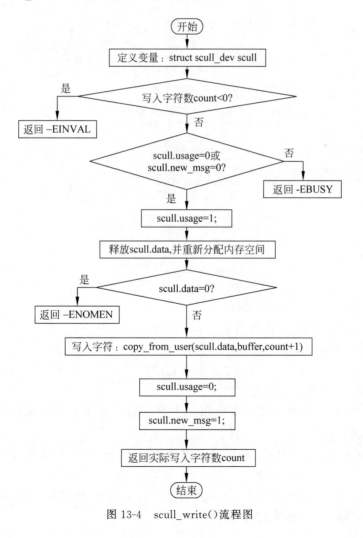

图 13-4　scull_write()流程图

217

（3）函数 scull_read()流程图如图 13-5 所示。

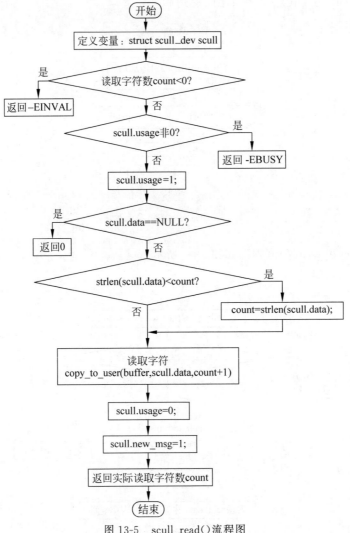

图 13-5　scull_read()流程图

（4）函数 scull_ioctl()流程图如图 13-6 所示。

（5）函数 scull_release()流程图如图 13-7 所示。

3. 字符设备驱动程序的安装

编写完设备驱动程序后,下一项任务是对它进行编译和装入可引导的内核。对字符驱动程序,可以通过下面的步骤来完成。

（1）将 scull.h 自定义头文件和 scull.c 文件复制到包含字符设备驱动程序源代码的 drivers/char 子目录中。

（2）在 chr_dev_init()函数的最后增加调用 init_module()子程序的行(chr_dev_init() 函数在 drivers/char/mem.c 中)。

（3）编辑 drivers/char 目录中的 makefile,将 driver.o 的名称放在 OBJS 定义的后面,并将 driver.c 名称放在 SRCS 定义的后面。

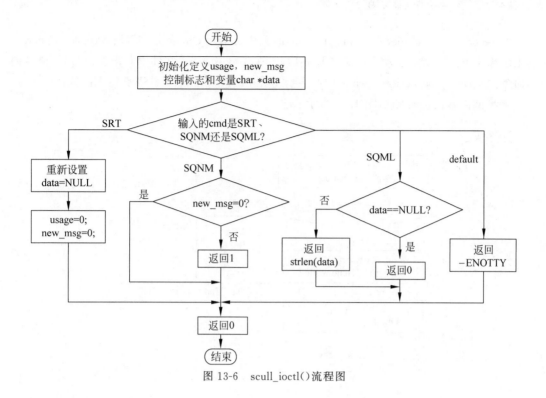

图 13-6　scull_ioctl()流程图

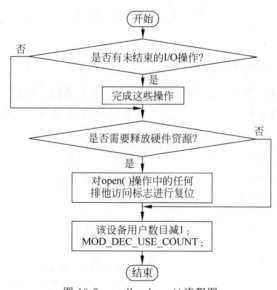

图 13-7　scull_release()流程图

（4）将目录改变到 Linux 源程序目录的最上层，重新建立和安装内核。作为一般性预防措施，当改变内核的代码时，应当将计算机上重要的内容做一次备份。

（5）如果用 lilo 引导系统，最好将新内核作为试验项，在 lilo. conf 文件中另加一个 Linux 引导段。

4. 测试函数

在该字符设备驱动程序编译加载后，再在/dev 目录下创建字符设备文件 chrdev，使用命

令：＃mknod /dev/chrdev c major minor,其中,c 表示 chrdev 是字符设备,major 是 chrdev 的主设备号(该字符设备驱动程序编译加载后,可在/proc/devices 文件中获得主设备号,或者使用命令："＃cat /proc/devices|awk "\\＄2＝＝\ "chrdev\"{ print\\＄1}""获得主设备号)。

该测试函数的流程图如图 13-8 所示。

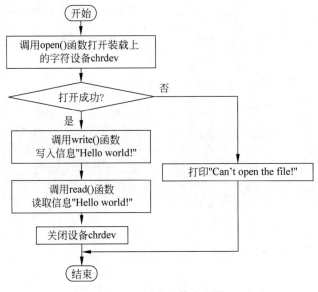

图 13-8　测试函数流程图

13.4.2　块类型设备的驱动程序

由于块设备驱动程序的绝大部分都是与设备无关的,因此内核的开发者通过把大部分相同的代码放在一个头文件<Linux/blk.h>中来简化驱动程序的代码。因而每个块设备驱动程序都必须包含这个头文件。先给出块设备驱动程序要用到的数据结构定义。

```
struct device_struct {
        const char * name;
        struct file_operations * chops;
};
static struct device_struct blkdevs[MAX_BLKDEV];
struct sbull_dev {
        void ** data;
        int quantum;                        //the current quantum size
        int qset;                           //the current array size
        unsigned long size;
        unsigned int access_key;            //used by sbulluid and sbullpriv
        unsigned int usage;                 //lock the device while using it
        unsigned int new_msg;
        struct sbull_dev * next;            //next listitem
};
extern struct sbull_dev * sbull;            //device information
```

1. 块设备的结构

块设备的结构即块设备的开关表。当块设备注册到内核后,块设备的名称和相关操作被添加到 device_struct 结构类型的 blkdevs 全局数组中,称 blkdevs 为块设备的开关表。下面以一个简单的例子说明块设备驱动程序中块设备结构的定义(假设设备名为 sbull)。

```
**** file_operation 结构定义如下,即定义 sbull 设备的_fops ****
struct file_operation blk_fops = {
                        NULL,                        //seek
                        block_read,                  //内核函数
                        block_write,                 //内核函数
                        NULL,                        //readdir
                        NULL,                        //poll
                        sbull_ioctl,                 //ioctl
                        NULL,                        //mmap
                        sbull_open,                  //open
                        NULL,                        //flush
                        sbull_release,               //release
                        block_fsync,                 //内核函数
                        NULL,                        //fasync
                        sbull_check_media_change,    //check media change
                        NULL,                        //revalidate
                        NULL                         //lock
                    };
```

块设备的 fops 通过缓冲区和用户程序进行数据交换。从上面结构中可以看出,所有的块驱动程序都调用内核 block_read()、block_write()、block_fsync()函数,所以在块设备驱动程序入口中不包含这些函数,只需包括 ioctl()、open()和 release()函数。

2. 块设备驱动程序入口点

块设备驱动程序入口点主要包括初始化块设备、块设备的 I/O 调用和中断。块设备的 I/O 调用 ioctl()、open()、release()与字符设备类似。

块设备与字符设备最大的不同在于设备的读/写操作。块设备使用通用 block_read() 和 block_write()函数来进行数据读/写。这两个通用函数向请求表中增加读/写请求,这样内核可以对请求顺序安排优先级(通过 ll_rw_block())。由于是对内存缓冲区而不是对设备进行操作,因而它们能加快读/写请求。如果内存中没有要读入的数据或者需要将写请求写入设备,那么就需要真正地执行数据传输。这是通过数据结构 blk_dev_struct 中的 request_fn 来完成的(见 include/Linux /blkdev. h)。

```
struct blk_dev_struct {
    void ( * request_fn) (void);
    struct request * current_request;
    struct request plug;
    struct tq_struct plug_tq;
};
struct request {
    …
    kdev_t rq_dev;
    int cmd;                          //读或写
        int errors;
        unsigned long sector;
        char * buffer;
        struct request * next;
        …
};
```

对于具体的块设备,函数指针 request_fn 当然是不同的。块设备的读/写操作都是由 request() 函数完成的。所有的读/写请求都存储在 request 结构的链表中。request() 函数利用 CURRENT 宏检查当前的请求。

```
#define CURRENT (blk_dev[MAJOR_NR].current_request)
```

下面了解 sbull_request 的具体使用。

```
void sbull_request(void) {
    unsigned long offset,total;
Begin:
    INIT_REQUEST:
        offset = CURRENT -> sector * sbull_hard;
        total = CURRENT -> current_nr_sectors * sbull_hard;
//access beyond end of the device
    if(total + offset > sbull_size * 1024) {
//error in request
        end_request(0);
        goto Begin;
    }
    if(CURRENT -> cmd == READ) {
        memcpy(CURRENT -> buffer,sbull_storage + offset,total);
    }
    else if(CURRENT -> cmd == WRITE) {
        memcpy(sbull_storage + offset,CURRENT -> buffer,total);
    }
    else {
        end_request(0);
    }
//successful
    end_request(1);
//let INIT_REQUEST return when we are done
    goto Begin;
}
```

request() 函数从 INIT_REQUEST 宏命令开始(它也在 blk.h 中定义),它对请求队列进行检查,保证请求队列中至少有一个请求在等待处理。如果没有请求(即 CURRENT=0),INIT_REQUEST 宏命令将使 request() 函数返回,任务结束。

假定队列中至少有一个请求,request() 函数现在应处理队列中的第一个请求,当处理完请求后,request() 函数将调用 end_request() 函数。如果成功地完成了读/写操作,应该用参数值 1 调用 end_request() 函数;如果读/写操作不成功,以参数值 0 调用 end_request() 函数。如果队列中还有其他请求,将 CURRENT 指针设为指向下一个请求。执行 end_request() 函数后,request() 函数回到循环的起点,对下一个请求重复上面的处理过程。

块设备的初始化过程要比字符设备复杂,它既需要像字符设备一样在引导内核时完成一定的工作,还需要在内核编译时增加一些内容。块设备驱动程序初始化时,由驱动程序的 init() 完成。为了引导内核时调用 init(),需要在 blk_dev_init() 函数中增加一行代码"sbull_init();"。

块设备驱动程序初始化的工作主要包括以下几方面。

(1) 检查硬件是否存在。

(2) 登记主设备号。

(3) 将 fops 结构的指针传递给内核。

（4）利用 register_blkdev()函数对设备进行注册。

```
if(register_blkdev(sbull_MAJOR,"sbull",&sbull_fops)) {
    printk("Registering block device major: % d failed\n",sbull_MAJOR);
    return - EIO;
};
```

（5）将 request()函数的地址传递给内核。

```
blk_dev[sbull_MAJOR].request_fn = DEVICE_REQUEST;
```

（6）将块设备驱动程序的数据容量传递给缓冲区。

```
#define   sbull_HARDS_SIZE   512
#define   sbull_BLOCK_SIZE   1024
static   int   sbull_hard = sbull_HARDS_SIZE;
static   int   sbull_soft = sbull_BLOCK_SIZE;
hardsect_size[sbull_MAJOR] = &sbull_hard;
blksize_size[sbull_MAJOR] = &sbull_soft;
```

在块设备驱动程序内核编译时，应把下列宏加到 blk.h 文件中。

```
#define   MAJOR_NR   sbull_MAJOR
#define   DEVICE_NAME   "sbull"
#define   DEVICE_REQUEST   sbull_request
#define   DEVICE_NR(device)   (MINOR(device))
#define   DEVICE_ON(device)
#define   DEVICE_OFF(device)
```

下面给出几个入口函数流程图的参考设计。

函数 sbull_open()流程图如图 13-9 所示。

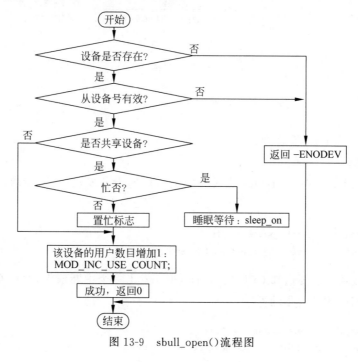

图 13-9　sbull_open()流程图

函数 sbull_ioctl()流程图如图 13-10 所示。

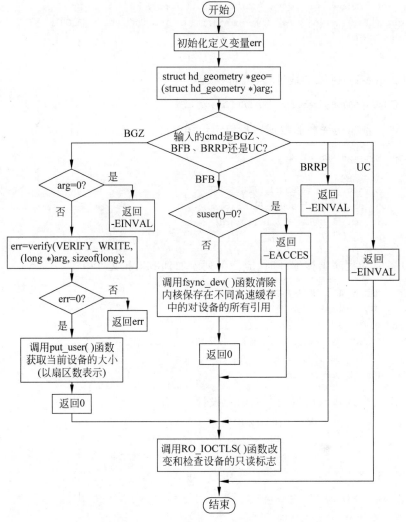

图 13-10   sbull_ioctl()流程图

函数 sbull_release()流程图如图 13-11 所示。

3. 相关问题

(1) 睡眠与唤醒。在 Linux 中,当设备驱动程序向设备发出读/写请求后,就进入睡眠状态。

```
void sleep_on(struct wait_queue ** ptr);
void interruptible_sleep_on(struct wait_queue ** ptr);
```

在设备完成请求需要通知 CPU 时,会向 CPU 发出一个中断请求,然后 CPU 根据中断请求决定调用相应的设备驱动程序。

```
void wake_up(struct wait_queue ** ptr);
void wake_up_interruptible(struct wait_queue ** ptr);
```

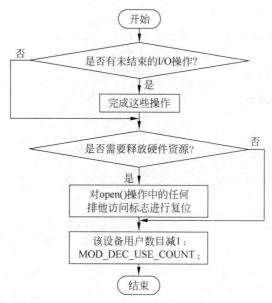

图 13-11 sbull_release( )流程图

（2）缓冲区的使用。块设备驱动程序直接与缓冲区打交道,因而需要用到有关缓冲区的一些操作。例如,函数 getblk( )用于分配缓冲区,breles( )用于释放缓冲区等。

```
struct buffer_head * getblk(kdev_t,int block,int size);
void breles(struct buffer_head * buf);
```

13.5 实 验 总 结

通过本实验的学习,了解 Linux 操作系统中的设备驱动程序包括哪些组成部分,并能编写简单的字符设备(Simple Character Utility for Loading Localities,SCULL)和块设备(Simple Block Utility for Loading Localities,SBULL)的驱动程序及对所编写设备驱动程序的测试,最终了解 Linux 操作系统是如何管理设备的。

13.6 源 程 序

13.6.1 字符设备驱动程序

1. 函数 scull_open( )

```
int scull_open(struct inode * inode,struct file * filp) {
    MOD_INC_USE_COUNT;                  //增加该模块的用户数目
    printk("This chrdev is in open\n");
    return 0;
}
```

225

2. 函数 scull_write()

```
int scull_write(struct inode * inode, struct file * filp, const char * buffer, int count) {
if(count < 0)
    return - EINVAL;
    if(scull.usage || scull.new_msg)
        return - EBUSY;
    scull.usage = 1;
    kfree(scull.data);
    data = kmalloc(sizeof(char) * (count + 1), GFP_KERNEL);
        if(!scull.data) {
            return - ENOMEM;
        }
    copy_from_user(scull.data, buffer, count + 1);
    scull.usage = 0;
    scull.new_msg = 1;
    return count;
}
```

3. 函数 scull_read()

```
int scull_read(struct inode * inode, struct file * filp, char * buffer, int count) {

    int length;
    if(count < 0)
        return - EINVAL;
        if(scull.usage)
        return - EBUSY;
    scull.usage = 1;
        if(scull.data == 0)
            return 0;
        length = strlen(scull.data);
            if(length < count)
                count = length;
            copy_to_user(buf, scull.data, count + 1);
        scull.new_msg = 0;
    scull.usage = 0;
    return count;
}
```

4. 函数 scull_ioctl()

```
# include < Linux/ioctl.h >
# define SCULL_MAJOR   0
# define SCULL_MAGIC   SCULL_MAJOR
# define SCULL_RESET   _IO(SCULL_MAGIC, 0)              //reset the data
# define SCULL_QUERY_NEW_MSG   _IO(SCULL_MAGIC, 1)      //check for new message
# define SCULL_QUERY_MSG_LENGTH   _IO(SCULL_MAGIC, 2)   //get message length
# define IOC_NEW_MSG   1
static int usage, new_msg;                              //control flags
static char * data;
int scull_ioctl(struct inode * inode, struct file * filp, unsigned long int cmd, unsigned long
arg) {
```

```
    int ret = 0;
    switch(cmd) {
        case SCULL_RESET:
        kfree(data);
        data = NULL;
        usage = 0;
        new_msg = 0;
        break;
        case  SCULL_QUERY_NEW_MSG:
                if(new_msg)
                    return IOC_NEW_MSG;
                break;
        case  SCULL_QUERY_MSG_LENGTH:
                if(data == NULL){
                return 0;
                }
        else {
                return strlen(data);
        }
                break;
        default:
            return - ENOTTY;
        }
        return ret;
}
```

5. 函数 scull_release()

```
void scull_release(struct inode * inode, struct file * filp) {
    MOD_DEC_USE_COUNT;              //该模块的用户数目减 1
    printk("This chrdev is in release\n");
     return 0;
     # ifdef DEBUG
            printk("scull_release( % p, % p)\n", inode, filp);
     # endif
}
```

6. 测试函数

```
# include < stdio. h >
# include < sys/types. h >
# include < sys/stat. h >
# include < sys/ioctl. h >
# include < stdlib. h >
# include < string. h >
# include < fcntl. h >
# include < unistd. h >
# include < errno. h >
# include "chardev. h"              //见后面定义
void write_proc(void);
void read_proc(void);
main( int argc, char ** argv) {
```

Linux 系统实验指导

```
                    if(argc == 1) {
                    puts("syntax: testprog[write|read]\n");
                    exit(0);
            }
        if(!strcmp(argv[1], "write")) {
                    write_porc();
        }
                    else if(!strcmp(argv[1],"read")) {
    read_proc();
    }
        else {
        puts("testprog: invalid command!\n");
        }
        return 0;
        }
        void write_proc() {
        int fd, len, quit = 0;
        char buf[100];
        fd = open("/dev/chrdev", O_WRONLY);
        if(fd <= 0) {
                    printf("Error opening device for writing!\n");
                    exit(1);
        }
        while(!quit) {
                    printf("\n Please write into: ");
                    gets(buf);
                    if(!strcmp(buf,"exit"))
                    quit = 1;
                    while(ioctl(fd,DYNCHAR_QUERY_NEW_MSG))
                    usleep(100);
                    len = write(fd,buf,strlen(buf));
                    if(len < 0) {
                        printf("Error writing to device!\n");
                        close(fd);
                        exit(1);
                    }
                    printf("\n There are % d bytes written to device!\n",len);
                    }
                    close(fd);
        }
        void read_proc() {
            int fd, len, quit = 0;
            char * buf = NULL;
        fd = open("/dev/chrdev", O_RDONLY);
            if(fd < 0) {
                    printf("Error opening device for reading!\n");
                    exit(1);
            }
            while(!quit) {
                    printf("\n Please read out: ");
                    while(!ioctl(fd,DYNCHAR_QUERY_NEW_MSG))
```

```
            usleep(100);
        //get the msg length
        len = ioctl(fd,DYNCHAR_QUERY_MSG_LENGTH,NULL);
        if(len) {
            if(buf!= NULL)
                free(buf);
            buf = malloc(sizeof(char) * (len + 1));
            len = read(fd,buf,len);
            if(len < 0) {
                printf("Error reading from device!\n");
            }
            else {
                if(!strcmp(buf,"exit"){
                    ioctl(fd,DYNCHAR_RESET);        //reset
                    quit = 1;
                }
                else
                    printf(" % s\n",buf);
            }
        }
    }
    free(buf);
    close(fd);
}

//以下为 chrdev.h 定义
# ifndef_DYNCHAR_DEVICE_H
# define_DYNCHAR_DEVICE_H
# include < Linux/ioctl.h >
# define DYNCHAR_MAJOR 42
# define DYNCHAR_MAGIC DYNCHAR_MAJOR
# define DYNCHAR_RESET_IO(DYNCHAR_MAGIC,0)        //reset the data
# define DYNCHAR_QUERY_NEW_MSG_IO(DYNCHAR_MAGIC,1)//check for new message
# define DYNCHAR_QUERY_MSG_LENGTH_IO(DYNCHAR_MAGIC,2)//get message length
# define IOC_NEW_MSG 1
# endif
```

13.6.2　块设备驱动程序

保存设备信息的数据结构。

```
typedef struct Sbull_Dev {
                void ** data;
                int quantum;                //the current quantum size
                int qset;                   //the current array size
                unsigned long size;
                unsigned int new_msg;
                unsigned int usage;         //lock the device while using it
                unsigned int access_key;    //used by sbulluid and sbullpriv
                struct Sbull_Dev * next;    //next listitem
                };
                extern struct sbull_dev * sbull;    //device information
```

1. 函数 sbull_open()

```c
int sbull_open(struct inode * inode, struct file * filp) {
int num = MINOR(inode -> i_rdev);
if(num >= sbull -> size)
    return - ENODEV;
sbull -> size = sbull -> size + num;
if(!sbull -> usage) {
    check_disk_change(inode -> i_rdev);
    if(!* (sbull -> data))
        return - ENOMEM;
 }
sbull -> usage++ ;
MOD_INC_USE_COUNT;
return 0;
        }
```

2. 函数 sbull_ioctl()

```c
# include < Linux/ioctl.h >
# include < Linux/fs.h >       //BLKGETSIZE、BLKFLSBUF 和 BLKRRPART 在此中定义
int sbull_ioctl(struct inode * inode, struct file * filp, unsigned int cmd, unsigned long arg) {
int err;
struct hd_geometry * geo = (struct hd_geometry * )arg;
PDEBUG("ioctl   0x%x   0x%lx\n", cmd, arg);
switch(cmd) {
    case   BLKGETSIZE:
      //Return the device size, expressed in sectors
        if (!arg)
            return - EINVAL;                   //NULL pointer: not valid
    err = verify_area(VERIFY_WRITE, (long * )arg, sizeof(long));
        if(err)
             return err;
        put_user(1024 * sbull_sizes[MINOR(inode -> i_rdev)
/sbull_hardsects[MINOR(inode -> i_rdev)],
(long * )arg);
                 return 0;
    case   BLKFLSBUF:                       //flush
      if(!suser())
          return - EACCES;                   //only root
    fsync_dev(inode -> i_rdev);
    return 0;
    case   BLKRRPART:                         //re - read partition table: can't do it
      return - EINVAL;
            RO_IOCTLS(inode -> i_rdev, arg);
    //the default RO operations, 宏 RO_IOCTLS(kdev_t dev, unsigned long where) 在 blk.h 中定义
    }
    return - EINVAL;                          //unknown command
    }
```

3. 函数 sbull_release()

```
void sbull_release(struct inode * inode, struct file * filp) {
    sbull->size = sbull->size + MINOR(inode->i_rdev);
    sbull->usage--;
    MOD_DEC_USE_COUNT;
    printk("This blkdev is in release!\n");
    return 0;
    #ifdef DEBUG
            printk("sbull_release(%p, %p)\n", inode, filp);
    #endif
}
```

4. 函数 sbull_request()

```
extern struct request * CURRENT;
void sbull_request(void) {
    while(1) {
    INIT_REQUEST();
    printk("request %p: cmd %i sec %li (nr. %li), next %p\n",
    CURRENT,
    CURRENT->cmd,
    CURRENT->sector,
    CURRENT->current_nr_sectors);
            end_request(1);                        //请求成功
    }
}
```

第14章   Linux 的文件管理

14.1   实 验 目 的

(1) 掌握 Linux 文件系统的基本原理、结构和实现方法。

(2) 掌握 Linux 文件系统中文件的建立、打开、读/写、执行、属性等系统调用的使用。

(3) 学会设计简单的文件系统并实现一组操作。

(4) 通过实验学习文件系统的系统调用命令,提高对文件系统实现功能的理解和掌握。

14.2   实 验 准 备 知 识

14.2.1   文 件 结 构

文件结构是文件存放在磁盘等存储设备上的组织方法。主要体现在对文件和目录的组织上。目录提供了管理文件的一个方便而有效的途径。用户可以浏览整个系统,可以进入任何一个已授权进入的目录,访问那里的文件。

Linux 目录采用多级树形结构,如图 14-1 所示。

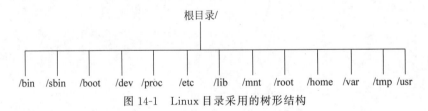

图 14-1   Linux 目录采用的树形结构

要想熟练使用 Linux,必须掌握系统中的各目录的用途。

/bin:bin 是 Binary 的缩写。这个目录存放着普通用户经常使用的命令文件。

/sbin:s 就是 Super User 的意思。这里存放的是系统管理员使用的系统管理程序。

/boot:这里存放的是启动 Linux 时使用的一些核心文件,包括内核、一些链接文件及镜像文件。

/dev:dev 是 Device(设备)的缩写。该目录下存放的是设备文件,在 Linux 中访问外部设备的方式和访问文件的方式是相同的。

/proc:是一个虚拟的目录,它是系统内存的映射。可以通过直接访问此目录来获取系统信息。

/proc目录的内容不在硬盘上,而是在内存里,也可以直接修改里面的某些文件,如可以通过下面的命令来屏蔽主机的 ping 命令,使别人无法 ping 自己的计算机。

```
echo 1 > /proc/sys/net/ipv4/icmp_echo_ignore_all
```

/etc:用来存放所有的系统管理所需要的配置文件和子目录。

/lib:此目录中存放着系统最基本的动态链接共享库,其作用类似于 Windows 中的 DLL 文件。几乎所有的应用程序都需要用到这些共享库。

/mnt:在这里面有几个目录,系统提供这些目录是为了让用户临时挂载其他的文件系统,可以将光驱挂载在/mnt/cdrom 上,然后进入该目录就可以查看光驱中的内容了。

/root:该目录为系统管理员(即超级用户 root)的用户主目录。

/home:用以存放普通用户的主目录。在 Linux 中,每个用户都有一个自己的目录,一般以用户的账号命名。

/var:此目录中存放着在不断更新的东西,人们习惯将那些经常被修改的目录放在此目录下,包括各种缓冲区和日志文件。

/tmp:用来存放一些临时文件。

/usr:要用到的很多应用程序和文件几乎都存放在此目录下。

本节只是简单讲解了一下目录的大致用途,如果想成为 Linux 高手,则还要进一步研究 Linux 下的这些目录中的内容。

14.2.2 目录管理

1. 文件控制块和索引节点

(1) 文件控制块。从文件管理的角度看,文件由文件体和文件说明两部分组成。文件体即文件本身,文件说明则是保存文件属性信息及控制信息的数据结构,称为文件控制块。

(2) 索引节点。为了减少文件系统查找文件名时的读盘次数,有的系统中便采用了把文件名与文件的其他描述信息分开存放的办法,即把非文件名描述信息单独形成一个数据结构,这个数据结构称为索引节点(index node,又简称 i 节点)。一个文件唯一对应一个索引节点。

2. 单级目录结构

单级目录结构是最简单的目录结构,这种目录结构只建立一张目录表,每个文件占据一个表目,如表 14-1 所示。

表 14-1　单级目录表

文　件　名	物　理　地　址	其他属性信息
File1		
File2		
File3		
...	...	...

233

单级目录结构的优点是,易于实现、管理简单。但存在不允许文件重名、文件查找速度慢的缺点。

3．两级目录结构

两级目录结构是指把系统中的文件目录分成主文件目录和用户文件目录两级。系统为每个用户建立一个单独的用户文件目录,其中登记了该用户建立的所有文件的说明信息。主文件目录则记录系统中各个用户文件目录的情况,每个用户占一个表目,表目中包括用户名及相应的用户文件目录所在的存储位置等信息。两级目录结构如图 14-2 所示。

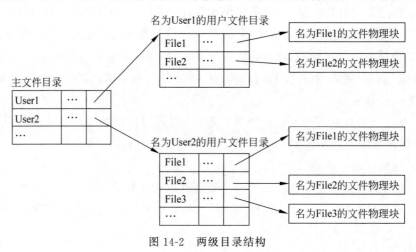

图 14-2　两级目录结构

两级目录结构可以解决重名问题,因整个文件系统分装在几个用户文件目录表中,具体到某一个用户文件目录表不会太大,因而可获得较高的查找速度。但两级目录结构缺乏灵活性,为了便于系统和用户更加灵活方便地组织管理和使用各类文件,将两级目录结构的层次关系加以推广,便形成了树形目录结构。

14.2.3　Linux 的 EXT4 文件系统

Linux 使用虚拟文件系统的技术从而可以支持多达几十种的不同文件系统,而 EXT4 是 Linux 自己的文件系统。它有几个重要的数据结构,一个是超级块,用来描述目录和文件在磁盘上的物理位置、文件大小和结构等信息;inode 也是一个重要的数据结构,文件系统中的每个目录和文件均由一个 inode 描述,它包含文件模式(类型和存取权限)、数据块位置等信息。EXT4 文件系统结构如图 14-3 所示。

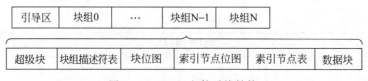

图 14-3　EXT4 文件系统结构

一个文件系统除了重要的数据结构之外,还必须为用户提供有效的接口操作。例如 EXT4 提供的 OPEN/CLOSE 接口操作。

14.2.4 相关函数

1. fopen()

fopen()为打开文件函数。

调用格式:

```
#include<stdio.h>
FILE *fopen(const char *filename,const char *mode)
```

参数说明如下。

(1) filename:待打开的文件名,如果不存在,就创建该文件。

(2) mode:打开方式,常用的有以下几个。

w:写方式打开,文件不存在就被创建,否则清除原来的内容。

r:读方式打开,文件必须存在。

a:添加方式打开。

w+:读/写方式打开,有清除功能。

r+:读/写方式打开,文件必须存在。

a+:添加方式打开。

t:Text 方式打开。

b:二进制方式打开。

2. fwrite 和 fread

fwrite 用于写文件,fread 用于读文件。

调用格式:

```
size_t fwite(const void *buffer,size_t size,size_t count,FILE *stream);
size_t fread(void *buffer, size_t size, size_t count, FILE *stream);
```

参数说明如下。

(1) buffer:待读/写的内容。

(2) size:一次读/写的量。

(3) count:需读/写 buffer 的次数。

(4) stream:打开的文件指针。

3. fseek

fseek 为定位文件函数。

调用格式:

```
int fseek(FILE *stream, long offset, int origin);
```

参数说明如下。

(1) stream:文件指针。

(2) offset:偏移量。

(3) origin:初始位置,有 3 个常量,即 SEEK_CUR 是当前位置,SEEK_SET 是文件开头,SEEK_END 是文件尾。

14.3　实验内容

14.3.1　设计并实现一个文件执行程序

编写一个程序，利用 fork 调用创建一个子进程，并让子进程执行一个可执行文件。

14.3.2　设计并实现一个一级文件系统程序

根据前面的提示设计一个一级（单用户）文件系统程序，要求实现以下功能。

（1）提供文件创建/删除接口命令（create/delete）、目录创建/删除接口命令（mkdir/rmdir）、显示目录内容命令（ls）。

（2）创建的文件不要求格式和内容。

14.4　实验指导

（1）在设计并实现一个文件执行程序时，应先创建进程，再利用系统调用 exec 引入一个可执行文件。

（2）设计一个简单文件系统，包含格式化、显示文件（目录）、创建文件、登录等命令的实现，而且能完成超级块的读/写、节点的读/写过程。这是一个比真正文件系统简单得多，但又能体现文件系统理论的程序。在超级模块的使用上，采用操作系统关于这方面的经典理论；在节点的使用上，主要是模仿 Linux 的 EXT4 文件系统。main 函数流程图如图 14-4 所示。

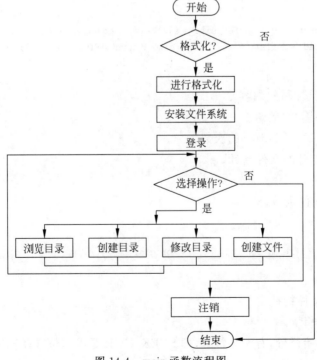

图 14-4　main 函数流程图

14.5　实　验　总　结

相对来说,文件管理是有一定难度的实验,它涵盖了一个简单文件系统的设计及相关接口命令编写的内容。完整地完成本实验后,对文件系统工作的机理,特别是 Linux 的 EXT4 文件系统的工作机理有了全面、深入的认识,进而提高了 Linux 环境下的编程能力。

14.6　源　程　序

14.6.1　设计并实现一个文件执行程序

```
# include < stdio. h >
# include < stdio. h >
# include < unistd. h >
# include < signal. h >
void main()
{
    int pid;
    pid = fork();
    if(pid > 0)                          //父进程运行
    {
      wait(0);                           //等待子进程结束
      printf("is completed\n");
      exit(0);

    }
    if(pid == 0)                         //子进程运行
    execl("/bin/ls","ls"," - l",(char)0);   //引入并执行 ls 命令
}
```

14.6.2　设计并实现一个一级文件系统程序

```
# include < stdio. h >
# include < malloc. h >
# include < stdlib. h >
# include < string. h >
# include "structure. h"
# include "creat. h"
# include "access. h"
# include "ballfre. h"
# include "close. h"
# include "delete. h"
# include "dir. h"
# include "format. h"
# include "halt. h"
# include "iallfre. h"
# include "install. h"
```

237

```
# include "log. h"
# include "name. h"
# include "open. h"
# include "rdwt. h"
# include "igetput. h"
struct hinode hinode[NHINO];
struct dir dir;
struct file sys_ofile[SYSOPENFILE];
struct filsys filsys;
struct pwd pwd[PWDNUM];
struct user user[USERNUM];
FILE * fd;
struct inode * cur_path_inode;
int user_id;
unsigned short usr_id;
char usr_p[12];
char sel;
char temp_dir[12];
main()
{
    unsigned short ab_fd1,ab_fd2,ab_fd3,ab_fd4,i,j;
    char * buf;
    int done = 1;
    printf("\nDo you want to format the disk(y or n)\n");
    if(getchar()== 'y')
    { printf("\nFormat will erase all context on the disk \n");
        printf("Formating...\n");
        format();
                printf("\nNow will install the fillsystem,please wait...\n");
        install();
                printf("\n---- Login ---- \nPlease input your userid: ");
                scanf(" % u",&usr_id);
                printf("\nPlease input your password: ");
                scanf(" % s",&usr_p);
                    /*   printf("\nsuccess\n");  */
        if(!login(usr_id,usr_p))
            return;
        while(done)
        {
                printf("\n Please Select Your Operating\n");
                printf(" - 1 ---- ls\n - 2 ---- mkdir\n - 3 ---- change dir\n - 4 ---- create file
                \n - 0 ---- Logout\n"); /* 注意 */
                sel = getchar();
                sel = getchar();
                switch(sel)
                {
                case '1':
                    _dir()
                    break;
                case '2':
                    printf("please input dir name: ");
```

```
                scanf(" % s",temp_dir);
                mkdir(temp_dir);
                break;
            case '3':
                printf("please input dir name: ");
                scanf(" % s",temp_dir);
                chdir(temp_dir);
                break;
            case '4':
                printf("please input file name: ");
                scanf(" % s",temp_dir);
                ab_fd1 = creat(2118,temp_dir,01777);
                buf = (char * )malloc(BLOCKSIZ * 6 + 5);
                write(ab_fd1,buf,BLOCKSIZ * 6 + 5);
                close(0,ab_fd1);
                free(buf);
                break;
            case '0':
                logout(usr_id);
                halt();
                done = 0;
                default:
                printf("error!\nNo such command,please try again.\nOr you can ask your teacher
for help.\n");
                break;
            }
        }
    }
    else
    printf("User canseled\nGood Bye\n");
}
```

第 15 章　　Linux 内核编译

15.1　实　验　目　的

(1) 了解 Linux 内核的版本和组成。

(2) 掌握 Linux 系统内核的编译操作方法。

(3) 了解 Linux 系统内核的配置方法。

(4) 构造一个微型 Linux 操作系统。

15.2　实验准备知识

15.2.1　内核简介

1. 内核定义

内核是一个操作系统的核心。它负责管理系统的进程、内存、设备驱动程序、文件和网络系统,决定系统的性能和稳定性。

Linux 的一个重要的特点就是其源代码的公开性,所有的内核源程序都可以在/usr/src/Linux 下找到,大部分应用软件也都是遵循 GPL 而设计的,用户可以获取相应的源程序代码。全世界任何一个软件工程师都可以将自己认为优秀的代码加入到其中,由此引发的一个明显的好处就是 Linux 修补漏洞快速及对最新软件技术的利用。而 Linux 的内核则是这些特点的最直接的代表。

想象一下,拥有了内核的源程序意味着什么? 首先,可以了解系统是如何工作的。通过通读源代码,就可以了解系统的工作原理,这在 Windows 下简直是天方夜谭。其次,可以针对自己的情况,量体裁衣,定制适合自己的系统,这样就需要重新编译内核。在 Windows 下是什么情况呢? 相信很多人都被越来越庞大的 Windows 弄得莫名其妙过。再次,可以对内核进行修改,以符合自己的需要。这意味着自己开发了一个操作系统,但是大部分的工作已经做好了,用户所要做的就是增加并实现自己需要的功能。在 Windows 下,除非是微软的核心技术人员,否则就不要痴心妄想了。

2. 内核版本号

由于 Linux 的源程序是完全公开的,任何人只要遵循 GPL,就可以对内核加以修改并发布给其他人使用。Linux 的开发采用的是集市模型(bazaar,与 cathedral——教堂模型——对应),为了确保这些无序的开发过程能够有序地进行,Linux 采用了双树系统。一个树是稳定树(stable tree),另一个树是非稳定树(unstable tree)或者开发树(development tree)。一些新特性、实验性改进等都将首先在开发树中进行。如果在开发树中所做的改进也可以应用于稳定树，那么在开发树中经过测试以后，在稳定树中将进行相同的改进。一旦开发树经过了足够的发展，就会成为新的稳定树。开发树就体现在源程序的版本号中；源程序版本号的形式为 x.y.z：对于稳定树，y 是偶数；对于开发树，y 比相应的稳定树大一（因此是奇数）。2004 年 2.6 版本发布之后，内核开发者觉得基于更短的时间为发布周期更有益，所以引入基于时间的发布规律，大约 7 年的时间内，内核版本号的前两个数一直保持是"2.6"，第三个数随着发布次数增加，发布周期是两三个月。考虑到对某个版本的 bug 和安全漏洞的修复，有时也会出现第四个数。

2011 年 5 月 29 日，Linus 宣布为了纪念 Linux 发布 20 周年，在 2.6.39 版本发布之后，将内核版本更新到 3.0，继续使用在 2.6.0 版本引入的基于时间的发布规律，版本的格式修改为 3.A.B，其中 A 代表内核的版本，B 代表安全补丁；4.0(2015 年 4 月)版本延续 3.A.B 的命名格式，只是将主版本号变更为 4。要下载内核版本，请访问 http://www.kernel.org。

3. 重新编译内核的必要性

Linux 作为一个自由软件，在广大爱好者的支持下，内核版本不断更新。新的内核修订了旧内核的 bug，并增加了许多新的特性。如果用户想要使用这些新特性，或想根据自己的系统度身定制一个更高效、更稳定的内核，就需要重新编译内核。

通常，更新的内核会支持更多的硬件，具备更好的进程管理能力，运行速度更快，更稳定，并且一般会修复旧版本中发现的许多漏洞等，经常性地选择升级更新的系统内核是 Linux 使用者的必要操作内容。

为了正确、合理地设置内核编译配置选项，从而只编译系统需要的功能的代码，一般主要有下面 4 个考虑。

(1) 自己定制编译的内核运行更快(具有更少的代码)。

(2) 系统将拥有更多的内存(内核部分将不会被交换到虚拟内存中)。

(3) 不需要的功能编译进入内核，可能会增加被系统攻击者利用的漏洞。

(4) 将某种功能编译为模块方式比编译到内核的方式速度要慢一些。

4. 内核编译模式

要增加对某部分功能的支持，如网络，可以把相应部分编译到内核中(build-in)，也可以把该部分编译成模块(module)，动态调用。如果编译到内核中，在内核启动时就可以自动支持相应部分的功能，这样的优点是，方便、速度快，计算机一启动，就可以使用这部分功能了；缺点是，会使内核变得庞大，不管是否需要这部分功能，它都会存在，这就是 Windows 惯用的招数，建议经常使用的部分直接编译到内核中，如网卡。如果编译成模块，就会生成对应的.o 文件，在使用时可以动态加载，优点是，不会使内核过分庞大，缺点是，要自己来调用这些模块。

15.2.2 内核编译涉及的相关命令和术语

1. 内核编译涉及的主要命令

```
cd
cp
tar
```

```
mv
make config/make menuconfig/make xconfig
make dep
make clean
make bzImage
make modules
make modules_install
lilo
```

2. 内核编译涉及的术语

LILO(Linux LOader)是一个在 Linux 环境下编写的引导安装(boot loader)程序(故安装和配置都要在 Linux 下进行),其主要功能是引导 Linux OS 的启动。LILO 不仅可作为 Linux 分区的引导扇区内的启动程序,而且可放入 MBR 中完全控制 Boot Loader 的全过程。它主要由 Map Installer、the Boot Loader、/boot/map /etc/lilo. conf 等程序和文件共同实现。图 15-1 所示为 LILO 的引导示意图。

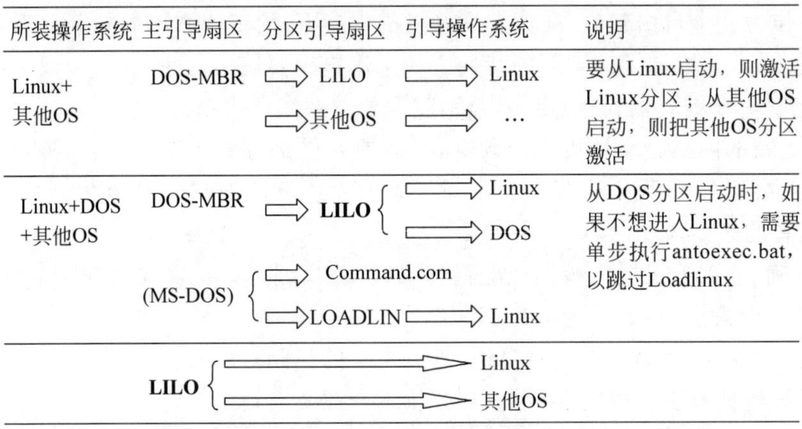

图 15-1　LILO 的引导示意图

15.3　实验内容

使用系统提供的 make 工具重新配置新内核,要求所配置的内核尽量小。

15.4　实验指导

1. Linux 新内核源代码包的获取

Linux 内核版本发布的官方网站是 http://www. kernel. org/Linux/kernel。新版本的内核分两种,一种是 full Source 版本,另一种是 patch 文件,即补丁。完整的内核版本比较大,一般是 tar. gz 或者是.bz2 文件,二者是使用 gzip 或者 bzip2 进行压缩的文件,使用时需要解压缩。patch 文件则比较小,一般只有几十 KB 到几百 KB,但是 patch 文件是针对特定的版本的,用户需要找到自己对应的版本才能使用。

2. 内核解包和链接建立

编译内核需要 root 权限,以下操作都假定是 root 用户。请把需要升级的内核复制到 /usr/src/下,下文中以 n.n.n(n.n.n 为 Linux 的内核版本号)的内核的 Linux-n.n.n.tar.gz 为例,命令为:

```
# cp Linux - n.n.n.tar.gz /usr/src
```

先来查看一下当前/usr/src 的内容,这就是所装 Linux 的 kernel 源代码,删除这个链接。

现在解压下载的源程序文件。如果所下载的是.tar.gz(.tgz)文件,使用下面的命令:

```
# tar - xzvf Linux - n.n.n.tar.gz
```

如果所下载的是.bz2 文件,如 Linux-2.4.0test8.tar.bz2,使用下面的命令:

```
# bzip2 - d Linux - n.n.n.tar.bz2
# tar - xvf Linux - n.n.n.tar
```

文件将解压到/usr/src/Linux 目录中,把它稍做修改:

```
# mv Linux Linux - n.n.n
# ln - s Linux - n.n.n Linux
```

重新建立指向刚刚解压的 Linux-n.n.n 链接。

3. 内核编译

通常要运行的第一个命令为:

```
# cd /usr/src/Linux
# make mrproper
```

该命令确保源代码目录下没有不正确的.o 文件及文件的互相依赖。由于使用刚下载的完整的源程序包进行编译,因此本步可以省略。如果多次使用了这些源程序编译内核,那么最好要先运行一下这个命令。

确保/usr/include/目录下的 asm、Linux 和 scsi 等链接是指向要升级的内核源代码的。它们分别链向源代码目录下的真正的该计算机体系结构(对于 PC 来说,使用的体系结构是 i386)所需要的 include 子目录,如 asm 指向/usr/src/Linux/include/asm-i386 等。若没有这些链接,就需要手工创建,按照下面的步骤进行。

```
# cd /usr/include/
# rm - r asm Linux scsi
# ln - s /usr/src/Linux/include/asm - i386 asm
# ln - s /usr/src/Linux/include/Linux Linux
# ln - s /usr/src/Linux/include/scsi scsi
```

这是配置非常重要的一部分。删除/usr/include 下的 asm、Linux 和 scsi 链接后,再创建新的链接指向新内核源代码目录下的同名的目录。这些头文件目录包含着保证内核在系统上正确编译所需要的重要的头文件。

接下来的内核配置过程比较烦琐,配置对话框如图 15-2 所示,但是配置的是否适当与日后 Linux 的运行直接相关,有必要了解一些主要的且经常用到的选项的设置。

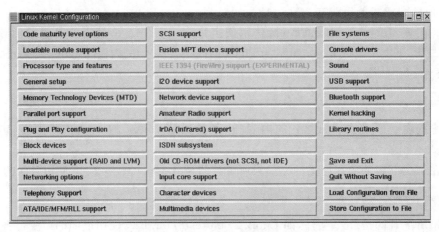

图 15-2　Linux 内核配置对话框

配置内核可以根据需要与爱好使用下面命令中的一个。

♯make config：基于文本的最为传统的配置界面，不推荐使用。

♯make menuconfig：基于文本选单的配置界面，字符终端下推荐使用。

♯make xconfig：基于图形窗口模式的配置界面，Xwindow 下推荐使用。

♯make oldconfig：如果只想在原来内核配置的基础上修改一些小地方，会省去不少麻烦。

上述 4 个命令中，make xconfig 的界面最为友好，如果可以使用 Xwindow，那么就推荐使用此命令。

如果不能使用 Xwindow，就使用 make menuconfig。界面虽然比 make xconfig 差一些，但比 make config 的要好得多。

选择相应的配置时，有 3 种选择，如图 15-3 所示，它们分别代表的含义如下。

y：将该功能编译进内核。

n：不将该功能编译进内核。

m：将该功能编译成可以在需要时动态插入到内核中的模块。

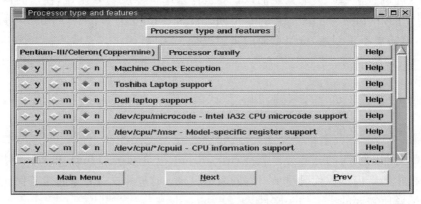

图 15-3　配置内核的选择按钮

如果使用的是 make xconfig,使用鼠标就可以选择对应的选项。如果使用的是 make menuconfig,则需要使用空格键进行选取。在每一个选项前都有一个括号,但有时是中括号,有时是尖括号,还有时是圆括号。用空格键选择时可以发现,中括号中要么是空,要么是"∗",而尖括号中可以是空,也可以是"∗"和"M"。这表示前者对应的项要么不要,要么编译到内核中;后者则多一种选择,可以编译成模块。圆括号的内容是要用户在所提供的几个选项中选择一项。

在编译内核的过程中,最烦琐的事情就是配置工作。实际上在配置时,大部分选项可以使用其默认值,只有一小部分需要根据用户不同的需要进行选择。选择的原则是将与内核其他部分关系较远且不经常使用的部分功能代码编译成为可加载模块,有利于减小内核的长度,减小内核消耗的内存,简化该功能相应的环境改变时对内核的影响;不需要的功能就不需要选择;与内核关系紧密而且经常使用的部分功能代码直接编译到内核中。主要配置项如下。

(1) Code maturity level options。代码成熟等级,此处只有一项,即 prompt for development and/or incomplete code/drivers,如果要试验现在仍处于实验阶段的功能,如 khttpd、IPv6 等,就必须把该项选择为 y,否则可以把它选择为 n。

(2) Loadable module support。对模块的支持,有以下 3 项。

① Enable loadable module support:如果不准备把所有需要的内容都编译到内核中,该项就应该是必选的。

② Set version information on all module symbols:可以不选。

③ Kernel module loader:让内核在启动时有自己装入必须模块的能力,建议选择。

(3) Processor type and features 设置 CPU 类型,有关的几个如下。

① Processor family:根据自己的情况选择 CPU 类型。

② High Memory Support:大容量内存的支持。可以支持到 4GB、64GB,一般可以不选。

③ Math emulation:协处理器仿真。协处理器是 386 时代的宠儿,现在早已不用了。

④ MTTR support:MTTR 支持,可不选。

⑤ Symmetric multi-processing support:对称多处理支持。除非有多个 CPU,否则就不用选。

(4) General setup。这里是对最普通的一些属性进行设置。这部分内容非常多,一般使用默认设置即可。下面介绍经常使用的一些选项。

① Networking support:网络支持。必选,没有网卡也建议选择。

② PCI support:PCI 支持。如果使用了 PCI,则必选。

③ PCI Access mode:PCI 存取模式。可供选择的有 BIOS、Direct 和 Any,一般选择 Any。

④ Support for hot-pluggabel devices:热插拔设备支持。支持的不是太好,可不选。

⑤ PCMCIA/CardBus support:PCMCIA/CardBus 支持。PCMCIA 必选。

⑥ System V IPC、BSD Process Accounting、Sysctl support:这 3 项是有关进程处理/IPC 调用的,主要是 System V 和 BSD 两种风格。如果不是使用 BSD,可不选。

⑦ Power Management support:电源管理支持。

⑧ Advanced Power Management BIOS support:高级电源管理 BIOS 支持。

（5）Memory Technology Device(MTD)。MTD 设备支持,可不选。

（6）Parallel port support。并口支持,如果不打算使用串口,可不选。

（7）Plug and Play configuration。即插即用支持,可选。

（8）Block devices。块设备支持。针对情况选择,简单介绍如下。

① Normal PC floppy disk support：普通 PC 软盘支持,必选。

② Mulex DAC960/DAC1100 PCI RAID Controller support：RAID 镜像用的。

③ Network block device support：网络块设备支持。如果想访问网上邻居就选择。

④ Logical volume manager(LVM)support：逻辑卷管理支持。

⑤ Multiple devices driver support：多设备驱动支持。

⑥ RAM disk support：RAM 盘支持。

（9）Networking options。网络选项,这里配置的是网络协议,可使用默认选项。

（10）Telephony Support。电话支持,Linux 下可以支持电话卡,这样就可以在 IP 上使用普通的电话提供语音服务。

（11）ATA/IDE/MFM/RLL support。这是有关各种接口的硬盘/光驱/磁带/软盘支持的,可使用默认的选项,如果使用了比较特殊的设备,如 PCMCIA 等,就到这里找相应的选项。

（12）SCSI support。SCSI 设备的支持。

（13）Fusion MPT device support。需要 Fusion MPT 兼容 PCI 适配器,可不选。

（14）I^2O device support。需要 I^2O 接口适配器支持,在智能 Input/Output(I^2O)体系接口中使用。

（15）Network device support。网络设备支持,上面选好了协议,现在该选设备了,有 ARCnet 设备、Ethernet（10/100Mbps）、Ethernet（1000Mbps）、Wireless LAN（non-hamradio）、Token Ring device、Wan interfaces、PCMCIA network device support 几大类。

（16）Amateur Radio support。配置业余无线广播。

（17）IrDA(infrared)support。红外线支持。

（18）ISDN subsystem。如果使用 ISDN 上网,这个就必不可少了。

（19）Old CD-ROM drivers(not SCSI、not IDE)。使用 IDE 的 CD-ROM 可不选。

（20）Character devices。字符设备,可使用默认设置,若有需要,可自己修改。主要类介绍如下。

① I^2C support：I^2C 是 Philips 极力推动的微控制应用中使用的低速串行总线协议。如果选择下面的 Video For Linux,则该项必选。

② Mice：鼠标。现在可以支持总线、串口、PS/2、C&T 82C710 mouse port、PC110 digitizer pad,根据需要选择。

③ Joysticks：手柄。在 Linux 下把手柄驱动起来的意义不大,因为游戏太少。

④ Watchdog Cards：虽然称为 Cards,但可以用纯软件来实现,当然也可用硬件来实现。如果把此项选中,就会在/dev 下创建一个名为 watchdog 的文件,它可以记录系统的运行情况,一直到系统重新启动的 1min 左右。有了这个文件,就可以恢复系统到重启前的状态了。

⑤ Video For Linux：支持有关的音频/视频卡。

(21) File systems。文件系统,可在默认选项的基础上进行修改,介绍以下几项。

① Quota support:Quota 限制每个用户可以使用的硬盘空间的上限,在多用户共同使用一台主机的情况下十分有效。

② DOS FAT fs support:DOS FAT 文件格式的支持,可以支持 FAT16、FAT32。

③ ISO 9660 CD-ROM file system support:光盘使用的就是 ISO 9660 的文件格式。

④ NTFS file system support:NTFS 是 NT 使用的文件格式。

⑤ /proc file system support:/proc 文件系统是 Linux 提供给用户和系统进行交互的通道,建议选择,否则有些功能无法正确执行。

还有另外三大类都归到这里,即 Network File Systems(网络文件系统)、Partition Types(分区类型)、Native Language Support(本地语言支持)。值得注意的是,Network File Systems 中的 NFS 和 SMB 分别是 Linux 和 Windows 相互以网络邻居的形式访问对方所使用的文件系统,根据需要加以选择。

(22) Console drivers。控制台驱动,一般使用 VGA text console 即可,标准的 80×25 的文本控制台。

(23) Sound。声卡驱动。

(24) USB support。USB 支持,很多 USB 设备,如鼠标、调制解调器、打印机、扫描仪等,在 Linux 中都可以得到支持,根据需要自行选择。

(25) Kernel hacking。配置了此项,即使在系统崩溃时,也可以进行一定的工作。普通用户一般不用这个功能的。

配置完后,存盘退出。

4. 清除旧的编译结果,编译二进制内核映像文件及模块

接下来是编译,输入以下命令:

```
# make dep
# make clean
# make bzImage 或 make zImage
# make modules
# make modules_install
# depmod - a
```

第一个命令 make dep 实际上是读取配置过程生成的配置文件,来创建对应于配置的依赖关系树,从而决定哪些需要编译而哪些不需要;第二个命令 make clean 完成删除前面步骤留下的文件,以避免出现一些错误;make bzImage 和 make zImage 则实现完全编译内核,二者生成的内核都是使用 gzip 压缩的,只要使用一个就够了,它们的区别在于使用 make bzImage 可以生成大一点的内核。建议使用 make bzImage 命令。

后面 3 个命令只有在进行配置的过程中,在回答 Enable loadable module support (CONFIG_MODULES)时选择 Yes 才是必要的,make modules 和 make modules_install 分别生成相应的模块和把模块复制到需要的目录中。

严格来说,depmod-a 命令和编译过程并没有关系,它是生成模块间的依赖关系,这样启动新内核之后,使用 modprobe 命令加载模块时就能正确地定位模块。

5. 配置启动管理器

经过以上的步骤,就得到了新版本的内核。为了能够使用新版本的内核,还需要做一些

改动。

```
# cp /usr/src/Linux/System.map /boot/System.map-n.n.n
# cp /usr/src/Linux/arch/i386/bzImage /boot/vmlinuz-n.n.n
```

以上这两个文件是刚才编译时新生成的。下面修改/boot 下的两个链接 System. map 和 vmlinuz,使其指向新内核的文件。

```
# cd /boot; rm - f System.map vmlinuz
# ln - s vmlinuz-n.n.n vmlinuz
# ln - s System.map-n.n.n System.map
```

如果用 LILO,修改/etc/lilo. conf,添加以下项。

```
image = /boot/vmlinuz-n.n.n
label = Linux240
read-only
root = /dev/hda2
```

其中,root＝/dev/hda2 一行要根据需要自行加以修改。

运行:

```
# /sbin/lilo - v
```

确认对/etc/lilo. conf 的编辑无误,现在重新启动系统。

```
# shutdown - r now
```

如果是用 Grub 启动管理器,则添加如下几项即可。

```
title Red Hat Linux (n.n.n)
root (hd0,0)
kernel /vmlinuz - n.n.n ro root = /dev/hda2
```

Grub 不需再次调用命令,自动生效。

重启以后就可以用新内核了。

15.5 实 验 总 结

在 Linux 内核编译实验中,实验总结如下。

(1) 本实验基本达到了实验目的,通过实验,熟悉了开发工具,对 Linux 系统的内核有了总体的认识。

(2) 通过内核编译操作和内核配置方法的实现,深化了课堂所学内容。

(3) 在内核编译操作和内核配置方法的基础上,增强了对 Linux 操作系统整体构成的认识。

第四篇　操作系统课程学习指导和习题解析

第 16 章　操作系统概述

16.1　知识点学习指导

操作系统始终是计算机科学和工程的重要研究领域。一个新操作系统的诞生往往汇集了计算机发展中的一些重要研究成果和技术。操作系统不仅很好地体现了日益发展中的软件研究成果,而且也较好地体现了计算机硬件技术发展及计算机系统结构改进的发展成果。本章主要目标是使读者弄清操作系统是什么、为什么要用操作系统、操作系统怎么样、操作系统能做什么和操作系统有哪些这 5 个问题。因此本章从操作系统的定义、操作系统的产生和发展、操作系统的特征、操作系统的功能和操作系统的类型五方面对操作系统进行概述。

16.1.1　操作系统的定义

关于操作系统,至今尚无严格统一的定义,对操作系统的定义有各种说法,不同的说法反映了人们从不同的角度所揭示的操作系统的本质特征。

(1) 从资源管理的角度,操作系统是控制和管理计算机的软、硬件资源,合理地组织计算机的工作流程以及方便用户的程序集合。

(2) 从硬件扩充的角度,操作系统是计算机裸机之上的第一层软件,是对计算机硬件功能的一次扩充。

操作系统是虚拟机,它是对硬件的首次扩充,它掩盖了硬件操作的细节,使用户与硬件细节隔离,从而方便了用户的使用。操作系统是整个计算机系统的核心。

16.1.2　操作系统的产生和发展

操作系统的产生是计算机硬件不断改进和发展的需要,在第一代计算机上还没有操作系统,对计算机的操作完全是人工操作方式,因此在第一代计算机上计算机资源的利用率非常低。

随着计算机的发展,其速度越来越快、计算能力越来越强,人直接操作计算机的慢速度不能适应计算机的高速度,为减少人的干预,产生了单道批处理系统及作业控制语言(Job Control Language,JCL)。在第二代计算机上的操作系统由于其功能比较简单,只能称为监控系统。监控系统是操作系统的雏形,它为以后操作系统的发展奠定了基础。

到了第三代计算机时代,CPU 的速度更快了,用户的要求也越来越高了,便产生了多道程序设计技术、中断技术等,操作系统又发展产生了分时系统和实时系统。

多道程序设计技术的基本思想是把多个程序同时放入内存,使它们共享系统中的资源。

当一道程序运行中发出 I/O 请求后,利用 CPU 空闲时间让另一道程序运行。多道程序设计技术使 CPU 的利用率大大提高,同时内存中装入了多道程序,也使得内存得到了充分的利用。多道程序设计技术使得程序可以并发地执行。

在第四代计算机上操作系统向着多元化的方向发展,产生了微机操作系统、多处理机操作系统、网络操作系统、分布式操作系统和嵌入式操作系统。

16.1.3 操作系统的特征

操作系统这一大型的软件,有不同于其他软件的一些特征,即并发性、共享性、虚拟性和不确定性。

(1) 并发性。指两个或两个以上的事物在同一时间间隔发生。在多道程序环境下,并发性是指宏观上内存中存放的多道程序,在某一段时间间隔内同时运行。在单处理机系统中,每一时刻处理机上只能有一个程序在运行,因此微观上讲,多道程序是交替执行的。

(2) 共享性。指多道程序或任务对计算机资源的共同享用。共享有两种方式,即互斥共享和共同访问。

(3) 虚拟性。指操作系统采用某种技术手段将一个物理上的实体变换为多个逻辑上的对应物。前者是实际存在的,后者只是一种感觉。

(4) 不确定性。指操作系统是在一个不确定的环境中运行,人们不能对所运行程序的行为及硬件设备的情况做出任何的假定,也无法确切地知道操作系统正处于什么样的状态。

16.1.4 操作系统的功能

操作系统是负责管理计算机系统中软、硬件资源的。从资源管理的需求,操作系统的功能主要有处理机管理、内存管理、设备管理、文件管理和用户接口。

(1) 处理机管理。处理机管理的主要任务是对处理机的分配、回收实施有效管理。在多道程序环境下,处理机的分配和回收是以进程为单位进行的,因此对处理机的管理可归结为对进程的管理。进程管理应实现的功能有进程控制、进程同步、进程通信和进程调度。

(2) 内存管理。内存管理的任务是方便用户使用内存,提高内存的利用率以及从逻辑上扩充内存。内存管理的功能是内存分配、内存映射、内存保护和内存扩充。

(3) 设备管理。设备管理的主要任务是完成用户提出的输入/输出请求,为用户分配外部设备,提高外部设备的利用率,尽可能地提高输入/输出的速度,方便用户使用外部设备。设备管理需要提供的功能有设备分配、设备控制和为用户提供设备的无关性。

(4) 文件管理。文件管理要解决的问题是,向用户提供一种简便、统一的存取和管理信息的方法,并同时解决信息的共享、安全保密等问题。为此,文件管理应具有文件存储空间的管理、目录管理、文件的读/写管理和文件的存取控制的主要功能。

(5) 用户接口。为了方便用户使用操作系统,操作系统提供了用户接口。该接口分为命令接口和程序接口,命令接口提供一组命令供用户使用,它包含联机命令接口和脱机命令接口。图形用户界面是联机命令接口的图形化形式,也是目前最常用的一种命令接口形式。程序接口提供一组系统调用,供用户在程序中取得操作系统服务而设置。

16.1.5 操作系统的类型

批处理系统、分时系统、实时系统是操作系统的 3 种基本类型。另外,微机操作系统、多处理机系统、网络操作系统、分布式系统和嵌入式系统是近二三十年兴起并还在发展中的操作系统。

1. 批处理系统

批处理系统是一种基本的操作系统类型。在该系统中,用户的作业(包括程序、数据及程序的处理步骤)被成批地输入到计算机中,然后在操作系统的控制下,用户的作业自动地执行。"成批"和"自动"是批处理系统的特点。"成批"是指多个作业同时进入系统,其中部分放在内存中,其余的放在外存的后备队列中,这样便于系统搭配合理的作业使之执行,从而充分发挥系统中各种资源的作用。"自动"是指作业一旦提交,用户就不能干预自己的作业。

批处理系统的优点是系统的资源利用率高和吞吐量大;缺点是作业的平均周转时间长和用户与自己的作业无交互能力。

2. 分时系统

分时系统允许多个终端用户同时使用计算机,在这样的系统中,用户感觉不到其他用户的存在,好像独占计算机一样。分时系统一般采用时间片轮转法,使一台计算机同时为多个终端用户服务。每个用户都能保证足够快的响应时间,并提供交互会话功能。

分时系统的特征有以下几方面。

(1) 多路性。多个联机用户可以同时使用一台计算机。

(2) 独立性。多个用户彼此独立地工作,互不干扰。

(3) 交互性。用户能够方便地与计算机进行人机交互。

(4) 及时性。用户的请求能在很短的时间内获得响应。

3. 实时系统

实时系统是指系统对特定输入做出的反应速度足以控制发出实时信号的对象。"实时"二字的含义是指计算机对于外来信息能够及时处理,并在被控对象允许的范围内做出快速反应。

实时系统按使用方式的不同可以分为两类:实时控制系统和实时信息处理系统。

实时系统的特殊要求有以下几方面。

(1) 高可靠性。任何故障都可能造成难以弥补的后果,实时系统中必须采用相应的硬件和软件容错技术来提高系统的可靠性。

(2) 过载防护。指系统必须设置某种防护机构,以保证系统出现过载时,仍能正常工作。

(3) 截止时间的要求。实时系统因控制着某个外部事件,往往带有某种程度的紧迫性,因此必须在截止时间以内完成规定任务。

4. 微机操作系统

大规模集成电路促成了微机的出现,配置在微机上的操作系统称为微机操作系统。有代表性的微机操作系统有 CP/M 操作系统、DOS 操作系统、OS/2 操作系统、UNIX 操作系统和 Windows 操作系统。

5．多处理机系统

对于复杂的任务，一个处理机难以胜任，多处理机系统就应运而生了。多处理机系统增加了系统的吞吐量、节省了投资，并且提高了系统的可靠性。

多处理机系统可分成两种模式：非对称多处理机和对称多处理机。

（1）非对称多处理机：又称为主-从模式，在这种模式中，把处理机分为主处理机和从处理机两类。主处理机上配置了操作系统，用于管理整个系统的资源，并负责为各个从处理机分配任务；从处理机执行预先规定的任务及由主处理机所分配的任务。

（2）对称多处理机：通常所有的处理机都是相同的，在每个处理机上都有一个操作系统，用来管理本地资源、控制进程的运行及控制各个处理机之间的通信。

6．网络操作系统

计算机网络出现后，管理和控制计算机网络的网络操作系统也就产生了。网络操作系统有以下两种模式：客户端/服务器模式和对等模式。

（1）客户端/服务器模式。服务器是网络的控制中心，其任务是向客户端提供一种或多种服务。客户端是用户本地处理和访问服务器的计算机站点。

（2）对等模式。计算机网络中的各个站点是对等的，即每台计算机在网络中的功能和地位是相同的，每一台站点既可以作为客户端去访问其他站点，又可作为服务器向其他站点提供服务。

网络操作系统具有以下5方面的功能。

（1）网络通信。在源计算机和目标计算机之间，实现无差错的数据传输。

（2）资源共享管理。对网络中的共享资源（硬件和软件）实施有效的管理，协调各个用户对共享资源的使用，保证数据的安全性和一致性。

（3）网络服务。包括电子邮件服务、文件传输、存取和管理服务、共享硬盘服务及共享打印机服务。

（4）网络管理。最基本的任务是安全管理，通过"存取控制"来确保存取数据的安全性，通过"容错技术"来保证系统出现故障时数据的安全性。

（5）互操作能力。它有两方面的含义，在客户端/服务器模式下的局域网络环境中，指连接在服务器上的多种客户端和主机，不仅能与服务器通信，而且还能以透明的方式访问服务器上的文件系统；而在互联网络环境下的互操作，指不同网络间的客户端不仅能通信，而且也能以透明的方式访问其他网络中的文件服务器。

7．分布式系统

分布式系统是由若干计算机经互联网络的连接而形成的系统，这些计算机都有自己的局部存储器和输入/输出设备，它们既可以独立工作，有高度的自治性，又相互协同合作，能在系统范围内实现资源管理、动态地分配任务，并能并行地运行分布式程序。

分布式系统的基础是计算机网络，因为计算机之间的通信是经由通信链路的消息交换完成的。

多机合作和健壮性是分布式系统的两个主要特点。

（1）多机合作：就是自动的任务分配和协调。

（2）健壮性：指当系统中有一台甚至多台计算机或通路发生故障时，其余部分可自动重构成为一个新的系统，该新系统可以承担原定的所有工作。健壮性使系统具有良好的可用性和可靠性。另外,分布式系统还具有透明性和共享性。

8. 嵌入式系统

嵌入式计算机,顾名思义即将计算机嵌入到其他设备上,这些设备无处不在,大到汽车发动机、机器人,小到电视机、微波炉、移动电话。运行在其上的操作系统称为嵌入式操作系统。嵌入式操作系统功能简单,只实现所要求的控制功能,但一般具有实时系统的特性。

由于嵌入式计算机内存容量一般较小,大多为 512KB~8MB,这要求嵌入式操作系统必须有效地管理内存空间,分配出去的内存使用完毕后要全部收回,嵌入式操作系统一般不使用虚拟存储技术。多数嵌入式计算机所用的处理机的速度远低于个人计算机的速度,这主要是为了减少电源功耗,因为处理机的速度越快,耗电就越多。

16.2 典型例题分析

1. 什么是操作系统? 它的主要功能是什么?

答:关于操作系统,至今尚无严格统一的定义,对操作系统的定义有各种说法,不同的说法反映了人们从不同的角度所揭示的操作系统的本质特征。

(1) 从资源管理的角度,操作系统是控制和管理计算机的软、硬件资源,合理地组织计算机的工作流程以及方便用户的程序集合。

(2) 从硬件扩充的角度,操作系统是计算机裸机之上的第一层软件,是对计算机硬件功能的一次扩充。

操作系统的主要功能有处理机管理、内存管理、设备管理和文件管理功能,以及用户接口。

2. 什么是多道程序设计技术? 多道程序设计技术的主要特点是什么?

答:多道程序设计技术就是把多个程序同时放入内存,使它们共享系统中的各种资源,并发地在处理机上运行。

多道程序设计技术的特点如下。

(1) 多道,即计算机内存中同时存放多道相互独立的程序。

(2) 宏观上并行,指同时进入系统的多道程序都处于运行过程中。

(3) 微观上串行,指在单处理机环境下,内存中的多道程序轮流地占有 CPU,交替执行。

3. 批处理系统是怎样的一种操作系统? 它的特点是什么?

答:批处理系统是一种基本的操作系统类型。在该系统中,用户的作业(包括程序、数据及程序的处理步骤)被成批地输入到计算机中,然后在操作系统的控制下,用户的作业自动地执行。

批处理系统的特点是"成批"和"自动"。"成批"是指多个作业同时进入系统,其中一部分放在内存中,其余的放在外存的后备队列中,这样便于系统搭配合理的作业使之执行,从而充分发挥系统中各种资源的作用。"自动"是指作业一旦提交,用户就不能干预自己的作业。

4. 什么是分时系统? 什么是实时系统? 试从交互性、及时性、独立性、多路性和可靠性几个方面比较分时系统和实时系统。

答：分时系统允许多个终端用户同时使用计算机，在这样的系统中，用户感觉不到其他用户的存在，好像独占计算机一样。

实时系统是指系统对特定输入做出的反应速度足以控制发出实时信号的对象。"实时"二字的含义是指计算机对于外来信息能够及时处理，并在被控对象允许的范围内做出快速反应。

分时系统具有的多路性、独立性、及时性和交互性这四大特征，实时系统也同样具备，另外，实时系统对可靠性的要求比较高。下面从这几方面对分时系统和实时系统做一个比较。

(1) 多路性。实时信息处理系统与分时系统一样具有多路性。操作系统按分时原则为多个终端用户提供服务。而对于实时控制系统，其多路性主要表现在经常对多路的现场信息进行采集及对多个对象或多个执行机构进行控制。

(2) 独立性。不管是实时信息处理系统还是实时控制系统，与分时系统一样都具有独立性。每个终端用户在向实时系统提出服务请求时，彼此独立地工作、互不干扰。

(3) 及时性。实时信息处理系统对及时性的要求与分时系统类似，都以人们能够接受的等待时间来确定。而实时控制系统则对及时性要求更高，是以控制对象所要求的开始截止时间或完成截止时间来确定的，一般为几秒、几百毫秒、几毫秒，有的甚至要求低于几百微秒。

(4) 交互性。实时信息处理系统具有交互性，但人与系统的交互，仅限于访问系统中某些特定的专用服务程序。它不像分时系统那样向终端用户提供数据处理、资源共享等服务。实时控制系统的交互性要求系统具有连续人机对话的能力，也就是说，在交互的过程中要对用户的输入有一定的记忆和进一步推断的能力。

(5) 可靠性。分时系统虽然也要求具有可靠性，但相比之下，实时系统则要求系统高度可靠。因为任何的差错都可能造成巨大的经济损失，甚至产生无法预料的后果。所以，在实时系统中，都要采取多级容错措施，来保证系统的安全性及数据的安全性。

5. 实时系统分为哪两种类型？

答：实时系统按使用方式的不同可以分为两类：实时控制系统和实时信息处理系统。实时控制系统利用计算机对实时过程进行控制和提供监督环境。实时信息处理系统利用计算机对实时数据进行处理。

6. 操作系统的主要特征是什么？

答：操作系统的主要特征是并发性、共享性、虚拟性和不确定性。并发性是指两个或两个以上的事物在同一时间间隔发生。共享性是指多道程序或任务对计算机资源的共同享用。虚拟性是指操作系统采用某种技术手段将一个物理上的实体变换为多个逻辑上的对应物。不确定性是指操作系统是在一个不确定的环境中运行，人们不能对所运行程序的行为及硬件设备的情况做出任何的假定，也无法确切地知道操作系统正处于什么样的状态。

7. 操作系统与用户的接口有几种？它们各自用在什么场合？

答：操作系统与用户的接口分为命令接口和程序接口，命令接口提供一组命令供用户使用。命令接口用于用户操作级别。程序接口提供一组系统调用，供用户在程序中取得操作系统服务而设置。程序接口用于用户程序级别。

8. "操作系统是控制硬件的软件。"这一说法确切吗？为什么？

答："操作系统是控制硬件的软件。"这一说法不确切。因为操作系统不仅控制和管理计算机的硬件资源,还要控制和管理计算机的软件资源,把操作系统定义为控制硬件的软件是片面的。

9. 设内存中有 A、B、C 三道程序,它们按 A→B→C 的先后次序执行,它们进行"计算"和"I/O 操作"的时间如表 16-1 所示,假设三道程序使用相同的 I/O 设备。

表 16-1　三道程序的操作时间

程　序	操　作		
	计　算	I/O 操作	计　算
A	20	30	10
B	30	50	20
C	10	20	10

(1) 试画出单道运行时三道程序的时间关系图,并计算完成三道程序要花多少时间。

(2) 试画出多道运行时三道程序的时间关系图,并计算完成三道程序要花多少时间。

答:(1) 采用单道方式运行,运行次序为 A→B→C,即程序 A 先执行 20ms 计算,再进行 30ms I/O 操作,最后再进行 10ms 计算;接着程序 B 先执行 30ms 计算,再进行 50ms I/O 操作,最后再进行 20ms 计算;然后程序 C 先执行 10ms 计算,再进行 20ms I/O 操作,最后再进行 10ms 计算。三道程序的运行时间关系如图 16-1 所示,总共要花费的时间为:

$$20ms+30ms+10ms+30ms+50ms+20ms+10ms+20ms+10ms=200ms$$

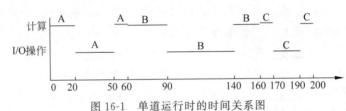

图 16-1　单道运行时的时间关系图

(2) 采用多道方式运行,运行次序为 A→B→C,在运行过程中,无论是 CPU,还是 I/O 设备,A 先使用,B 次之,C 最后使用。即程序 A 先执行 20ms 计算,再进行 30ms I/O 操作(与此同时 B 执行 30ms 计算),最后再进行 10ms 计算(与此同时 B 执行 10ms I/O 操作);接着程序 B 的 30ms 计算和 10ms I/O 操作已在 A 进行 I/O 操作和计算时做完,再进行 40ms I/O 操作(与此同时 C 执行 10ms 计算),最后再进行 20ms 计算(与此同时 C 执行 20ms I/O 操作);此时程序 C 的 10ms 计算和 20ms I/O 操作已完成,最后再进行 10ms 计算。三道程序的运行时间关系如图 16-2 所示,总共要花费的时间为:

$$20ms+30ms+10ms+40ms+20ms+10ms=130ms$$

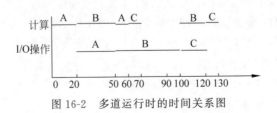

图 16-2　多道运行时的时间关系图

10. 将下面左右两列词连接起来形成意义最恰当的 5 对。

DOS	网络操作系统
OS/2	自由软件
UNIX	多任务
Linux	单任务
Windows NT	为开发操作系统而设计 C 语言

答:

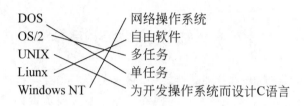

16.3　作　　业

1. 怎样理解"计算机装上操作系统,扩展了计算机的功能"?

2. 简述操作系统在计算机中的地位。

3. 操作系统是随着多道程序设计技术的出现而逐步发展起来的,要保证多道程序的正确运行,在技术上需要解决哪些问题?

4. 为下列应用选择一种操作系统类型,将左、右两列词连接起来形成最恰当的 5 对。

高炉炉温控制	批处理系统
银行数据处理中心	网络操作系统
学生上机实习	实时控制系统
发送电子邮件	实时信息处理系统
民航订票系统	分时系统

5. 假设有一计算机系统有输入机一台、打印机一台,现在有两道程序投入运行,且程序 A 先运行,程序 B 后运行。程序 A 的运行轨迹为:计算 50ms,打印信息 100ms,再计算 50ms,再打印信息 100ms,结束;程序 B 的运行轨迹为:计算 50ms,输入数据 70ms,再计算 50ms,结束。

(1) 试画出多道运行时两道程序的时间关系图,并计算完成三道程序要花多少时间。

(2) 说明当这两道程序运行时,CPU 有无空闲等待?若有,在哪段时间内空闲等待?为什么空闲等待?

(3) 程序 A、B 运行时有无等待现象?在什么时候发生?

操作系统课程学习指导和习题解析

第 17 章　　　进程与线程

17.1　知识点学习指导

进程管理是操作系统的基本管理功能之一,它所关心的是处理机的分配问题。在多道程序设计环境中,进程是操作系统最基本的构件。操作系统要负责创建、管理和终止进程。当进程处于活动状态时,操作系统使每个进程都分配到处理机,以便执行,并协调它们的活动,管理有冲突的请求,给分配进程所需要的资源。

17.1.1　进程的引入

多道程序设计技术引入后,程序不再顺序执行,而是并发执行。作为并发程序的执行过程,进程是资源分配和独立运行的基本单位,它是操作系统中一个很重要的概念。进程管理的主要任务是如何把处理机分配给进程以及协调各个进程之间的相互关系。

1. 顺序执行的程序的特点

在早期的单道程序系统中,程序是严格按顺序执行的,顺序执行的程序有以下 3 个特点。

(1)顺序性。程序所规定的每个操作必须在上一个操作结束后才开始。

(2)封闭性。只有程序本身的操作才能改变程序的运行环境。

(3)可再现性。程序的运行结果与程序的运行速度无关。

2. 并发执行的程序的特点

多道程序设计的引入使得程序并发执行,并发执行的程序有以下 3 个特点。

(1)间断性。程序具有“执行—暂停—执行”这种间断性的活动规律。

(2)失去封闭性。并发执行的程序共享系统中的资源,因而这些资源的使用不再仅由某个程序所决定,而是受并发程序的共同影响。

(3)失去可再现性。程序的运行结果与程序的运行速度相关,即一个程序在初始条件相同的情况下,可能得到多个不同的运行结果。

为了使并发程序能保持其“可再现性”。程序的并发执行必须遵循一个条件,那就是Bernstein 条件。

3. 进程的定义

为了从变化的角度动态地分析和研究并发执行的程序,引入进程的概念。进程(process)被定义为:并发执行的程序在一个数据集合上的执行过程。

进程具有以下几个基本特征。

(1)动态性。进程是程序的一次执行过程,它是动态的。进程因创建而产生,由调度而执行,因得不到资源而阻塞,因撤销而消亡。

（2）并发性。多个进程在 CPU 上交替执行，从而提高了 CPU 的利用率。

（3）独立性。进程是一个能独立运行的基本单位，也是系统分配资源的单位。

（4）异步性。多个进程并发执行，每个进程的相对速度不可预知。

（5）结构特征。为了描述和记录进程的动态变化，并使之能正确运行，为每个进程设置一个数据结构，即进程控制块（Process Control Block，PCB）。

17.1.2　进程的状态及其组成

1. 进程的状态及其状态转化

在进程的整个生命周期中，进程总是在各种状态之间转换。最重要的进程状态有就绪、运行和阻塞。

（1）就绪：处于就绪状态的进程是指当前没有执行，但是它已经做好了执行的准备，只要操作系统调度到它就可以立即执行的进程。

（2）运行：处于运行状态的进程是指当前正在处理机上执行的进程，在单处理机环境中处于运行状态的进程只有一个，在多处理机环境中处于运行状态的进程可以有多个。

（3）阻塞：处于阻塞状态的进程是指正在等待某一事件完成的进程。

进程的状态会依据一定的条件而相互转化。

（1）就绪→运行：转化原因是进程调度。

（2）运行→就绪：转化原因是时间片用完。

（3）运行→阻塞：转化原因是进程请求某种事件。

（4）阻塞→就绪：转化原因是进程等待的事件已经发生。

2. 进程控制块和进程的组成

为实施进程管理功能，操作系统维护着一个重要的数据结构，对每个进程进行描述，这就是 PCB。进程控制块含有操作系统管理所需要的所有信息，包括进程的当前状态、分配给进程的资源情况、进程的优先级和其他相关信息。

进程通常由程序、数据、栈和 PCB 四部分组成。

（1）程序：描述了进程所要完成的功能。

（2）数据：程序执行时所需要的数据和工作区。

（3）栈：用于保存程序调用时的参数、过程调用地址和系统调用地址的内存单元。

（4）PCB：PCB 是进程存在的唯一标识，是系统对进程进行控制和管理的实体。

17.1.3　进程控制

进程控制的职责是对系统中的全部进程实施有效的管理，其功能包括进程的创建与撤销、进程的阻塞与唤醒、进程的挂起与激活。这些功能一般由操作系统内核来实现。

1. 内核

操作系统内核是基于硬件的第一次软件扩充，在现代操作系统中往往把一些与硬件紧密相关，且运行频率较高的一些模块安排在内核中，并使它们常驻内存。内核往往用原语来实现。

2. 原语

原语通常由若干指令组成，用来实现某个特定的原子操作，通常用一段不可分割的或不能中断的程序来实现其功能。引入原语的目的是实现进程控制。

进程控制原语包括创建原语、撤销原语、阻塞原语、唤醒原语、挂起原语和激活原语等。

3. 核心态与用户态

为了防止操作系统及其关键数据,如 PCB 受到程序有意或无意的破坏,通常将处理机的状态分为以下两种。

(1) 核心态:又称为系统态或管态,是操作系统程序运行时处理机所处的状态。它具有较高的特权,能执行一切指令,能访问所有的寄存器及内存的所有区域。

(2) 用户态:又称为目态,是用户程序运行时处理机所处的状态。它只能执行规定的指令,访问指定的寄存器及内存。

17.1.4 线程

为了实现程序之间的并发执行,操作系统引入了进程的概念。进程的引入改善了系统资源的利用率,提高了系统的吞吐量。线程的引入,是为了减少程序并发执行时系统所付出的时间和空间开销,使系统运行得更有效;也是为了使一个程序内的多个过程之间可以并发执行。

1. 线程的定义

在引入了线程的操作系统中,进程是资源的拥有者,而线程是处理机的调度单位。线程可被定义为:进程内的一个可执行实体,是被独立调度和分派的基本单位。

2. 进程与线程的关系

在一个多线程的系统中,进程与线程具有以下关系。

(1) 一个进程可以有多个线程,但至少要有一个线程;而一个线程只能在一个进程的地址空间内活动。

(2) 进程是资源的拥有者,同一进程中的多个线程共享该进程的所有资源。

(3) 处理机分配给线程,线程是系统调度的单位。

3. 用户级线程和内核级线程

线程的实现方法有用户级线程和内核级线程两种。

(1) 用户级线程:对操作系统来说是未知的线程,它们由一个在进程的用户空间中运行的线程库创建和管理。由于线程切换时,不需要操作系统的模式转换,因此用户级线程的切换速度比较快,但是一个进程中一次只有一个用户级线程可以执行,如果一个线程发生了阻塞,整个进程就会阻塞。

(2) 内核级线程:指由操作系统内核维护的线程,由于内核知道它们的存在,因而同一个进程中的多个线程可以在多个处理机上并行执行,一个线程的阻塞也不会影响整个进程。但是线程的切换需要操作系统模式的转换,因此转换的速度较慢。

17.2 典型例题分析

1. 操作系统中为什么要引入进程的概念?为了实现并发进程之间的合作和协调,以及保证系统的安全,操作系统在进程管理方面要做哪些工作?

答:在多道程序的环境中,程序的并发执行代替了程序的顺序执行,并发执行的程序破坏了程序的封闭性和可再现性,使得程序和它的执行不再一一对应。此外,程序的并发执行导致了资源的竞争和共享,这就造成并发执行的程序之间可能存在相互制约关系。因此并发执行的程序不再处于一个封闭的系统中,而出现了许多新的特征,如动态性、并发性、独立性及并发程序之间相互制约性等。程序这个静态的概念已经无法真实地反映并发执行的程序的特征,所以需要一个能够描述并发程序执行过程的实体——进程。进程是程序在一个数据集合上的执行过程。

操作系统在进程管理方面要做的主要工作有以下几方面。

(1) 进程控制。设置一套机制来完成进程的创建、撤销,以及进程状态的转化。

(2) 进程同步。实现对系统中运行的所有进程之间的协调,包括进程互斥和进程同步。

(3) 进程通信。在多道程序环境中,进程之间需要合作以共同完成一项任务,这些进程之间需要交换信息来协调各自的工作进度,所以系统必须具有进程之间通信的能力。

(4) 进程调度。当处理机空闲时,按一定算法挑选一个进程,使其占有处理机,投入运行。

2. 试描述当前正在运行的进程状态改变时,操作系统进行进程切换的步骤。

答:当前正在运行的进程状态改变时,操作系统进行进程切换的步骤如下。

(1) 保存处理机的状态到该进程的 PCB 中,包括各种寄存器的内容,如通用寄存器、指令计数器、程序状态字(PSW)寄存器及栈指针等。

(2) 对当前运行进程的 PCB 进行更新,包括改变进程的状态和其他相关信息。

(3) 根据情况将该进程的 PCB 移入相应的队列(可能是就绪队列、阻塞队列及就绪挂起等)。

(4) 进行进程调度,挑选一个进程。

(5) 更新被选中进程的 PCB,包括将其状态改为运行状态。

(6) 根据被选中进程的 PCB 内容,得到被选中进程对应程序的地址。

(7) 恢复被选中进程的处理机状态。

3. 现代操作系统一般都提供多任务的环境,试回答以下问题。

(1) 为支持多进程的并发执行,系统必须建立哪些关于进程的数据结构?

(2) 为支持进程的状态变迁,系统至少应提供哪些进程控制原语?

(3) 当进程的状态变迁时,相应的数据结构发生变化吗?

答:多任务环境即多道程序环境或多进程环境。

(1) 为支持多进程的并发执行,系统必须建立的数据结构是 PCB,不同状态进程的 PCB 用链表组织起来,形成就绪队列、阻塞队列等。

(2) 为支持进程的状态变迁,系统至少提供的进程控制原语包括创建原语、撤销原语、阻塞原语和唤醒原语,当内存紧张时还应提供挂起原语和激活原语。

(3) 当进程的状态变迁时,相应的数据结构发生变化,具体如下。

① 创建原语:建立进程的 PCB,并将进程投入就绪队列。

② 撤销原语:删除进程的 PCB,并将进程在其队列中摘除。

③ 阻塞原语:将进程 PCB 中进程的状态从运行状态改为阻塞状态,并将进程投入阻塞队列。

④ 唤醒原语:将进程 PCB 中进程的状态从阻塞状态改为就绪状态,并将进程从阻塞队

列摘下,投入到就绪队列中。

4. 什么是 PCB,从进程管理、中断处理、进程通信、文件管理、设备管理及内存管理的角度设计 PCB 应包含的内容。

答:PCB 是为了描述进程的动态变化而设置的一个与进程相联系的数据结构,用于记录系统管理进程所需信息。PCB 是进程存在的唯一标识,操作系统通过 PCB 得知进程的存在。

为了进程管理,PCB 的内容应包括以下几方面。

(1) 进程的描述信息,包括进程标识符、进程名等。

(2) 进程的当前状态。

(3) 当前队列链接指针。

(4) 进程的家族关系。

为了中断处理,进程控制块的内容应包括处理机状态信息和各种寄存器的内容,如通用寄存器、指令计数器、程序状态字(PSW)寄存器及栈指针等。

为了内存管理的需要,进程控制块的内容应包括程序在内存的地址及外存地址。

为了进程通信,进程控制块的内容应包括进程使用的信号量、消息队列指针等。

为了设备管理,进程控制块的内容应包括进程占有资源情况。

5. 假设系统就绪队列中有 10 个进程,这 10 个进程轮换执行,每隔 300ms 轮换一次,CPU 在进程切换时所花费的总时间为 10ms,试问系统化在进程切换上的开销占系统整个时间的比例是多少?

答:就绪队列中有 10 个进程,这 10 个进程轮换执行,每个进程的运行时间为 300ms,切换另一个进程所花费的总时间为 10ms,因此系统化在进程切换上的时间开销占系统整个时间的比例是:$10/(300+10)=3.2\%$。

6. 试述线程的特点及其与进程之间的关系。

答:线程是进程内的一个相对独立的运行单元,是操作系统调度和分派的单位。线程只拥有一点必不可少的资源(一组寄存器和栈),但可以和同属于一个进程的其他线程共享进程拥有的资源。

线程是进程的一部分,是进程内的一个实体;一个进程可以有多个线程,但至少必须有一个线程。

在多线程的操作系统中,线程是独立调度和分派的单位,进程是拥有资源的单位。

7. 根据图 17-1,回答以下问题。

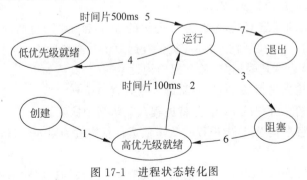

图 17-1 进程状态转化图

(1) 进程发生状态变迁 1、3、4、6、7 的原因。

(2) 系统中常常由于某一进程的状态变迁引起另一进程也产生状态变迁,这种变迁称为因果变迁。下述变迁是否为因果变迁?试说明原因。

$$3 \rightarrow 2, 4 \rightarrow 5, 7 \rightarrow 2, 3 \rightarrow 6$$

(3) 根据图 17-1,说明该系统 CPU 调度的策略和效果。

答:(1) 从图 17-1 中可以看出,1 表示新进程创建后,进入高优先级就绪队列;3 表示进程因请求 I/O 或等待某事件而阻塞;4 表示进程运行的时间片到;6 表示进程 I/O 完成或等待的事件到达;7 表示进程运行完毕而退出。

(2) 从图 17-1 中可以看出,3→2 是因果变迁,当一个进程从运行态变为阻塞态时,此时 CPU 空闲,系统首先到高优先级队列中选择一个进程投入运行。

4→5 是因果变迁,当一个进程时间片到,从运行态变为就绪态时,此时 CPU 空闲,系统首先到高优先级队列中选择进程,但如果高优先级队列为空,则从低优先级队列中选择一个进程投入运行。

7→2 是因果变迁,当一个进程运行完毕时,CPU 空闲,系统首先到高优先级队列中选择一个进程投入运行。

3→6 不是因果变迁。一个进程阻塞是由于自身的原因而发生的,和另一个进程等待的事件到达没有因果关系。

(3) 从图 17-1 可以看出,当进程调度时,首先从高优先级就绪队列选择一个进程,赋予它的时间片为 100ms。如果高优先级就绪队列为空,则从低优先级就绪队列选择进程,但赋予该进程的时间片为 500ms。

这种策略一方面照顾了短进程,一个进程如果在 100ms 运行完毕它将退出系统,更主要的是照顾了 I/O 量大的进程,进程因 I/O 进入阻塞队列,当 I/O 完成后它就进入了高优先级就绪队列,在高优先级就绪队列等的进程总是优先于低优先级就绪队列的进程。而对于计算量较大的进程,它的计算如果在一个 100ms 的时间片内不能完成,它将进入低优先级就绪队列,在这个队列的进程被选中的机会要少,只有当高优先级就绪队列为空,才从低优先级就绪队列选择进程,但对于计算量大的进程,系统给予的适当照顾是时间片增大为 500ms。

8. 回答以下问题。

(1) 若系统中没有运行进程,是否一定没有就绪进程?为什么?

(2) 若系统中既没有运行进程,也没有就绪进程,系统中是否就没有阻塞进程?为什么?

(3) 如果系统采用优先级调度策略,运行的进程是否一定是系统中优先级最高的进程?为什么?

答:

(1) 是。若系统中没有运行进程,系统会马上选择一个就绪进程队列中的进程投入运行。只有在就绪队列为空时,CPU 才会空闲。

(2) 不一定。当系统中所有进程分别等待各自希望发生的事件时,它们都处于阻塞状态,此时系统中既没有运行进程,也没有就绪进程。这种情况出现时,如果各个进程没有相互等待关系,只要等待的事件发生了,进程就会从等待状态转化为就绪状态。但如果处于阻塞状态的进程相互等待彼此占有的资源,系统就可能发生死锁。

(3) 不一定。因为高优先级的进程有可能处于等待状态,进程调度程序只能从就绪队列中挑选一个进程投入运行。被选中进程的优先级在就绪队列中是最高的,但在整个系统中它不一定是最高的,等待队列中进程的优先级有可能高于就绪队列中所有进程的优先级。

9. 假如有以下程序段,回答下面的问题。

S_1：a＝3－x；

S_2：b＝2＊a；

S_3：c＝5＋a；

(1) 并发程序执行的 Bernstein 条件是什么?

(2) 试画图表示它们执行时的先后次序。

(3) 利用 Bernstein 条件证明,S_1、S_2 和 S_3 哪两个可以并发执行,哪两个不能。

答：

(1) Bernstein 提出的程序并发执行的条件如下。

$R(P_i)=\{a_1, a_2, \cdots, a_m\}$ 表示程序 P_i 在执行期间所要参考的所有变量的集合,称为“读集”。

$W(P_i)=\{b_1, b_2, \cdots, b_n\}$ 表示程序 P_i 在执行期间要改变的所有变量的集合,称为“写集”。

两个程序 P_1 和 P_2 并发执行的条件是,当且仅当

$$R(P_1)\bigcap W(P_2)\bigcup R(P_2)\bigcap W(P_1)\bigcup W(P_1)\bigcap W(P_2)=\{\}$$

(2) 3 个程序段对应的 3 个进程的先后执行次序是,S_1 先于 S_2 和 S_3 运行,如图 17-2 所示。

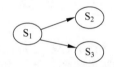

图 17-2　进程之间并发关系图

(3) $R(S_1)=\{x\}, W(S_1)=\{a\}$

$R(S_2)=\{a\}, W(S_2)=\{b\}$

$R(S_3)=\{a\}, W(S_3)=\{c\}$

所以 $W(S_1)\bigcap R(S_2)=\{a\}$,因此 S_1 和 S_2 不能并发执行。

$W(S_1)\bigcap R(S_3)=\{a\}$,因此 S_1 和 S_3 也不能并发执行。

$R(S_2)\bigcap W(S_3)\bigcup R(S_3)\bigcap W(S_2)\bigcup W(S_2)\bigcap W(S_3)=\{\}$,因此 S_2 和 S_3 可以并发执行。

17.3　作　　业

1. 操作系统为什么要引入“进程”的概念? 它和程序有什么区别?

2. 进程的含义是什么? 进程存在的标识是什么?

3. 为什么要引入线程? 它与进程有何区别?

4. 从线程的调度与切换速度、系统调用和线程的执行时间三方面比较用户级线程和内核级线程的优缺点。

5. 在单处理机的分时系统中,分配给进程 P 的时间片用完后,系统进行进程切换,结果调度到的进程仍然是进程 P。有可能出现这种情况吗?请说明理由。

6. 进程的 3 个基本状态如图 17-3 所示,图中 1、2、3、4 表示某种类型的状态变迁,试回答以下问题。

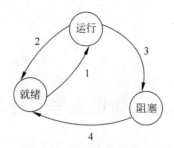

图 17-3　进程状态转换图

(1) 什么"事件"引起各状态之间的变迁?

(2) 系统中常常由于某一进程的状态变迁引起另一进程也产生状态变迁,这种变迁称为因果变迁。试判断下述哪些是因果变迁?并说明理由。

$$3\rightarrow1, 2\rightarrow1, 3\rightarrow2, 4\rightarrow1, 3\rightarrow4$$

(3) 下述哪些变迁不会引起其他变迁,为什么?

$$1, 2, 3, 4$$

7. 假如有以下程序段。

S_1: a = 5 − x;
S_2: b = 3 ∗ a;
S_3: c = a + b;
S_4: d = b + 2;

(1) 试画图表示它们执行时的先后次序。

(2) 利用 Bernstein 条件证明,S_1 和 S_2 是不可以并发执行的,S_3 和 S_4 是可以并发执行的。

操作系统学习指导和习题解析

第18章 进程同步与通信

18.1 知识点学习指导

并发是操作系统的特征之一,当多个进程并发执行时,就会产生冲突和合作的问题。并发的进程可以按多种方式进行交互,而在交互的过程中产生的主要问题是互斥和同步。

互斥指的是一组并发进程,一次只有一个进程能够访问一个给定的资源或执行一个给定的功能。同步是指进程之间的协作关系,协作的进程按照指定的次序执行,以完成一个共同的任务。解决进程互斥和同步的有效技术是信号量机制和管程。

系统中的进程有时需要进行大量的信息传递,因此操作系统必须提供进程通信机制,解决进程之间传递信息的问题。

18.1.1 进程同步与互斥

1. 基本概念

(1) 进程同步:指进程之间必须相互合作的协同工作关系和时序上的先后等待关系。

(2) 进程互斥:指进程之间排他性地访问某种资源。

(3) 临界资源:指同一时间内只允许一个进程访问的资源。

(4) 临界区:指访问临界资源的那段程序。

2. 信号量和 P、V 操作

解决同步和互斥问题最有效的工具是信号量。

信号量的定义为:

```
struct semaphore {
            int value;
            struct PCB * queue;
        }
```

信号量只允许由 P、V 操作进行访问和修改其数据结构。

P 操作定义为:

```
void wait(semaphore s)
{   s.value = s.value - 1;
    if(s.value < 0)block(s.queue);
}
```

V 操作定义为:

```
void signal(semaphore s)
{   s.value = s.value + 1;
    if(s.value <= 0)wackup(s.queue);
}
```

3. 信号量的值与资源的关系

信号量的值与相应资源的使用情况相关。

(1) 信号量的值大于 0,表示可用资源的数目。

(2) 信号量的值等于 0,表示可用资源已使用完。

(3) 信号量的值小于 0,其绝对值表示等待使用该资源的进程数。

4. 信号量的应用

利用信号量可以解决进程之间的互斥和同步问题。实现进程之间互斥和同步的模型如下。

(1) 互斥问题。若两个进程使用同一临界资源,为了使两个进程互斥地进入临界区,信号量的设置和 P、V 操作的位置如下。

设信号量的初值 S=1。

进程 P_1	进程 P_2
P(S)	P(S)
CS1;	CS2;
V(S)	V(S)

其中,CS1、CS2 分别为进程 P_1 和 P_2 的临界区。

在解决互斥问题时,信号量的初值设为 1,表示有一个临界资源;P 操作放在临界区的前面,表示申请临界资源;V 操作放在临界区的后面,表示释放临界资源。

(2) 同步问题。若有两个进程,P_1 必须先于 P_2 执行,为了使两个进程同步,信号量的设置和 P、V 操作的位置如下。

设信号量的初值 S=0。

进程 P_1	进程 P_2
DM1;	P(S)
V(S)	DM2;

其中,DM1、DM2 分别为进程 P_1 和 P_2 的代码段。

在解决多个进程执行次序的同步问题时,信号量的初值设为 0,表示没有资源;P 操作放在后执行进程的前面,一旦该进程先执行就将其阻塞;V 操作放在先执行进程的后面,以便唤醒可能被阻塞的进程。

18.1.2 经典进程同步问题

使用信号量可以解决经典的进程同步问题,如生产者和消费者问题、读者和写者问题、哲学家进餐问题、打瞌睡的理发师问题。

18.1.3 AND 信号量

如果一个进程使用多个资源,为了保证进程的顺利执行,进程最好一次性地向系统申请所有需要的资源,使用完毕后再一次性地释放资源。实现这一机制的工具是 AND 信号量。使用 AND 信号量可以避免系统因进程竞争资源而发生死锁。

18.1.4　管程

使用信号量来处理进程同步问题时,由于 P、V 操作分散在各个进程中,给程序的维护和修改带来麻烦,而且还会因同步操作的使用不当造成死锁。

管程是实现进程同步的另一个有效工具,一个管程定义一个数据结构能为并发进程在其上执行的一组操作,这组操作能使进程同步和改变管程中的数据。

管程具有以下特征。

(1) 管程内部的局部数据结构只能被管程内定义的过程所访问,不能被管程外部的过程直接访问。

(2) 进程要想进入管程,必须调用管程内的某个过程。

(3) 一次只能有一个进程在管程内执行,而其余调用该管程的进程都被挂起,等待该管程成为可用为止,即管程能有效地实现互斥。

18.1.5　进程通信

进程通信是指进程之间的信息交换。各进程在执行过程中为合作完成一项共同任务,需要协调步伐,交流信息。进程通信方式有共享存储器系统、消息传递系统、管道通信。

18.2　典型例题分析

1. 以下进程之间存在相互制约关系吗? 若存在,是什么制约关系? 为什么?

(1) 几个同学去图书馆借同一本书。

(2) 篮球比赛中两队同学争抢篮板球。

(3) 果汁流水线生产中捣碎、消毒、灌装、装箱等各道工序。

(4) 商品的入库和出库。

(5) 工人做工与农民种粮。

答:进程之间的相互制约分为互斥关系和同步关系。互斥关系是多个进程之间竞争临界资源,而禁止两个以上的进程同时进入临界区所发生的制约关系。同步关系是合作进程之间协调彼此的工作,而控制自己的执行速度,由此产生的相互合作、相互等待的制约关系。

(1) 几个同学去图书馆借同一本书:存在互斥关系,因为一本书只能借给一个同学。

(2) 篮球比赛中两队同学争抢篮板球:存在互斥关系,因为篮球只有一个,两队只能有一个队抢到篮球。

(3) 果汁流水线生产中捣碎、消毒、灌装、装箱等各道工序:存在同步关系,因为后一道工序的开始依赖于前一道工序的完成。

(4) 商品的入库和出库:存在同步关系,因为商品若没有入库就无法出库,若商品没有出库,装满了库房,也就无法再入库。

(5) 工人做工与农民种粮:工人与农民之间没有相互制约关系。

2. 在操作系统中引入管程的目的是什么？条件变量的作用是什么？

答：引入管程的目的是实现进程之间的同步和互斥。由于使用信号量在解决同步问题和互斥问题时要设置多个信号量，并使用大量的 P、V 操作，其中 P 操作的排列次序不当，还会引起系统死锁，因此引入另外一种同步机制。

条件变量 c 只能在管程中的两个过程 cwait(c) 和 csignal(c) 中使用，其作用是实现进程之间的同步。

3. 说明 P、V 操作为什么要设计成原语。

答：用信号量 S 表示共享资源，其初值为 1 表示有一个资源。设有两个进程申请该资源，若其中一个进程先执行 P 操作。P 操作中的减 1 操作由 3 条机器指令组成：取 S 送寄存器 R；R−1 送 R；R 送 S。若 P 操作不用原语实现，在执行了前述 3 条指令中的两条，即还未执行 R 送 S 时(此时 S 的值仍为 1)，进程被剥夺 CPU，另一个进程执行也要执行 P 操作，执行后 S 的值为 0，导致信号量的值错误。正确的结果是两个进程执行完 P 操作后，信号量 S 的值为 −1，进程阻塞。

V 操作也同样，所以要把信号量的 P、V 操作设计成原语，要求该操作中的所有指令要么都做，要么都不做。

4. 设有一个售票大厅，可容纳 200 人购票。如果厅内不足 200 人，则允许进入，超过则在厅外等候；售票员某时只能给一个购票者服务，购票者买完票后就离开。试问：

(1) 购票者之间是同步关系还是互斥关系？

(2) 用 P、V 操作描述购票者的工作过程。

答：(1) 购票者之间是互斥关系。

(2) P、V 操作描述购票者的工作过程如下：

```
semaphore empty = 200;
semaphore mutex = 1;
void buyer()        /* 购票者进程 */
{
    P(empty);
    P(mutex);
    购票;
    V(mutex);
    V(empty);
}
```

售票大厅可容纳 200 人购票，说明最多允许 200 人共享售票大厅。引入一个信号量 empty，初值为 200；由于购票者必须互斥地购票，因此再设置一个信号量 mutex，初值为 1。

5. 进程之间的关系如图 18-1 所示，试用 P、V 操作描述它们之间的同步。

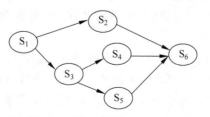

图 18-1　6 个进程之间的并发关系

操作系统学习指导和习题解析

答：6 个进程的同步描述如下：

```
semaphore   a,b,c,d,e,f,g = 0,0,0,0,0,0,0;
void P₁()        /* 执行程序段 S₁ 的进程 */
{
    S₁;
    V(a);
    V(b);
}
void P₂()        /* 执行程序段 S₂ 的进程 */
{
    P(a);
    S₂;
    V(e);
}
void P₃()        /* 执行程序段 S₃ 的进程 */
{
    P(b);
    S₃;
    V(c);
    V(d);
}
void P₄()        /* 执行程序段 S₄ 的进程 */
{
    P(c);
    S₄;
    V(f);
}
void P₅()        /* 执行程序段 S₅ 的进程 */
{
    P(d);
    S₅;
    V(g);
}
void P₆()        /* 执行程序段 S₆ 的进程 */
{
    P(e)
    P(f)
    P(g)
    S₆;
}
```

6 个进程的同步关系是，P_1 先执行；当它结束时，P_2、P_3 可以开始执行；P_3 完成时，P_4、P_5 可以开始执行；P_2、P_4、P_5 都完成时，P_6 开始执行。本题设置 7 个信号量 a、b、c、d、e、f 和 g，它们的初值都为 0。

6. 有 4 个进程 P_1、P_2、P_3 和 P_4 共享一个缓冲区，进程 P_1 向缓冲区中存入消息，进程 P_2、P_3 和 P_4 从缓冲区中取消息，要求发送者必须等 3 个进程都取过本条消息后才能发送下一条消息。缓冲区内每次只能容纳一个消息，用 P、V 操作描述 4 个进程存取消息的情况。

答：4 个进程 P_1 与 P_2、P_3 和 P_4 的消息通信关系描述如下：

```
semaphore S₁ = 1;
semaphore S₂,S₃,S₄ = 0,0,0;
int count = 0;
semaphore mutex = 1;

void P₁()     /* 发送进程 */
{   while (true)
    {
        P(S₁);
        发送消息;
        P(mutex);
        count = 0;
        V(mutex);
        V(S₂);
        V(S₃);
        V(S₄);
    }
}
void P₂()     /* 接收进程 */
{   while (true)
    {
        P(S₂)
        接收消息;
        P(mutex);
        count = count + 1;
        if(count == 3)V(S₁);
        V(mutex)
    }
}
void P₃()     /* 接收进程 */
{   while (true)
    {
        P(S₃);
        接收消息;
        P(mutex);
        count = count + 1;
        if(count == 3)V(S₁);
        V(mutex)
    }
}

void P₄()     /* 接收进程 */
{   while (true)
    {
        P(S₄);
        接收消息;
        P(mutex);
        count = count + 1;
        if(count == 3)V(S₁);
        V(mutex)
    }
}
```

用信号量 S_2、S_3、S_4 来控制进程 P_1 与 P_2、P_3 和 P_4 之间的同步关系,即每当进程 P_1 存入消息后对 3 个信号量 S_2、S_3、S_4 执行 V 操作,通知 P_2、P_3 和 P_4 来取消息。由于缓冲区只能容纳一个消息,因此只有消息被取走后,才可以放下一条消息。设信号量的初值 S_1 为 1,代表缓冲区的个数。

另设一个计数器 count 记录 3 个进程是否都已取过消息,信号量 mutex 用来控制 3 个取消息的进程互斥地访问计数器 count。

7. 分析生产者和消费者问题中多个 P 操作颠倒引起的后果。

答:如果将生产进程的两个 P 操作,即 P(empty)和 P(mutex)的位置互换,生产者和消费者问题描述如下:

```
semaphore mutex = 1;
semaphore empty = n;
semaphore full = 0;
int i,j;
ITEM buffer[n];
ITEM data_p, data_c;

void producer()     /* 生产者进程 */
{
while (true)
{
produce an item in data_p;
    P(mutex);
    P(emptyv;
    buffer[i] = data_p;
    i = (i + 1) % n;
    V(mutex);
    V(full);
    }
}

void consumer()     /* 消费者进程 */
{
while (true)
{
    P(full);
    P(mutex);
    data_c = buffer[j];
    j = (j + 1) % n;
    V(mutex);
    V(empty);
    consume the item in data_c;
    }
}
```

按照上面的描述,当生产者进程生产了 n 个产品而使缓冲区满时,生产者如果继续执行,可以顺利通过 P(mutex)。但当执行 P(empty)时,由于缓冲区已满,生产者将在信号量 empty 上等待。若之后消费者欲取产品,执行 P(full)顺利通过,但当执行 P(mutex)时,由于生产者获得了进入临界区的权利,消费者只能在 mutex 上等待。此时生产者在 empty 上等待,消费者在 mutex 上等待,从而导致生产者等待消费者取走产品,消费者等待生产者释放缓冲区,这种相互等待就造成系统死锁。

8. 使用信号量解决"采取写者优先策略的读者-写者"问题。

答:对于读者和写者问题,有 3 种优先策略。

(1) 读者优先。即当读者进行读时,后续的写者必须等待,直到所有的读者均离开后,写者才可进入,在主教材中使用信号量机制解决的读者和写者问题就属于这种。

(2) 写者优先。即当一个写者到来时,只有那些已经获得授权允许读的进程才被允许完成它们的操作,写者之后到来的新读者将被推迟,直到写者完成。在该策略中,如果有一个不可中断的连续的写者,读者进程会被无限期地推迟。

(3) 公平策略。以上两种策略,读者或写者进程中一个对另一个有绝对的优先权,Hoare 提出了一种更公平的策略,由如下规则定义。

规则 1:在一个读序列中,如果有写者在等待,那么就不允许新来的读者开始执行。

规则 2:在一个写操作结束时,所有等待的读者应该比下一个写者有更高的优先权。

下面使用信号量解决"采取写者优先策略的读者-写者"问题。

```
semaphore Wmutex, Rmutex = 1;
int Rcount = 0;
semaphore mutex = 1

void reader()     /* 读者进程 */
{
while (true)
  {
    P(mutex);
    P(Rmutex);
    if (Rcount = = 0) P(wmutex);
    Rcount = Rcount + 1;
    V(Rmutex);
    V(mutex);
    … ;
    read;      /* 执行读操作 */
    … ;
    P(Rmutex);
    Rcount = Rcount − 1;
    if (Rcount = = 0) V(wmutex);
    V(Rmutex);
    }
}


void writer()    /* 写者进程 */
{
while (true)
  {
    P(mutex);
    P(Wmutex);
```

```
      …;
      write;       /* 执行写操作 */
      …;
      V(Wmutex);
      V(mutex);
   }
}
```

在上面的算法描述中，在原来读者-写者问题描述的基础上增加一个信号量 mutex，用于在写进程到达后封锁后续的读者。具体来说，当写者到来时，它将执行 P(mutex)获得信号量 mutex 的使用权，这样，只有那些已经获得授权允许读的进程才被允许完成它们的操作，写者之后到来的新读者当执行 P(mutex)时会被阻塞，直到写者执行 V(mutex)释放 mutex 的使用权后，读者才可进入，从而达到写者优先的目的。

至于"采取公平策略的读者-写者"问题的解法请同学们自己解决。

9. 用信号量解决哲学家进餐问题的不产生死锁的算法。

答：解法一。

```
semaphore chopstick[5] = {1,1,1,1,1};
semaphore mutex = 1;
void philosopher ()      /* 哲学家进程 */
{
   while (true)
   {
      P(mutex);
      P(chopstick[i]);
      P(chopstick[(i+1) % 5]);
      V(mutex);
      …;
      eat;         /* 进餐 */
      …;
      V(chopstick[i]);
      V(chopstick[(i+1) % 5]);
      …;
      think;          /* 思考 */
      …;
   }
}
```

在上面的算法描述中，在原来哲学家进餐问题描述的基础上增加一个信号量 mutex，用于在哲学家申请筷子时封锁其他的哲学家也申请筷子，从而防止系统产生死锁。从理论上讲，该算法是可行的。但从实际角度，在性能上有一个局限，即同一时刻只能有一个哲学家申请筷子，但实际情况当有 5 根筷子时应当允许同时有两个哲学家同时申请筷子。

解法二。

```
#define N          5
#define THINKING 0
#define HUNGRY    1
#define EATING    2
semaphore S[N] = {0,0,…,0};
```

```
semaphore mutex = 1;
int state[N];
void philosopher (int i)          / * 哲学家进程 * /
{
  while (true)
  {
    take_ chopstick();            / * 哲学家需要两根筷子 * /
    eat;                          / * 进餐 * /
    put_ chopstick();             / * 哲学家把两根筷子放回 * /
    …;
    think;                        / * 思考 * /
    …;
  }
}


void take_ chopstick(int i)       / * 哲学家拿筷子 * /
{
  P(mutex);
  state[i] = HUNGRY;              / * 哲学家饿了 * /
  test(i);                       / * 哲学家试图拿两根筷子 * /
  V(mutex);
  P(S[i]);                       / * 如果拿不到两根筷子就阻塞 * /
}

void put_ chopstick(int i)        / * 哲学家放回筷子 * /
{
  P(mutex);
  state[i] = THINKING;           / * 哲学家思考 * /
  test((i + N - 1) % N);         / * 哲学家看一下左边邻居是否进餐 * /
  test((i + 1) % N);             / * 哲学家看一下右边邻居是否进餐 * /
  V(mutex);
}

void test(int i)                  / * 哲学家放回筷子 * /
{
  if ((state[i] == HUNGRY) && (state[(i + N - 1) % N]!= EATING)
     && (state[(i + 1) % N]!= EATING))   / * 哲学家饿了且左右的邻居都没有进餐 * /
  {
    state[i] = EATING;
    V(S[i]);
  }
}
```

在解法二中,使用数组 state 来跟踪一个哲学家是在吃饭、思考,还是试图拿筷子。哲学家只有在左右两个邻居都不进餐时才允许进入进餐状态。

若 i 为 2,该哲学家的左边邻居为 1,右边邻居为 3。

信号量数组中的每个分量 S[i]对应一个哲学家,初始值为 0。这样,当所需要的筷子被占用时,想进餐的哲学家阻塞,只有经过测试后可以进餐的哲学家才能被唤醒去进餐。

以上算法中的几个过程,只为过程 philosopher()创建进程或线程,其他过程如 take_

chopstick()、put_ chopstick()、test()均为普通的过程。

10．一个文件可由若干不同的进程所共享,每个进程具有唯一的编号。假定文件可由
满足下列限制的若干进程同时访问,并发访问该文件的那些进程的编号的总和不得大于 n,
设计一个协调对该文件访问的管程。

答：

```
monitor monitor_FileAcessed;
int count,                      /* 用于计数 */
condition S;                    /* 条件变量定义 */

void acquire(int id);           /* 进程得到文件访问权过程 */
{
    if ((count + id) > n)) cwait(S);
    count = count + id;
}

void leave (int id);            /* 进程放弃文件访问权过程 */
{
    count = count − id;
    if ((count + id) > n)) csignal(S);
}

{
    count = 0;                  /* 变量初始化 */
}

void process()                  /* 进程访问文件 */
{
    monitor_ FileAcessed. acquire (id);
    访问文件;
    monitor_ FileAcessed. leave (idv);
}
```

在管程中设置两个过程 acquire()和 leave()。每个想访问文件的进程,访问文件之前
执行 acquire()操作,判断并发访问该文件的那些进程的编号的总和是否大于 n。如果是,则
等待,否则继续。访问文件之后执行 leave()操作,并唤醒那些可能阻塞的进程。变量 count
用于对进程的编号总和计数。

11．用管程解决使用公平策略的读者-写者问题。

答：下面用管程解决采取公平策略的读者-写者问题(公平策略的描述见前面第 8 题)。
管程名为 monitor_RW,为了解决问题的方便,管程原语中增加了一个函数 empty(c),c 是
一个条件变量,只要有进程在 c 队列上因为 cwait(c)而等待,布尔函数 empty(c)就返回
false,否则返回 true。

管程提供了 4 个由读者和写者使用的过程。

start_read(),由想要读的读者调用。

end_read(),由已经完成读的读者调用。

start_write(),由想要写的写者调用。

end_write(),由已经完成写的写者调用。

```
/* 用管程解决读者和写者问题 */
monitor monitor_RW;
int read_count,                          /* 读者计数 */
int writing;                             /* 是否有写者 */
condition OK_to_read, OK_to_write;       /* 条件变量定义 */

void start_read ();                      /* 读者开始过程 */
{
  if (writing ||!(empty(OK_to_write))) cwait(OK_to_read);
                                         /* 如果有写者或写者队列不为空,读者等待 */
  read_count = read_count + 1;
  csignal(OK_to_read);                   /* 一旦允许一个读者,其他读者也可进入 */
}

void end_read ();                        /* 读者结束过程 */
{
  read_count = read_count − 1;
  if (read_count == 0) csignal(OK_to_write);    /* 没有读者了,唤醒写者 */
}
void start_write ();                     /* 写者开始过程 */
{
  if (read_count <> 0 || writing) cwait(OK_to_write);
                                         /* 如果有读者或写者,写者等待 */
  writing = 1;                           /* 置写标志 */
}

void end_write ();                       /* 写者结束过程 */
{
  writing = 0;                           /* 置写结束标志 */
  if (!empty(OK_to_read)) csignal(OK_to_read);   /* 如果有读者等待,将其唤醒 */
  else csignal(OK_to_write)              /* 唤醒写者 */
}

{                                        /* 管程体 */
  read_count = 0; writing = 0;           /* 变量初始化 */
}

void read()                              /* 读者进程 */
{
  while (true)
  {
    monitor_RW.start_read();
    … ;
    read;                                /* 执行读操作 */
    … ;
    monitor_RW.end_read();
  }
}
void write()                             /* 写者进程 */
```

```
{
    while (true)
    {
        monitor_RW.start_ write();
        … ;
        read;                              /* 执行写操作 */
        … ;
        monitor_RW.end_ write();
    }
}
```

在上面的管程中,start_read()过程中的布尔条件保证了遵守优先策略中的规则 1,即如果当前有一个写者正在写或等待写,就不允许一个新的读者进入,此时读者会被阻塞在 OK_to_read 队列中。在 end_write()过程中的 csignal(OK_to_read)会唤醒在这个队列中等待的第一个读者。

start_read()过程中 csignal(OK_to_read)保证一旦允许一个读者进入,那么所有其他等待的读者将立即一个接着一个地跟随而来,这样一来就满足了优先策略中的规则 2。

18.3 作　　业

1. 什么是临界资源? 什么是临界区?

2. 举例说明进程之间的相互制约关系有哪两种,它们分别适用于什么场合。

3. 以下进程之间存在相互制约关系吗? 若存在,是什么制约关系? 为什么?

(1) 在食堂打饭、吃饭和洗碗。

(2) 只有一个车道的桥梁,左右双方均想通过。

(3) 课堂上的师生互动。

(4) 工厂的生产部门和销售部门。

(5) 小旅店只剩下两个单人间,却来了 3 个顾客。

4. 假如有以下程序段。

S_1: a = 5 - x;
S_2: b = 3 * x;
S_3: c = a + b;
S_4: d = c + 3;

(1) 试画图表示它们执行时的先后次序。

(2) 试用信号量写出它们可以并发执行的程序。

5. 有一个阅览室,共有 200 个座位,读者进入时必须先在一张登记表上登记,该表为一个座位列一个表目,包括座位号和读者姓名。读者离开时要撤销登记内容,试用 P、V 操作描述读者进程的同步结构。

6. 有 3 个并发执行的进程 A、B 和 C,A 负责输入信息到缓冲区,B 负责加工输入到缓冲区中的数据,C 负责将加工后的数据打印输出。在单缓冲区、由 N 个缓冲区组成的缓冲池的情况下,分别写出 3 个进程的并发关系。

7. 3 个并发执行的进程 A、B 和 C,A 与 B 共享缓冲区 M,B 与 C 共享缓冲区 N,如

图 18-2 所示。假如缓冲区的大小只能存放一个单位的数据,试写出 A、B、C 3 个进程的同步关系。

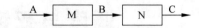

图 18-2　3 个进程共享两个缓冲区 M 和 N

8. 有一只笼子,每次只能放一只动物,猎手向笼子中放猴子,农民向笼子中放猪,动物园等待买笼中的猴子,饭店等待买笼中的猪,试用 P、V 操作写出它们能同步执行的程序。

9. 设有两个优先级相同的进程 P_1、P_2,令信号量 S_1、S_2 的初值为 0,已知 z＝2,试求 P_1、P_2 并发运行结束后 x、y 和 z 的值。

进程 P_1　　　　进程 P_2
y：= 1;　　　　x：= 1;
y：= y + 2;　　x：= x + 1;
V(S_1);　　　P(S_1);
z：= y + 1;　　x：= x + y;
P(S_2);　　　V(S_2);
y：= z + y;　　z：= x + z;

*10. 有一个隧道,由于很窄,只能容纳一个方向的车辆通过。如果东西两方向的车辆都想通过该隧道,并有下面的情况。
(1) 若东西两方向的车辆都想通过隧道时,便形成了等待队列。
(2) 若一个方向没有车辆,允许另一个方向的车辆通过。
(3) 若双方都有车辆想通过,则先到达的那个方向的车辆先通过。
试用 P、V 操作描述东西两方向车辆的同步关系。

操作系统学习指导和习题解析

第 19 章   调度与死锁

19.1   知识点学习指导

在多道程序环境下,进程的数目往往大于处理机的数目,致使进程争抢处理机。这就要求系统按照某种算法,动态地分配处理机,使进程顺利运行,分配处理机的任务由进程调度程序完成。

死锁是指一组争抢系统资源或相互通信的进程永久阻塞的状态。一旦出现死锁,处于死锁状态的进程将永远不能运行下去,不能完成预定的任务。因此操作系统要采用某种措施预防、避免、检测和解除死锁,以使进程能够正常运行下去。

19.1.1   调度类型与准则

1. 三级调度

对于进程的执行,操作系统必须进行 3 种类型的调度策略。高级调度确定何时允许一个新进程进入系统;中级调度完成内、外存之间的对换;低级调度确定哪个处于就绪状态的进程可以得到处理机而运行。

2. 进程调度方式

所谓进程调度,是指当一个进程正在处理机上运行时,若有更为重要或紧急的进程需要进行处理,即有高优先级的进程进入就绪队列,此时应如何分配处理机。

(1)可剥夺方式:指当一个进程正在处理机上执行时,若有更为重要或紧急的进程需要使用处理机,则立即暂停正在执行的进程,将处理机分配给这个更为重要或紧迫的进程。可剥夺方式也称为抢占方式或剥夺方式。

(2)不可剥夺方式:指当一个进程正在处理机上执行时,若有更为重要或紧急的进程进入就绪队列,仍然让正在执行的进程继续执行,直到该进程自动让出处理机时,才把处理机让给更为重要或紧急的进程。不可剥夺方式也称为非抢占方式或非剥夺方式。

3. 调度性能的评价

一个算法性能优劣,通常用平均周转时间和平均带权周转时间来衡量。

进程 i 的周转时间 T_i 的定义为:

$$T_i = Tf_i - Ts_i$$

其中,Tf_i 为进程 i 的完成时间;Ts_i 为进程 i 的开始时间。

n 个进程的平均周转时间 T 定义为:

$$T = (T_1 + T_2 + \cdots + T_n)/n$$

进程 i 的带权周转时间 W_i 的定义为：

$$W_i = T_i / Tr_i$$

其中，Tr_i 为进程 i 的实际运行时间。

n 个进程的平均带权周转时间 W 定义为：

$$W = (W_1 + W_2 + \cdots + W_n)/n$$

19.1.2　调度算法

调度算法的好坏直接影响系统的性能，因此操作系统的研究者开发了许多调度算法，在一个实际的操作系统中可以根据需要和实现的复杂度来考虑使用何种调度算法。

1. 先来先服务（FCFS）调度算法

先来先服务调度算法是一种最简单的调度算法，其算法思想是按照进程进入就绪队列的先后次序来分配处理机。该算法采用不可剥夺方式，即一旦某个进程占有处理机就一直运行下去，直到该进程完成或因某事件不能继续执行时才释放处理机。

先来先服务调度算法适用于批处理系统，在其他类型的操作系统中，由于一旦一个运行时间长的进程占有了处理机，会使许多晚到的运行时间短的进程等待时间过长，引起许多短进程的不满，因此，先来先服务调度算法很少用作主要的调度算法，而是作为一种辅助的调度算法使用。

2. 短进程优先（SPN）与最短剩余时间优先（SRT）调度算法

短进程优先调度算法是选择就绪队列中估计运行时间最短的进程投入运行。该算法一般采用不可剥夺方式，适用于批处理系统。

最短剩余时间优先调度算法是估计进程的剩余时间，并从中选出剩余时间最短的进程投入运行，它是短进程优先调度算法的变种，与短进程优先调度算法不同的是该算法采用可剥夺方式。

短进程优先调度算法能有效地缩短进程的平均周转时间，提高系统的吞吐量，但不利于长进程或紧急进程，另外，估计的运行时间也不一定准确，因而它不一定能做到短进程优先。

3. 优先权（Priority）调度算法

优先权调度算法是一种最常用的进程调度算法，其思想是把处理机分配给优先权最高的进程。进程的优先权表示进程的重要程度及运行的优先性。进程的优先权分为两种：静态优先权和动态优先权。

静态优先权是在进程创建时确定的，确定后在整个进程运行期间不再改变。确定静态优先权的主要依据是进程的类型、进程请求使用资源情况、进程的估计运行时间等因素。

动态优先权是指创建进程时，根据进程的当前情况和系统资源的使用情况给进程确定一个优先权，在进程的运行过程中再根据情况的变化调整优先权。动态优先权一般根据进程占有处理机时间的长短、进程的等待时间等因素确定。占有处理机时间越长，优先权降低，随着等待时间的增长，优先权提高。

优先权调度算法既可以采用剥夺方式，也可以采用不可剥夺方式。

4. 响应比高者优先（HRRN）调度算法

短进程优先调度算法的不足是长进程的运行得不到保证，为了描述每个进程的动态的

优先权,使进程的优先权随着等待时间的增长而提高,并随着占有处理机时间的时间增长而降低,定义响应比如下:

响应比 R_p=(等待时间+要求执行时间)/要求执行时间=响应时间/要求服务时间

5. 时间片轮转(RR)调度算法

在时间片轮转调度算法中,系统将所有就绪队列的进程按到达时间的先后次序排列成一个队列,进程调度程序总是选择队列中的第一个进程执行,并规定执行一定时间,该时间称为时间片。当进程用完一个时间片后,必须将处理机让给其他进程。这样,处于就绪队列中的进程就可以依次轮流地获得一个时间片的处理时间,然后回到队尾,等待下一次得到处理机的机会。

时间片轮转调度算法是分时系统采用的主要调度算法,其中时间片的长短对系统的性能影响很大。如果时间片过大,以至于所有进程都能在一个时间片内执行完毕,则时间片轮转调度算法退化为先来先服务调度算法。如果时间片太小,则处理机将在进程之间频繁地进行切换,使得处理机真正用于处理用户程序的时间减少。因此时间片的大小应恰当选择。

6. 多级反馈队列(MFQ)调度算法

多级反馈队列调度算法是一种均衡考虑各种因素进行进程调度的一种算法,其算法思想如下。

(1)设置多个就绪队列,并为每个队列赋予不同的优先权。第一个队列的优先权最高,第二个次之,其余队列的优先权逐个降低。

(2)给每个队列赋予大小不同的时间片。优先权越高的队列中的进程的时间片越短。

(3)新进程创建后,首先将其放入第一个队列的队尾,按先来先服务的原则排队。当轮到该进程执行时,如能在一个时间片内完成,便可撤离系统;若在一个时间片内没有完成,调度程序便将该进程转入第二个队列等待调度执行;如果它在第二个队列中被调度运行一个大一些的时间片后还未完成,再以同样的方式将其转入第三个队列,如此下去,直到进程到达最后一个队列。在最后一个队列中使用时间片轮转法进行调度。

(4)仅当第一个队列空闲时,调度程序才调度第二个队列中的进程。仅当第1到第 $i-1$ 队列均为空闲时,调度程序才调度第 i 个队列中的进程。如果有新进程进入优先权较高的队列,则新进程抢占正在执行进程的处理机,即调度程序把正在执行的进程放回第 i 个队列的队尾,将处理机分配给新进程。

19.1.3 死锁的基本概念

1. 死锁的概念

死锁是指一组争抢系统资源或相互通信的进程被阻塞,而这种阻塞是永久的,除非操作系统采取某种特别措施,如撤销进程或剥夺进程占有的资源,否则进程将永远处于阻塞状态。

处理死锁通常的方法是预防、避免、检测和解除。

2. 产生死锁的原因

产生死锁的原因有以下两个。

(1)系统资源不足。这是产生死锁的根本原因,操作系统的设计目标就是让并发进程共享系统中的资源。

（2）进程推进顺序不当。当多个并发进程在运行中提出对多个资源的使用请求时，其中任何一个进程都得到了一部分资源，但又未满足另一部分资源请求，致使各进程继续执行过程中，因得不到新请求的资源而可能导致死锁。

3．产生死锁的 4 个必要条件

（1）互斥条件。每个资源被进程排他性地共享，这是由资源的性质决定的，是无法改变的。

（2）请求与保持条件。进程因请求资源而阻塞，但对已分配给它的资源又保持不放。

（3）不可剥夺条件。进程所获得的资源在使用完毕前，不能被其他进程强行剥夺。

（4）环路条件。存在一个进程资源的循环等待链，链中的每个进程已获得的资源同时被链中下一个进程所请求。

19.1.4　死锁的预防与避免

预防死锁从产生死锁的必要条件入手，抛弃产生死锁的必要条件，从而预防死锁。

避免死锁是从分析进程新的资源请求开始，只有确定不会导致死锁时，操作系统才满足进程的资源请求，否则不予分配新的资源。

1．预防死锁

（1）破坏互斥条件。就是要允许多个进程同时访问资源，但是受到资源本身固有特性的限制，有些资源根本不能同时访问，只能互斥访问，如打印机。如果允许多个进程同时访问，则会使多个进程要求打印的数据交叉在一起，无法辨认。所以打印机只能互斥访问，企图通过破坏互斥条件来防止死锁的发生是不可能的。

（2）破坏请求与保持条件。为了破坏请求与保持条件，可以采取预先静态分配方法，即要求进程在其运行之前一次性地申请它所需要的全部资源，在它的所有资源未能满足之前，进程不能运行。

这种方法简单、安全，但降低了资源的利用率。以打印机为例，一个进程可能最后完成时才需要用打印机输出程序的结果，但在它运行之前就把打印机分配给了它，那么在进程运行期间打印机一直处于闲置状态。

（3）破坏不可剥夺条件。为了破坏不可剥夺条件，可以制定这样的策略：一个已获得某些资源的进程，若新的资源不能得到满足，则必须释放所有已获得的资源，以后需要时再重新申请。这意味着一个进程已获得的资源在运行过程中可被剥夺，从而破坏不可剥夺条件。

该策略实现起来比较复杂，释放已获得的资源可能造成前一段工作的失效，重复申请和释放资源会增加系统的开销，降低系统的吞吐量。

（4）破坏环路条件。为了破坏环路条件，可以采用有序资源分配法，即将系统中的所有资源按类型统一编号，要求每个进程严格按编号的递增次序请求资源。也就是说，只要进程提出请求资源 R_i，则在今后的资源请求中，只能请求排在 R_i 后面的资源，不能再请求编号低于 R_i 的资源。对资源请求做了这样的限制后，系统中就不会再出现几个进程对资源的请求成为环路的情况。

这种方法存在的主要问题是，各种资源编号后不宜修改，从而限制了新设备的增加。尽管编号时已考虑了大多数进程实际使用这些资源的顺序,但也经常会发生进程使用资源的顺序与系统规定的顺序不一致的情况,从而造成资源的浪费。

2. 避免死锁

在预防死锁的几种策略中,总的来说都施加了较强的限制条件,虽然实现起来较为简单,但却严重损害了系统的性能。避免死锁,就是要施加较弱的限制条件,而要获得较好的系统性能,具体方法是把系统的状态分为安全状态和不安全状态,只要系统始终处于安全状态,就可避免死锁的发生。

避免死锁的方法是允许进程动态地申请资源。系统在进行资源分配之前,先计算资源分配的安全性,如此次分配不会导致系统进入不安全状态,便将资源分配给进程,否则进程等待。

在某一时刻,若系统能按某种顺序(如$<P_1,P_2,\cdots,P_n>$)来为每个进程分配其所需要的资源,直至最大需求,使每个进程都可以顺利完成,则称此时的系统状态是安全状态,称$<P_1,P_2,\cdots,P_n>$为安全序列。若某一时刻系统不存在这样一个安全序列,则称系统处于不安全状态。

并非所有的不安全状态都是死锁状态,但当系统进入不安全状态后,便可能进入死锁状态;反之,只要系统处于安全状态,系统就可以避免死锁。

3. 银行家算法

Dijkstra 给出的银行家算法是具有代表性的避免死锁的算法。为了实现银行家算法,需要定义以下若干数据结构。

(1)可用资源向量 Available,是一个 m 个元素的数组,它定义了系统中各种资源的空闲数目,其数值随着该资源的分配与回收而动态地变化,如 Available(j)=k 表示系统中有 R_j 类资源 k 个。

(2)系统资源总量 Resource,是一个 m 个元素的数组,它定义了系统中各种资源的总量。

(3)需求矩阵 Need,是一个 n×m 的矩阵,定义了系统中每个进程对各种资源的最大需求情况。如果 Need(i,j)=k,表示进程 P_i 需要 R_j 资源 k 个。

(4)分配矩阵 Allocation,是一个 n×m 的矩阵,定义了系统中每个进程已分配的各种资源的数目。如果 Allocation(i,j)=k,表示进程 P_i 已分配到 R_j 资源 k 个。

银行家算法如下。

Request 是进程对资源的请求向量,Request(i,j)=k,表示进程 P_i 请求 R_j 资源 k 个。当进程发出请求后,系统按下述步骤进行检查。

(1)如果 Allocation[i, *]+Request[*]≤Need[i, *],则转(2),否则因进程 P_i 已超过其最大需求,系统出错。

(2)如果 Request[*]≤Available[*],则转(3),否则进程 P_i 因没有可用资源而等待。

(3)系统试探着把资源分配给进程 P_i,并按如下方式修改状态。

```
Allocation[i, * ] = Allocation[i, * ] + Request[ * ];
Available[ * ] = Available[ * ] - Request[ * ];
```

（4）系统安全检测算法,检查此时分配后系统状态是否安全。如果是安全的,就实际分配资源,满足进程 P_i 的此次请求;若新状态不安全,则进程 P_i 等待,对所申请的资源暂不予以分配,并且把资源分配状态恢复到(3)之前的情况。

系统安全检测算法描述如下。

（1）工作向量 Work 和 Finish。Work 表示系统可提供的供进程继续运行的各类资源数目,它有 m 个元素。Finish 表示系统中是否有足够的资源分配给进程,使之运行。开始时令:

```
Work[ * ] = Available[ * ]
Finish[i] = FALSE
```

（2）从进程中查找这样的进程 P_i,使其满足:

```
Finish[i] = FALSE
Need[i, * ] < = Work[ * ]
```

如果没有这样的 i 存在,则转(4)。

（3）当进程 P_i 获得资源后,可顺利执行完毕,并释放出所有分配给它的资源,故执行:

```
Work[ * ] = Work[ * ] + Allocation[i, * ]
Finish[i] = TRUE
```

并返回(2)。

（4）如果对于所有进程 P_i,Finish[i]=TRUE,则系统处于安全状态;否则系统处于不安全状态。

19.1.5　死锁的检测与解除

前面介绍的预防死锁和避免死锁的方法都是在系统为进程分配资源时施加限制条件或进行安全性的检测,如果系统在为进程分配资源时不采取任何措施,则应该提供检测和解除死锁的手段。

1. 资源分配图

资源分配图是描述进程和资源之间申请和分配关系的一个有向图,该图是由一组节点 N 和一组边 E 组成的 G=(N,E),具有下述的定义和限制。

（1）N 被分成两个互斥的子集,一组进程节点 $P=\{P_1,P_2,\cdots,P_n\}$,一组资源节点 $R=\{R_1,R_2,\cdots,R_m\}$,$N=P\cup R$。

（2）凡属于 E 中的一个边 $e\in E$,都连接着 P 中的一个节点和 R 中的一个节点,$e=\{P_i,R_j\}$ 是资源请求边,由进程 P_i 指向资源 R_j,它表示进程 P_i 请求一个单位的资源 R_j。$e=\{R_j,P_i\}$ 是资源分配边,由资源 R_j 指向进程 P_i,它表示一个单位的资源 R_j 已经分配给进程 P_i。

通常用圆圈表示一个进程,用方框表示一类资源。由于一类资源可能有多个,因此用方框中的点表示资源的个数。

2. 死锁定理

通过简化资源分配图的方法来检测系统中的某个状态 S 是否处于死锁状态。简化方法如下。

（1）在资源分配图中,找出资源分配图中非孤立的且没有阻塞的进程 P_i。该进程获得所需要的资源后将运行完毕,并释放其所占有的全部资源。这相当于可以在资源分配图中删除进程 P_i 的所有请求边和分配边,使之成为孤立顶点。

(2) 进程 P_i 释放资源后,可以唤醒因等待该资源而阻塞的进程,使原来阻塞的进程进入就绪状态。

(3) 在进行一系列的简化后,若能删除图中所有的边,使得所有的进程都成为孤立的顶点,则该图是可以完全简化的;否则,该图是不可以完全简化的。

死锁定理:系统中的状态 S 是死锁状态的充分必要条件是,当且仅当状态 S 的资源分配图是不可以完全简化的。

3. 解除死锁

一旦检测到系统出现死锁,就应将陷入死锁的进程从死锁状态中解脱出来。解除死锁的方法有两种。

(1) 剥夺资源。当发现死锁后,从其他进程那里剥夺足够数量的资源给死锁进程,以解除死锁状态。

(2) 撤销进程。采用强制手段从系统中撤销一个或多个死锁进程,并剥夺这些进程的资源供其他死锁进程使用。

19.2 典型例题分析

1. 某进程被唤醒后立即投入运行,能说明该系统采用的是可剥夺调度算法吗?

答:不能。如果当前就绪队列为空,这样被唤醒的进程就是就绪队列中唯一的一个进程,于是调度程序自然选中它投入运行。

2. 在哲学家进餐问题中,如果将先拿起左边筷子的哲学家称为左撇子,将先拿起右边筷子的哲学家称为右撇子。请说明在同时存在左、右撇子的情况下,任何的就座安排都不能产生死锁。

答:该题的关键是证明该情况不满足产生死锁的 4 个必要条件之一。在死锁的 4 个必要条件中,本题对于互斥条件、请求与保持条件、不可剥夺条件肯定是成立的,因此必须证明环路条件不成立。

对于本题,如果存在环路条件必须是左、右的哲学家都拿起了左(或右)边的筷子,而等待右(或左)边的筷子,而这种情况只能出现在所有哲学家都是左(或右)撇子的情况下,但由于本题有右(或左)撇子存在,因此不可能出现循环等待链,所以不可能产生死锁。

3. 系统中有 5 个资源被 4 个进程所共享,如果每个进程最多需要两个这种资源,试问系统是否会产生死锁?

答:由于资源数大于进程数,因此系统中总会有一个进程获得的资源数大于或等于 2,该进程已经满足了它的最大需求,当它运行完毕后会把它占有的资源归还给系统,此时其余 3 个进程也能满足最大需求而顺利运行完毕,因此系统不会产生死锁。

4. 计算机系统中有 8 台磁带机,由 N 个进程竞争使用,每个进程最多需要 3 台。问:当 N 为多少时,系统没有死锁的危险?

答:当 N<4 时,系统没有死锁的危险。因为当 N 为 1 时,它最多需要 3 台磁带机,系统中共有 8 台,其资源数已足够 1 个进程使用,所以绝对不会产生死锁;当 N 为 2 时,两个

进程最多需要 6 台磁带机,系统中共有 8 台,其资源数也足够两个进程使用,因此也不会产生死锁;当 N 为 3 时,无论如何分配,3 个进程中必有进程得到 3 台磁带机,该进程已经达到它的最大需求,当它运行完毕后可释放这 3 台磁带机,这就保证了其他两个进程也可顺利执行完毕。因此当 N<4 时,系统没有死锁的危险。

当 N=4 时,假设 4 个进程都得到两个资源,此时系统中已没有剩余资源,而 4 个进程都没有达到它们的最大需求,所以系统有可能产生死锁。同理,当 N>4 时,也有产生死锁的危险。

5. 假设系统有 5 个进程,它们的到达时间和服务时间如表 19-1 所示。新进程(没有运行过)与老进程(运行过的进程)的条件相同时,假定系统选新进程运行。

表 19-1　进程到达时间和处理时间

进 程 名	到 达 时 间	处 理 时 间
A	0	3
B	2	6
C	4	4
D	6	5
E	8	2

若按先来先服务(FCFS)、时间片轮转法(时间片 q=1)、短进程优先(SPN)、最短剩余时间优先(SRT,时间片 q=1)、响应比高者优先(HRRN)及多级反馈队列[MFQ,第 1 个队列的时间片为 1,第 i(i>1)个队列的时间片 q=2(i-1)]算法进行 CPU 调度,请给出各个进程的完成时间、周转时间、带权周转时间,以及所有进程的平均周转时间和平均带权周转时间。

答:(1) 采用先来先服务(FCFS)调度算法,则总是选择最早进入就绪队列的进程投入运行。5 个进程的到达次序与完成次序一致,即是 A、B、C、D、E,具体如表 19-2 所示。

表 19-2　进程时间表 1

进程名	到达时间	处理时间	开始时间	完成时间	周转时间	带权周转时间
A	0	3	0	3	3	1
B	2	6	3	9	7	1.17
C	4	4	9	13	9	2.25
D	6	5	13	18	12	2.4
E	8	2	18	20	12	6

平均周转时间 T=(3+7+9+12+12)/5=43/5=8.6
平均带权周转时间 W=(1+1.17+2.25+2.4+6)/5=12.82/5≈2.56

(2) 采用时间片轮转(时间片 q=1)调度算法,则 5 个进程的处理时间均大于 1,都要使用多个时间片才能运行完毕。进程在一个时间片没有完成,则进入就绪队列的队尾,新进程与老进程(运行过的进程)同时进入就绪队列,假定系统选新进程运行。5 个进程的完成次序即为 A、E、C、B、D,具体如表 19-3 所示。

表 19-3　进程时间表 2

进程名	开始时间	完成时间	周转时间	带权周转时间	备　　注
A	0	1			只有 A 到达,选 A 运行 1 个时间片
A	1	2			其他进程没到达,A 继续运行
B	2	3			B、A 都是时刻 2 到达就绪队列,B 为新进程,选 B 运行 1 个时间片
A	3	4	4−0=4	4/3≈1.33	A 已运行 3 个时间片,完成
B	4	5			C 到达,但 B 在时刻 3 已到达就绪队列,选 B 运行
C	5	6			选 C 运行 1 个时间片
B	6	7			D 到达,但 B 在时刻 5 已到达就绪队列,选 B 运行
D	7	8			选 D 运行 1 个时间片
C	8	9			E 到达,但 C 在时刻 6 已到达就绪队列,选 C 运行
B	9	10			B 在时刻 7 已到达就绪队列,选 B 运行
E	10	11			E、D 均为时刻 8 到达,但 E 为新进程,选 E 运行
D	11	12			选 D 运行
C	12	13			C 在时刻 9 到达就绪队列,选 C 运行
B	13	14			B 在时刻 10 到达就绪队列,选 B 运行
E	14	15	15−8=7	7/2=3.5	E 已运行 2 个时间片,完成
D	15	16			
C	16	17	17−4=13	13/4=3.25	C 已运行 4 个时间片,完成
B	17	18	18−2=16	16/6≈2.67	B 已运行 6 个时间片,完成
D	18	19			
D	19	20	20−6=14	14/5=2.8	D 已运行 5 个时间片,完成

平均周转时间 T=(4+16+13+14+7)/5=54/5=10.8

平均带权周转时间 W=(1.33+2.67+3.25+2.8+3.5)/5=13.55/5=2.71

(3) 采用短进程优先(SPN)调度算法,则在已到达系统的进程中总是选择最短的进程投入运行。5 个进程的到达次序与完成次序不一致,A 先运行,然后 B 运行。B 运行完后 C、D、E 均已到达,按短进程优先原则,C、D、E 3 个进程的运行次序为 E、C、D,最终 5 个进程的完成次序是 A、B、E、C、D,具体如表 19-4 所示。

表 19-4　进程时间表 3

进程名	到达时间	处理时间	开始时间	完成时间	周转时间	带权周转时间
A	0	3	0	3	3	3/3=1
B	2	6	3	9	7	7/6≈1.17
C	4	4	11	15	11	11/4=2.75
D	6	5	15	20	14	14/5=2.8
E	8	2	9	11	3	3/2=1.5

平均周转时间 T＝(3＋7＋11＋14＋3)/5＝38/5＝7.6

平均带权周转时间 W＝(1＋1.17＋2.75＋2.8＋1.5)/5＝9.22/5≈1.84

（4）采用最短剩余时间优先(SRT,时间片 q＝1)调度算法,则在已到达系统的进程中先选择剩余时间最短的进程投入运行,并运行一个时间片。新进程与老进程(运行过的进程)的剩余时间相同,假定系统选新进程运行。5 个进程的完成次序是 A、C、E、D、B,具体如表 19-5 所示。

表 19-5　进程时间表 4

进程名	开始时间	完成时间	周转时间	带权周转时间	备　　注
A	0	1			只有 A 到达,选 A 运行
A	1	2			其他进程没到达,A 继续运行
A	2	3	3－0＝3	3/3＝1	A 剩余时间最短,选 A。A 运行完 3 个时间片,完成
B	3	4			只有 B 到达,选 B 运行
C	4	5			C 到达,剩余时间为 4,而 B 剩余时间为 5,选 C 运行
C	5	6			C 剩余时间为 3,而 B 剩余时间为 5,选 C 运行
C	6	7			D 到达,但 C 剩余时间为 2,最短,仍选 C 运行
C	7	8	8－4＝4	4/4＝1	C 运行 4 个时间片,完成
E	8	9			E 到达,剩余时间为 2,最短,选 E 运行
E	9	10	10－8＝2	2/2＝1	E 运行两个时间片,完成
D	10	11			B 和 D 的剩余时间均为 5,D 为新到达进程,选 D 运行
D	11	12			D 的剩余时间为 4,B 的剩余时间为 5,选 D 运行
D	12	13			D 的剩余时间为 3,B 的剩余时间为 5,选 D 运行
D	13	14			D 的剩余时间为 2,B 的剩余时间为 5,选 D 运行
D	14	15	15－6＝9	9/5＝1.8	D 运行 5 个时间片,完成
B	15	16			系统只剩下 B,B 运行
B	16	17			
B	17	18			
B	18	19			
B	19	20	20－2＝18	18/6＝3	B 运行 6 个时间片,完成

平均周转时间 T＝(3＋18＋4＋9＋2)/5＝36/5＝7.2

平均带权周转时间 W＝(1＋3＋1＋1.8＋1)/5＝7.8/5＝1.56

（5）采用响应比高者优先(HRRN)调度算法,则在已到达系统的进程中选择响应比高的进程投入运行。5 个进程的完成次序是 A、B、C、E、D,具体如表 19-6 所示。

响应比 R_p＝（等待时间＋要求执行时间）/要求执行时间＝响应时间/要求服务时间

表 19-6　进程时间表 5

进程名	响应比	开始时间	完成时间	周转时间	带权周转时间	备　　注
A		0	3	3	3/3＝1	只有 A 到达，A 运行
B		3	9	7	7/6≈1.17	A 已完成，其他进程中只有 B 到达，B 运行
C D E	(5＋4)/4＝2.25 (3＋5)/5＝1.6 (1＋2)/2＝1.5	9	13	9	9/4＝2.25	C、D 和 E 3 个进程中 C 的响应比最高，选 C 运行
D E	(7＋5)/5＝2.4 (5＋2)/2＝3.5	13	15	7	7/2＝3.5	D 和 E 两个进程中 E 的响应比高，选 E 运行
D		15	20	14	14/5＝2.8	D 最后运行

平均周转时间 T＝(3＋7＋9＋14＋7)/5＝40/5＝8

平均带权周转时间 W＝(1＋1.17＋2.25＋2.8＋3.5)/5＝10.72/5≈2.14

（6）采用多级反馈队列［MFQ，第 1 个队列的时间片为 1，第 i(i＞1)个队列的时间片 q＝2(i－1)］算法进行 CPU 调度，假定刚到系统时进程的优先级相同，每运行一个时间片后，进程的优先级降低一级，时间片增长，以此类推，具体如表 19-7 所示。

表 19-7　进程时间表 6

进程名	开始时间	完成时间	周转时间	带权周转时间	备　　注
A	0	1			只有 A 到达，A 运行一个时间片 q＝1 后，其优先级降低一级
A	1	3	3－0＝3	3/3＝1	只有 A，A 再运行第二个时间片 q＝2 后完成
B	3	4			B 到达后，系统中只有 B，B 运行一个时间片 q＝1
C	4	5			C 到达后，C 的优先级高于 B，C 运行一个时间片 q＝1
B	5	7			B、C 的优先级相同，B 在就绪队列头，选 B 运行第二个时间片 q＝2
D	7	8			D 到达后，D 的优先级高于 B 和 C，D 运行一个时间片 q＝1
E	8	9			E 到达后，E 的优先级高于 B、C 和 D，E 运行一个时间片 q＝1
C	9	11			C、D 和 E 的优先级相同，C 在就绪队列头，选 C 运行第二个时间片 q＝2
D	11	13			D 和 E 的优先级相同，D 在就绪队列头，选 D 运行第二个时间片 q＝2

进程名	开始时间	完成时间	周转时间	带权周转时间	备 注
E	13	14	$14-8=6$	$6/2=3$	选 E 运行第二个时间片 $q=2$，当 E 只需 1 个时间单位完成
B	14	17	$17-2=15$	$15/6=2.5$	选 B 运行第三个时间片 $q=4$，当 B 只需 3 个时间单位完成
C	17	18	$18-4=14$	$14/4=3.5$	选 C 运行第三个时间片 $q=4$，当 C 只需 1 个时间单位完成
D	18	20	$20-6=14$	$14/5=2.8$	选 D 运行第三个时间片 $q=4$，当 D 只需两个时间单位完成

平均周转时间 $T=(3+15+14+14+6)/5=52/5=10.4$

平均带权周转时间 $W=(1+2.5+3.5+2.8+3)/5=12.8/5=2.56$

6. 设系统中有 5 个进程 P_1、P_2、P_3、P_4 和 P_5，有三种类型的资源 A、B 和 C，其中 A 资源的数量是 17，B 资源的数量是 5，C 资源的数量是 20，T_0 时刻系统状态如表 19-8 所示。

表 19-8 资源分配表 1

进程	已分配资源数量			最大资源需求量			仍然需求资源数		
	A	B	C	A	B	C	A	B	C
P_1	2	1	2	5	5	9			
P_2	4	0	2	5	3	6			
P_3	4	0	5	4	0	11			
P_4	2	0	4	4	2	5			
P_5	3	1	4	4	2	4			

(1) 计算每个进程还可能需要的资源，并填入表的"仍然需求资源数"栏中。

(2) T_0 时刻系统是否处于安全状态？为什么？

(3) 如果 T_0 时刻进程 P_2 又有新的资源请求 $(0,3,4)$，是否实施资源分配？为什么？

(4) 如果 T_0 时刻进程 P_4 又有新的资源请求 $(2,0,1)$，是否实施资源分配？为什么？

(5) 在 (4) 的基础上，若进程 P_1 又有新的资源请求 $(0,2,0)$，是否实施资源分配？为什么？

答：(1) 5 个进程 P_1、P_2、P_3、P_4 和 P_5 仍然需要 A、B 和 C，三类资源数量如表 19-9 所示。

表 19-9 资源分配表 2

进程	已分配资源数量			最大资源需求量			仍然需求资源数		
	A	B	C	A	B	C	**A**	**B**	**C**
P_1	2	1	2	5	5	9	**3**	**4**	**7**
P_2	4	0	2	5	3	6	**1**	**3**	**4**
P_3	4	0	5	4	0	11	**0**	**0**	**6**
P_4	2	0	4	4	2	5	**2**	**2**	**1**
P_5	3	1	4	4	2	4	**1**	**1**	**0**

(2) 由已知条件，系统中 A、B 和 C，三类资源的总数是 $(17,5,20)$，从表中可以计算出已分配情况是 $(15,2,17)$，剩余可用资源的数量是 $(2,3,3)$，如果先让进程 P_5 执行，可以满足它的最大需求。当进程 P_5 运行完毕，又可释放它占有的资源，使系统中可用资源的数量增加

操作系统学习指导和习题解析

为(5,4,7);此时可让 P_4 执行,满足它的最大需求后又可释放它占有的资源,使系统中可用资源的数量增加为(7,4,11);然后让 P_3 执行,满足它的最大需求后又可释放它占有的资源,使系统中可用资源的数量增加为(11,4,16);之后可让 P_2 和 P_1 执行。这样所有进程都可运行完毕,系统是在 T_0 时刻存在安全序列 $\{P_5, P_4, P_3, P_2, P_1\}$,所以系统是安全的。

(3) 如果 T_0 时刻进程 P_2 又有新的资源请求(0,3,4),进程 P_2 请求资源数(C 资源只剩下 3 个,而进程 P_2 请求 4 个)大于剩余可用资源的数量(2,3,3),所以不能分配。

(4) 如果 T_0 时刻进程 P_4 又有新的资源请求(2,0,1),按银行家算法进行检查,进程 P_4 请求资源数(2,0,1)+已分配资源数量(2,0,4)小于进程 P_4 的最大需求数量(4,2,5);另外进程 P_4 请求资源数(2,0,1)小于剩余可用资源的数量(2,3,3);如果满足进程 P_4 新的资源请求,进程 P_4 仍然需求资源数变为(0,2,0),如表 19-10 所示。

表 19-10　资源分配表 3

进程	已分配资源数量			最大资源需求量			仍然需求资源数		
	A	B	C	A	B	C	**A**	**B**	**C**
P_1	2	1	2	5	5	9	**3**	**4**	**7**
P_2	4	0	2	5	3	6	**1**	**3**	**4**
P_3	4	0	5	4	0	11	**0**	**0**	**6**
P_4	4	0	5	4	2	5	**0**	**2**	**0**
P_5	3	1	4	4	2	4	**1**	**1**	**0**

系统中剩余可用资源的数量为(0,3,2);用安全算法进行检查可以得到安全序列 $\{P_4, P_5, P_3, P_2, P_1\}$,所以系统是安全的,可以满足进程 P_4 的资源请求。

(5) 在(4)的基础上,若进程 P_1 又有新的资源请求(0,2,0),按银行家算法进行检查,进程 P_1 请求资源数(0,2,0)+已分配资源数量(2,1,2)小于进程 P_4 的最大需求数量(5,5,9);另外进程 P_1 请求资源数(0,2,0)小于剩余可用资源的数量(0,3,2);如果满足进程 P_1 新的资源请求,进程 P_1 仍然需求资源数变为(3,2,7),如表 19-11 所示。

表 19-11　资源分配表 4

进程	已分配资源数量			最大资源需求量			仍然需求资源数		
	A	B	C	A	B	C	**A**	**B**	**C**
P_1	2	3	2	5	5	9	**3**	**2**	**7**
P_2	4	0	2	5	3	6	**1**	**3**	**4**
P_3	4	0	5	4	0	11	**0**	**0**	**6**
P_4	2	0	4	4	2	5	**0**	**2**	**0**
P_5	3	1	4	4	2	4	**1**	**1**	**0**

系统中剩余可用资源的数量为(0,1,2),已不能满足任何进程的资源需要,故系统进入不安全状态,此时不能将资源分配给进程 P_1。

19.3　作　　业

1. 为什么说多级反馈队列调度算法能较好地满足各类用户的需求?

2. 考虑表 19-12 和表 19-13 所示的进程集合。

表 19-12　进程集合 1

进 程 名	到 达 时 间	处 理 时 间
A	0	3
B	1	5
C	3	2
D	9	5
E	12	5

表 19-13　进程集合 2

进 程 名	到 达 时 间	处 理 时 间
A	0	1
B	1	9
C	2	1
D	3	9

分别对以上两个进程集合使用先来先服务(FCFS)、时间片轮转法(时间片 q=1)、短进程优先(SPN)、最短剩余时间优先(SRT,时间片 q=1)、响应比高者优先(HRRN)及多级反馈队列[MFQ,第 1 个队列的时间片为 1,第 i(i>1)个队列的时间片 q=2(i−1)]算法进行 CPU 调度,请给出各个进程的完成时间、周转时间、带权周转时间,以及所有进程的平均周转时间和平均带权周转时间。

3. 考虑系统中出现的情况如表 19-14 和表 19-15 所示。

表 19-14　可用资源

可用资源			
2	1	0	0

表 19-15　进程状态

进程	当前状态				最大需求				仍然需求			
	R_1	R_2	R_3	R_4	R_1	R_2	R_3	R_4	R_1	R_2	R_3	R_4
P_1	0	0	1	2	0	0	1	2				
P_2	2	0	0	0	2	7	5	0				
P_3	0	0	3	4	6	6	5	6				
P_4	2	3	5	4	4	3	5	6				
P_5	0	3	3	2	0	6	5	2				

(1) 计算每个进程还可能需要的资源,并填入表的"仍然需求"栏中。

(2) 系统当前是否处于安全状态?为什么?

(3) 系统当前是否死锁?为什么?

(4) 如果进程 P_3 又有新的请求(0,2,0,0),系统是否可以安全地接受此请求?

4. 考虑有一个共有 150 个存储单元的系统,已经按表 19-16 所示分配给 3 个进程。

表 19-16　进程分配

进 程	最 大 需 求	已 经 占 有
1	70	45
2	60	40
3	60	15

试确定下面新的请求是否安全。如果安全,请给出安全序列。

(1) 第 4 个进程到达,它最多需要 60 个存储单元,最初需要 25 个单元。

(2) 第 4 个进程到达,它最多需要 60 个存储单元,最初需要 35 个单元。

5. 有 3 个进程共享 4 个资源,一次只能请求或释放一个资源,每个进程最大需要两个资源,试说明系统不会发生死锁。

*6. N 个进程共享 M 个资源,一次只能请求或释放一个资源,每个进程最大需要资源数不超过 M,并且所有进程最大需求的总和小于(M+N),试说明系统不会发生死锁。

第 20 章　　存 储 管 理

20.1　知识点学习指导

操作系统最重要、最复杂的一项任务就是存储器的管理。内存可以被看成一种资源,分配给多个进程,或者由多个进程共享。

现代存储管理的基本工具就是对内存分段和分页。段的划分是程序本身的需要,每个段的大小是不同的。对于分页,每个进程被划分成大小固定的页,内存也被分成同样大小的页框,有利于有效地管理内存空间。将分段与分页相结合就形成了段页式存储管理。

存储管理的主要任务是为多道程序的运行提供良好的环境,方便用户使用存储器,提高内存的利用率及从逻辑上扩充内存。为此,内存管理包括以下几方面的功能。

(1) 内存分配与回收。解决多道程序环境下,多个程序共享内存的问题。

(2) 地址映射。在多道程序环境下,程序中的逻辑地址与内存中的物理地址不可能一致,因此,存储管理必须提供地址变换功能,将程序的逻辑地址转换成内存的物理地址。地址映射也称为地址重定位。

(3) 内存保护。在多道程序的环境中,内存中存放有多个用户的程序,操作系统要提供一定的存储保护措施,使各道程序在自己空间中运行,互不干扰。

(4) 内存扩充。采用虚拟存储技术,从逻辑上扩充内存。

20.1.1　程序的装入与链接

1. 地址空间与存储空间

程序经过编译后,通常会产生多个目标程序,这些目标程序再经过链接形成可装入程序。这些程序的起始地址都是以"0"开始的,程序中的所有地址是相对于起始地址计算的。由这些地址所形成的地址范围称为地址空间,其中的地址称为相对地址或逻辑地址。

存储空间是指内存中一系列存储信息的物理单元的集合,其中的地址称为物理地址或绝对地址。

简单地说,地址空间是逻辑地址的集合,存储空间是物理地址的集合。一个是虚的概念,一个是实的物体。一个编译好的程序存在于它自己的地址空间中,当它要在计算机上运行时,才把它装入存储空间。

一般情况下,一个程序在装入时分配的存储空间和它的地址空间是不一致的,因此在装入时要进行逻辑地址到物理地址的变换,并修改程序中与地址有关的代码,这一过程称为地址映射或重定位。

2. 重定位的类型

根据地址变换的时机和采用的技术手段不同,可以将重定位分为两类:静态重定位和动态重定位。

(1)静态重定位。静态重定位是在程序运行之前,由装入程序进行的重定位。也就是说,在程序装入内存的同时,将程序中的逻辑地址转换为物理地址。

静态重定位的特点是无须增加硬件地址变换机构,但它要求为每个程序分配一个连续的存储区域,并且在程序运行期间不能移动。

(2)动态重定位。动态重定位是在程序运行过程中,每当访问一条指令或数据时,将要访问的指令或数据的逻辑地址转换为物理地址。由于重定位过程是在程序运行期间随着指令的执行逐步完成的,因此称为动态重定位。

动态重定位的实现需要依靠硬件地址变换机构的支持,最简单的实现方法是利用一个重定位寄存器。当程序开始运行时,操作系统负责将分配给该程序在内存中的地址送入重定位寄存器,之后在程序的运行过程中,每当访问该程序中的指令或数据时,重定位寄存器的内容将自动加到程序对应的逻辑地址中去,从而得到该逻辑地址对应的物理地址。

动态重定位的特点是可以将程序分配到不连续的存储区中,但动态重定位需要增加硬件,且实现动态重定位的软件也较为复杂。

3. 链接的类型

链接是将经过编译后得到的若干目标模块及它们所需要的库函数,装配成一个完整的装入模块。实现链接的方法有静态链接和动态链接两种。

(1)静态链接:在程序运行之前进行的链接称为静态链接。静态链接方式不便于软件版本的更新和程序的共享。

(2)动态链接:在程序运行过程中进行的链接称为动态链接。

根据动态链接的时机不同,又把动态链接分为装入时动态链接和运行时动态链接。

(1)装入时动态链接:在程序装入时进行的动态链接。

(2)运行时动态链接:在程序执行过程中,若发现被调用模块还没有装入内存,再将它装入内存,同时链接到调用模块上,这种链接方式称为运行时动态链接。

运行时动态链接除了可以解决装入时动态链接已经解决的软件版本的更新和程序的共享问题外,由于链接推迟到程序运行时才进行,这样,调用程序用到哪个模块就链接哪个模块,不用的模块就没有必要调入内存,从而使得内存空间得到有效的利用。

20.1.2 连续分配存储管理

连续分配是指为用户程序分配一个连续的内存空间。连续分配有单一连续分区和分区分配两种方式,分区分配方式又分为固定分区和可变分区。

1. 单一连续分配

单一连续分配是一种最简单的存储管理方式,通常只用于单用户、单任务的操作系统中,它将内存分成两个区域,一个供操作系统使用,一个供用户使用。

单一连续分配的主要特点是管理简单,只需要很少的软件和硬件支持,但由于内存中只能有一道程序,各类资源的利用率不高,不能实现多道程序设计。

2. 固定分区分配

分区分配方式是实现多道程序设计的一种最为简单的管理方法,其基本原理是给每一道将要运行的进程分配一块连续的内存空间,使进程得以并发地运行。

固定分区是在系统启动时,将内存固定地划分为大小不等、个数固定的几个分区,供多个进程使用。

固定分区使用分区说明表记录各个分区的使用情况,它通常使用静态重定位的方式装入程序,不能实现存储空间的共享,存储空间的利用率较低。

3. 可变分区分配

可变分区也称为动态分区,这种分区方式根据程序的大小动态地划分分区,使分区的大小正好适应程序的需要,因此分区的大小和数目是不固定的。

4. 可变分区的分配算法

对可变分区进行管理的数据结构通常采用空闲分区链,常用的分配算法有以下几种。

(1)首次适应法:空闲分区链中的空闲区按起始地址从小到大排列,当进程要求装入内存时,分配程序从起始地址最小的空闲区开始扫描,直到找到一个能够满足进程大小要求的空闲分区为止。

(2)下次适应法:空闲分区链中的空闲区按起始地址从小到大排列,当进程要求装入内存时,分配程序从上次找到的空闲区的下一个空闲区开始查找,直到找到一个能满足进程大小要求的空闲分区。

(3)最佳适应算法:空闲分区链中的空闲区按分区大小递增的顺序排列,当进程要求装入内存时,分配程序从空闲分区链中最小的空闲区开始查找,直到找到一个满足进程大小要求的空闲区为止。该算法的优点是如果空闲分区链中有一空闲区的大小正好与进程的大小相等,则必然被选中。

(4)最坏适应法:空闲分区链中的空闲区按分区大小递减的顺序排序,当进程要求装入内存时,分配程序从空闲分区链中最大的空闲区"切出"一块进行分配给进程。

5. 可变分区的回收算法

当进程运行完毕时,系统应回收分区。回收时根据回收分区的大小及起始地址,在空闲分区链中检查是否有邻接的空闲区,若有则应合并成一个大的空闲区。回收分区与空闲区的邻接情况可能有以下4种情况。

(1)回收分区与前面一个(低地址)空闲区相邻接,此时将回收分区与前一个空闲区合并为一个大的空闲区,前一个空闲区的首地址作为合并后新空闲区的首地址,并修改空闲区的大小。

(2)回收分区与后面一个(高地址)空闲区相邻接,此时将回收分区与空闲区合并为一个大的空闲区,回收区的首地址作为合并后新空闲区的首地址,大小为两个分区的大小之和。

(3)回收分区与前、后两个空闲区均相邻,此时将回收分区与前、后空闲区合并为一个大的空闲区,合并后形成的新空闲区的首地址为前一个空闲区的首地址,大小为3个空闲分区的大小之和。

(4)回收分区不与其他空闲区相邻接,此时应为回收分区在空闲分区链中单独建立一个新的表项,填写回收分区的首地址和大小,并将该空闲区插入到链中的适当位置。

20.1.3　页式存储管理

页式存储管理较好地解决了内存碎片问题,提高了内存储器的利用率,它采用以页为单位的不连续的内存分配,并为每个进入内存的进程建立一张页表,利用页表实现了动态重定位和存储保护。

1. 页式存储管理的几个概念

(1) 页(或页面):把进程的逻辑地址空间分成若干大小相等的片,这些大小相等的片称为页(或页面)。

(2) 块(或页框):把物理内存空间分成若干与页大小相同的存储块,这些存储块称为块(或页框)。

(3) 页表:每个进程一张,进程有多少个页面,页表中就有多少表目。表目中记录进程的每一页对应的物理存储块号。

(4) 快表:由联想存储器构成,用来存放当前访问最频繁的少量页面。引入快表的目的是解决页式存储管理访问两次内存(一次存取指令或数据,一次访问页表),造成进程执行速度降低的问题。

(5) 空闲块表:整个系统只有一张,记录内存各个存储块的使用情况。基于这张表系统实现内存的分配与回收。

2. 地址变换机构

页式存储管理的地址变换是在进程的执行过程中进行的,因此采用的是动态重定位方式。具体过程如下。

(1) 当一个进程执行时,系统首先将该进程的页表在内存中的起始地址和页表长度装入系统设置的页表寄存器。

(2) 当 CPU 执行一条指令时,给出的逻辑地址由硬件根据系统页的大小自动分成页号和页内位移两部分。

(3) 将页号与页表寄存器中的页表长度进行比较,若页号小于页表长度,则继续,否则产生越界中断。

(4) 根据页表寄存器中的页表起始地址找到页表,再根据页号访问页表,得到该页所对应的内存块号。

(5) 将内存块号与逻辑地址中的页内位移相拼接,得到该页在内存的物理地址。

20.1.4　段式存储管理

一段用户程序按其逻辑结构,可由用户分成若干段,每个段在逻辑上都是完整的,且都有一段连续的地址空间。段式存储管理采用以段为单位不连续的内存分配,并为每个进入内存的进程建立一张段表,并利用段表实现了动态重定位和存储保护。

段式存储管理的地址变换过程是在进程的执行过程中进行的,因此采用的是动态重定位方式。

1. 地址变换机构

(1) 当一个进程执行时,系统首先将该进程的段表在内存中的起始地址和段表长度装入系统设置的段表寄存器。

（2）当 CPU 执行一条指令时，由硬件给出一个二维地址（S，W），其中 S 为段号，W 为段内位移。

（3）将段号 S 与段表寄存器中的段表长度进行比较，若段号 S 小于段表长度，则继续，否则产生越界中断。

（4）根据段表寄存器中的段表起始地址找到段表，再根据段号 S 访问段表，得到该段在内存的段起址和段长。

（5）将段内位移 W 与段长相比较，若 W 大于段长，则产生段地址越界中断，否则，进行段的访问权限的验证，验证合格后将段的段起址与 W 相加，形成访问内存的物理地址。

2. 段的共享与保护

在段式存储管理系统中，段的共享是通过两个进程的段表中相应表项指向同一个共享段来实现的。由于段是信息的逻辑单位，因此段的共享比页的共享更有意义，也更为容易。

从段的地址变换过程可以看出，段的保护有 3 个级别：一是用段表寄存器的段表长度对段号进行越界保护；二是由段表中的段长对逻辑地址中的段内位移进行越界保护；三是通过段表中的存取保护位（可读、可写或可执行）来限制对段的访问权限。只有段号、段内地址和访问权限都合法时，才能执行访问操作，否则中断对进程的访问。

20.1.5 段页式存储管理

将段式存储管理与页式存储管理相结合，就形成了段页式存储管理，它吸收了两者的优点（页式系统内存没有碎片，提高了内存的利用率；段式系统便于段的共享与保护），克服了两者的缺点。

段页式存储管理系统为每个进入内存的进程建立一张段表，段表项中包括段号、页表起址和页表长度，其中页表起址指向该段的页表在内存中的起始地址，页表长度限制了页的大小。每个段至少有一张页表，页表表项中包括页号和块号。此外系统还应设置段表寄存器，其中存放进程的段表起址和段表长度。

进程中的逻辑地址用段号 S、页号 P 和页内位移 W 表示。在进行地址变换时，首先由段号 S 查段表，找到该段的页表在内存的起始地址；再由页号 P 查页表，找到对应的块号；将块号与页内位移 W 相拼接，就得到了访问内存的物理地址。

显然，执行一条指令需要三次访问内存，这将大大降低进程的执行速度。因此需要设置快表来提高进程的执行速度。

20.2　典型例题分析

1. 存储管理的基本任务是为多道程序的并发执行提供良好的存储器环境，这包括哪些方面？

答：存储管理的基本任务是为多道程序的并发执行提供良好的存储器环境，它包括以下几方面。

（1）能让每道程序"各得其所"，并在不受干扰的环境中运行时，还可以使用户从存储空间的分配、保护等事务中解脱出来。

（2）向用户提供更大的存储空间，使更多的程序同时投入运行或使更大的程序能在小的内存中运行。

(3) 为用户对信息的访问、保护、共享及程序的动态链接、动态增长提供方便。

(4) 能使存储器有较高的利用率。

2. 页式存储管理系统是否产生碎片?如何应对此现象?

答:页式存储管理系统产生的碎片称为内碎片,它是指一个进程的最后一页没有占满一个存储块而被浪费的存储空间。减少内碎片的办法是减小页的大小。

3. 在页式存储管理系统中页表的功能是什么?当系统的地址空间很大时会给页表的设计带来哪些新问题?

答:页式存储管理系统中,允许将进程的每一页离散地存储在内存的任何一个物理页面上,为保证进程的正常运行,系统建立了页表,记录了进程每一页被分配在内存的物理块号。页表的功能是实现从页号到物理块号的地址映射。

当系统的地址空间很大时,页表也会变得非常大,它将占有相当大的内存空间。例如,对于一个 32 位地址空间的页式系统,假设页的大小为 4KB,则一个进程的页表项最大可达到 1MB。如果每个页表项占 4B,则页表要占用 4MB 的连续内存空间。为了解决这个问题可以从以下两方面入手。

(1) 将页表离散存放。

(2) 只将页表的一部分调入内存,其余部分放在外存。

具体的实现方案是采用两级页表。对页表分页,使每个页面的大小与内存的物理块的大小一致,并为它们进行编号,将各个页面放在不同的物理块中,然后为这些离散分配的页表再建立一张页表,称为外层页表(或页目录),此时进程的逻辑地址可描述为:

外层页号+页号+页内位移

对于要运行的进程,将其外层页表调入内存,对所有的页表而言只需调入少量的页表,使用时如果找不到相应的页表,则产生中断,请求操作系统将需要的页表调入内存。

两级页表适应了大地址空间的需要,需要虚拟存储技术的支持,增加了地址变换的开销和管理的复杂度。此外根据需要还可以设计三级页表、四级页表等。

4. 什么是动态链接?用哪种存储管理方案可以实现动态链接?

答:动态链接是指进程在运行时,只将进程对应的主程序段装入内存,在主程序运行过程中,当需要用到哪个子程序段和数据段时,再将这些段装入内存,并与主程序段链接上。

通常一个大的程序是由一个主程序和若干子程序及一些数据段组成的。而段式存储管理方案中的段就是按用户的逻辑段自然形成的,因此可实现动态链接。

5. 某进程的大小为 25F3H 字节,被分配到内存的 3A6BH 字节开始的地址。

(1) 若使用上、下界寄存器,寄存器的值是多少?如何进行存储保护?

(2) 若使用地址、限长寄存器,寄存器的值是多少?如何进行存储保护?

答:(1) 若使用上、下界寄存器,上界寄存器的值是 3A6BH,下界寄存器的值是 3A6BH+25F3H=605EH,当访问内存的地址大于 605EH、小于 3A6BH 时产生越界中断。

(2) 若使用地址、限长寄存器,地址寄存器的值是 3A6BH,限长寄存器的值是 25F3H,当访问内存的地址小于 3A6BH,超过 3A6BH+25F3H=605EH 时产生越界中断。

6. 在系统中采用可变分区存储管理,操作系统占用低地址部分的 126KB,用户区的大小是 386KB,若采用空闲分区表管理空闲分区。若分配时从高地址开始,对于下述的作业申请序列：作业1申请80KB；作业2申请56KB；作业3申请120KB；作业1完成；作业3完成；作业4申请156KB；作业5申请80KB。试用首次适应法处理上述作业，并回答以下问题。

（1）画出作业1、2、3进入内存后，内存的分布情况。

（2）画出作业1、3完成后，内存的分布情况。

（3）画出作业4、5进入内存后，内存的分布情况。

答：（1）作业1、2、3进入内存后，内存的分布情况如图20-1所示。

（2）作业1、3完成后，内存的分布情况如图20-2所示。

（3）作业4、5进入内存后，内存的分布情况如图20-3所示。

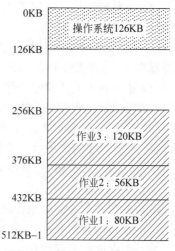

图20-1 作业1、2、3进入后的内存分布图

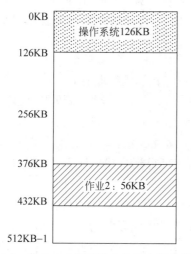

图20-2 作业1、3退出进入后的内存分布图

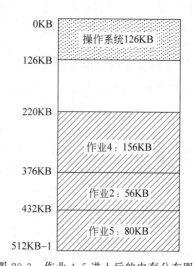

图20-3 作业4、5进入后的内存分布图

7. 某系统采用页式存储管理策略，某进程的逻辑地址空间为32页，页的大小为2KB，物理地址空间的大小是4MB。

（1）写出逻辑地址的格式。

（2）该进程的页表有多少项？每项至少占多少位？

（3）如果物理地址空间减少一半，页表的结构有何变化？

图20-4 进程逻辑地址格式

答：（1）进程的逻辑地址空间为32页，故逻辑地址中的页号需要5位（二进制），由于每页的大小为2KB，因此页内位移须用11位（二进制）表示，这样，逻辑地址格式如图20-4所示。

（2）由于进程的逻辑地址空间为32页，因此该进程的页表项有32项。页表中应存储每页的块号。因为物理地址空间的大小是4MB，4MB的物理地址空间内分成4MB/2KB=2K个块，因此块号部分需要11位（二进制），所以页表中每项占11位。

(3) 如果物理地址空间减少一半,页表的页表项数不变,但每一项的长度从 11 位(二进制)减少到 10 位(二进制)。

8. 某页式存储管理系统,内存的大小为 64KB,被分成 16 块,块号为 0,1,2,…,15。设某进程有 4 页,其页号为 0、1、2、3,被分别装入内存的 2、4、7、5 块,问:

(1) 该进程的大小是多少字节?

(2) 写出该进程每一页在内存的起始地址。

(3) 逻辑地址 4146 对应的物理地址是多少?

答:(1) 内存的大小为 64KB,被分成 16 块,所以块的大小是 64KB/16＝4KB。因为块的大小与页面的大小相等,所以页的大小是 4KB,该进程的大小是 $4 \times 4KB = 16KB$。

(2) 因为进程页号为 0、1、2、3,被分别装入内存的 2、4、7、5 块。

第 0 页在内存的起始地址是:$2 \times 4KB = 8KB$

第 1 页在内存的起始地址是:$4 \times 4KB = 16KB$

第 2 页在内存的起始地址是:$7 \times 4KB = 28KB$

第 3 页在内存的起始地址是:$5 \times 4KB = 20KB$

(3) 逻辑地址 4146 对应的物理地址:$4146/4096 = 1,2,…,50$(1 余 50)。逻辑地址 4146 对应的页号为 1,页内位移为 50。查找页表,得知页号为 1 的存储块号为 4,所以逻辑地址 4146 对应的物理地址是:$4 \times 4096 + 50 = 16434$。

9. 某段式存储管理系统的段表如图 20-5 所示。

请将逻辑地址[0,137]、[1,9000]、[2,3600]、[3,230]转换成物理地址。

段号	段大小	段起址
0	15KB	40KB
1	8KB	80KB
2	10KB	100KB

图 20-5　进程的段表

答:(1) 对于逻辑地址[0,137],段号为 0,段内位移 137。查段表的 0 项得到该段的段起址为 40KB,段长为 15KB。由于段号 0 小于进程的总段数,故段号合法;段内位移 137 小于段长 15KB,故段内地址合法。因此可得到物理地址为:$40KB + 137B = 40960B + 137B = 41097B$。

(2) 对于逻辑地址[1,9000],段号为 1,段内位移为 9000。查段表的 1 项得到该段的段起址为 80KB,段长为 8KB。由于段号 1 小于进程的总段数,故段号合法;段内位移 9000 大于段长 8KB＝8192B,因此产生越界中断。

(3) 对于逻辑地址[2,3600],段号为 2,段内位移为 3600。查段表的 2 项得到该段的段起址为 100KB,段长为 10KB。由于段号 2 小于或等于进程的总段数,故段号合法;段内位移 3600 小于段长 10KB,故段内地址合法。因此可得到物理地址为:$100KB + 3600B = 102400B + 3600B = 106000B$。

(4) 对于逻辑地址[3,230],段号为 3,段内位移为 230。由于段号 3 大于进程的总段数,故段号不合法,因此产生越界中断。

10. 对一个将页表放在内存中的分页系统:

(1) 如果访问内存需要 $0.2\mu s$,有效访问时间为多少?

(2) 如果加一快表,且假定在快表中找到页表的概率为 90%,则有效访问时间又是多少?(假定查快表需花的时间为 0)

答:(1) 有效访问时间为:$2 \times 0.2 = 0.4\mu s$

(2) 有效访问时间为:$0.9 \times 0.2 + (1-0.9) \times 2 \times 0.2 = 0.22\mu s$

20.3 作　　业

1. 存储管理需要满足哪些要求？

2. 为什么需要重定位？

3. 两个或多个进程需要共享内存某一特定区域的原因是什么？

4. 在固定分区方案中，使用大小不等的分区有什么好处？

5. 内部碎片和外部碎片有什么区别？

6. 逻辑地址和物理地址有什么区别？

7. 在一个分区存储管理系统中，按地址排列的内存空闲分区的大小是 10KB、4KB、20KB、18KB、7KB、9KB、12KB 和 15KB。对于以下请求：

进程 1 请求 12KB

进程 2 请求 10KB

进程 3 请求 9KB

(1) 如果采用首次适应法，将分配到哪些空闲分区？

(2) 采用最佳适应法又如何？

8. 某虚拟存储器的用户地址空间有 32 个页面，每页大小为 1KB。内存的大小为 16KB。假设某用户的页表如表 20-1 所示。

表 20-1　页表

页　　号	存 储 块 号
0	5
1	10
2	4
3	7

试将虚拟地址 0x0A5C 和 0x093C 变换为物理地址。

9. 某段式存储管理系统的段表如图 20-6 所示。

段号	段大小	段起址
0	10KB	30KB
1	8KB	60KB
2	15KB	90KB

图 20-6　段表

请将逻辑地址[0,137]、[1,5000]、[2,3000]转换成物理地址。

10. 假设页的大小为 4KB，一个页表项占 4B。如果要映射一个 64 位的地址空间，并且要求每个页表只占用一页，则需要几级页表。

11. 考虑一个页式系统的逻辑地址空间是由 32 个 2KB 的页组成的，它映射到一个 1MB 的物理存储空间。

(1) 该系统逻辑地址的格式是什么？

（2）页表的长度和宽度各是多少？

（3）如果物理存储空间减少了一半,它对页表有何影响？

12. 假设一个任务被划分成 4 个大小相等的段,并且系统中为每个段建立了一个有 8 项的页表。该系统分段与分页相结合,假设页的大小为 2KB。

（1）每段的最大尺寸是多少？

（2）该任务的逻辑地址空间最大是多少？

（3）假设该任务访问到物理单元 0x00021ABC 中的一个元素,那么为它产生的逻辑地址的格式是什么？该系统的物理地址空间最大为多少？

第 21 章　虚拟存储管理

21.1　知识点学习指导

为了使内存中尽可能多地驻留更多的进程,并希望程序的大小不受内存空间大小的限制,引入了虚拟存储器。使用虚拟存储器,用户对地址的所有访问都使用逻辑地址,在运行过程中再转换成物理地址,即采用动态重定位技术。这样,就允许进程在内存的位置随着时间的变化而不同。进程可以不连续地存放在内存的不同位置,甚至只将进程的一部分装入内存,它就可以运行。

虚拟存储器的实现要求有硬件和软件的支持。硬件包括动态地址变换过程中用的寄存器、段表或页表、联想存储器和中断机制等。软件包括调入策略、置换策略、驻留集管理和加载控制等。

21.1.1　虚拟存储器的引入

虚拟存储器是指一种实际上并不存在的虚假存储器,它是系统为了满足应用程序对存储容量的巨大需求而构造的一个非常大的地址空间,从而使用户在编程时无须担心存储器的不足,就好像有一个无限大的存储器供其使用一样。

支持虚拟存储器的物质基础是:一定量的内存,存放正在运行的程序和数据;外存,作为内存空间的补充;地址变换机构,用于实现进程逻辑地址到物理地址的转换。

影响虚拟存储器大小的因素是:虚拟存储器的最大容量由 CPU 的地址长度决定;虚拟存储器的实际容量是内存的大小和支持虚拟存储器的外存的大小之和。具体地说,当 CPU 的地址长度能覆盖的大小远远大于外存容量时,虚存的容量由外存和内存的容量决定,而当外存容量远远大于 CPU 能覆盖的大小时,虚存的容量由 CPU 的地址长度决定。

支持虚拟存储器实现的理论基础是局部性原理。程序的局部性原理是指在一段时间内,进程集中在一组子程序或循环中执行,导致所有的地址访问局限在进程地址空间的一个子集中。随着时间的变迁,进程的地址空间访问可能在不断地变化,但可以从进程以前的行为预测它将来的变化。

21.1.2　请求页式存储管理

请求页式存储管理是在页式存储管理的基础上通过增加交换技术而实现的。请求页式存储管理与页式存储管理的主要区别是,将进程信息的副本存放在磁盘等辅助存储设备中,当进程被调度运行时,先将进程的少量页装入内存,在执行过程中,当访问到不在内存的页时再将其调入。

决定进程地址空间的哪些页进入内存,哪些在外存,由操作系统负责。

1. 请求页式存储管理对页表的扩充

为了支持请求页式存储管理,系统需要的主要数据结构仍旧是页表,但其内容需要进行扩充,扩充后的页表项增加了状态位、访问字段、修改位和外存地址,它们的用途如下。

(1) 状态位:用于指示该页是否已调入内存,根据该位系统来判断要访问的页是否在内存。若不在,则内存产生一个缺页中断。

(2) 访问字段:用于记录本页在一段时间内被访问的次数,或最近多长时间没被访问。供置换算法在选择换出页面时使用。

(3) 修改位:用于记录该页调入内存后是否被修改过。如果该页在内存期间被修改过,当将该页调出内存时需要写回磁盘。

(4) 外存地址:用于指定该页在外存的地址。

2. 缺页中断与地址变换机构

请求页式存储管理系统的地址变换过程与页式存储管理系统基本相同,但需要注意的是,不是所有的页都在内存。当进程访问不在内存的页时,应将不在内存的页先调入内存,然后再按页式存储管理系统相同的方式进行,具体步骤如下。

(1) 当系统发现所要访问的页不在内存时,就产生一个缺页中断信号,此时用户程序被中断,控制转到操作系统的缺页中断处理程序。

(2) 缺页中断处理程序根据该页在外存的地址把需要的页调入内存。

(3) 在调页过程中,若内存有空闲空间,则缺页中断处理程序中只需把缺页装入内存中的任何一个空闲存储块中,再对页表中的相应表项进行修改。

(4) 若内存中没有空闲空间,则必须淘汰内存中的某些页,若被淘汰的页在内存中被修改过,则要将其写回。

3. 页面调入策略

页面调入策略决定什么时候将一个页面由外存调入内存,从何处调入。页面调入有两种方式。

(1) 预调:在程序运行之前预先调入进程的几页,或发生缺页时调入缺页的同时,将与缺页相邻的几个页面预先调入。这种调入策略提高了调页的效率,减少了I/O的次数,但由于调入时是根据局部性原理进行的预测,有可能调入的页面以后不使用,造成浪费。

(2) 请调:当发生缺页时,由操作系统将所缺页面调入内存。这种策略实现简单,但容易产生较多的缺页,使得I/O次数增多,时间开销较大,容易产生抖动现象。

4. 页面置换策略

页面置换策略是用来确定淘汰哪些页的方法,页面置换策略的优劣直接影响系统的效率,选择不当可能引起系统抖动。常用的页面置换策略有以下几种。

(1) 最佳置换算法:是从内存中选择那些不再访问的或长时间内不再访问的页将其淘汰。实际上这种算法实现困难,因为无法预知内存中的哪些页不再使用或长时间内不再使用,但可以利用该算法作为评价其他算法的标准。

(2) 先进先出置换算法:是淘汰最先进入内存的页,或者说选择在内存驻留时间最久的页予以淘汰。该算法实现简单,但算法与进程实际运行的规律不相适应,因此缺页率较高。

(3) 最近最久未访问置换算法：这是选择最近一段时间内最长时间没有被访问的页面将其淘汰。这种算法的出发点是，如果某个页面被访问了，则它可能马上还要被访问。它的理论基础是局部性原理。

(4) 时钟置换算法：这是最近最久未访问置换算法的一种近似算法。实现时只需为每页设置访问位，当某页被访问时，其访问位置为1。页面管理软件周期性地将所有页面的访问位置为0。这样，在一个周期内，被访问过的页，其访问位为1，而没有访问的页，其访问位为0。当页面置换时，选择那些访问位为0的页面予以淘汰。

5. 衡量页面置换算法的性能指标

页面置换算法的性能将直接影响系统的效率，这里引入几个衡量页面置换算法性能的指标。

(1) 访问成功次数：指进程在整个运行过程中访问的页面在内存的次数。

(2) 缺页次数：指进程在整个运行过程中发生缺页的次数。

(3) 缺页率：指缺页次数与访问的总页面次数之比。

21.1.3 请求段式存储管理

请求段式存储管理系统与请求页式存储管理系统一样，为用户提供了一个比内存可用空间大得多的虚拟存储器。

在请求段式存储管理系统中，进程运行之前，只需要把当前需要的若干段调入内存，便可使进程运行。在进程运行过程中，如果要访问的段不在内存，则通过缺段中断处理程序将其调入，同时还可以通过置换程序将暂时不用的段调出内存，以便腾出内存空间。与请求页式存储管理系统一样，请求段式存储管理系统需要对段表进行扩充，扩充后的段表同样增加了状态位、访问字段、修改位和外存地址。

当访问的段不在内存时，产生一个缺段中断信号，缺段中断处理程序根据该段在外存的地址将其调入内存。如果内存有足够的空闲空间存放该段，则只需把缺段装入内存；如果内存中没有足够大的空闲空间，则检查空闲空间的总和，确定是否需要对空闲空间进行拼接，或者淘汰内存中的某些段，再装入所需要的段。

21.1.4 段式存储管理与页式存储管理的比较

虽然段式存储管理的地址变换机构与页式存储管理非常相似，但两者有着本质的区别，表现如下。

(1) 段是信息的逻辑单位，它是根据用户的需求划分的，因此段对用户来讲是可见的；页是信息的物理单位，分页是为了实现对内存的有效管理，提高内存的利用率。分页对用户来讲是透明的。

(2) 页的大小是固定不变的，是由系统决定的；段的大小是可变的，是由用户决定的。

(3) 段的逻辑地址空间是二维的；页的逻辑地址空间是一维的。

(4) 段是信息的逻辑单位，便于实现段的共享与保护；页是信息的物理单位，页的共享和保护受到限制。

(5) 段是信息的逻辑单位，便于实现动态链接，而页无法实现。

21.2 典型例题分析

1. 试说明缺页中断与一般中断的主要区别。

答：缺页中断与一般中断一样，需要经历保护 CPU 现场、分析中断原因、转中断处理程序进行处理及恢复中断现场等步骤。但缺页中断是一种特殊的中断，它与一般中断的区别如下。

(1) 在指令执行期间产生和处理中断。通常，CPU 是在一条指令执行之后去检查是否有中断发生，若有便去处理中断；否则继续执行下一条指令。而缺页中断是在指令执行期间发现所要访问的指令或数据不在内存时产生和处理中断。

(2) 一条指令执行期间可能产生多次中断。对于一条要求读取多字节数据的指令，指令中的数据可能跨越两个页面，该指令执行时可能要发生 3 次中断，一次是访问指令，另外两次是访问数据。

2. 局部置换和全局置换有何区别？在多道程序系统中建议使用哪一种？

答：局部置换是指当进程在执行过程中发生缺页时，只在分配给该进程的物理块中选择一页换出。全局置换是指在所有用户使用的整个存储空间中选择一个页面换出。

在多道程序系统中建议使用局部置换策略。这样，即使某个进程出现了抖动现象，也不致引起其他进程产生抖动，从而将抖动局限在较小的范围内。

3. 虚拟存储器的特征是什么？虚拟存储器的容量受到哪两个方面的限制？

答：虚拟存储器的特征有以下几方面。

(1) 离散性：指进程不必装入连续的内存空间，而是"见缝插针"。

(2) 多次性：指一个进程的程序和数据要分多次调入内存。

(3) 对换性：指进程在运行过程中，允许将部分程序和数据换进、换出。

(4) 虚拟性：指能从逻辑上扩充内存容量。

虚拟存储器的容量主要受计算机的地址长度和外存容量的限制。

4. 已知页面走向是 1、2、1、3、1、2、4、2、1、3、4，且进程开始执行时，内存中没有页面，若给该进程分配两个物理块，当采用以下算法时的缺页率是多少？

(1) 先进先出置换算法。

(2) 假如有一种页面置换算法，它总是淘汰刚使用过的页面。

答：(1) 根据题目中给定的页面走向，采用先进先出置换算法时的页面调度情况如表 21-1 所示。

表 21-1 页面调度表 1

页面走向	1	2	1	3	1	2	4	2	1	3	4
物理块 1	1	1		3	3	2	2		1	1	4
物理块 2		2		2	1	1	4		4	3	3
缺页	缺	缺		缺	缺	缺	缺		缺	缺	缺

从表 21-1 中可以看出，页面引用 11 次，缺页 9 次，所以缺页率为 $9/11 \approx 81.8\%$。

(2) 根据题目中给定的页面走向，假如有一种页面置换算法，它总是淘汰刚使用过的页面时的页面调度情况如表 21-2 所示。

表 21-2　页面调度表 2

页面走向	1	2	1	3	1	2	4	2	1	3	4
物理块 1	1	1		3	1		1	1		3	4
物理块 2		2		2	2		4	2		2	2
缺页	缺	缺		缺	缺		缺	缺		缺	缺

从表 21-2 中可以看出,页面引用 11 次,缺页 8 次,所以缺页率为 8/11≈72.7%。

5. 在请求页式存储管理系统中,使用先进先出(FIFO)页面置换算法,会产生一种奇怪的现象:分配给进程的页数越多,进程执行时的缺页次数反而升高。试举例说明这一现象。

答:如果一个进程的页面走向为 4、3、2、1、4、3、5、4、3、2、1、5,若给该进程分配 3 个物理块,其页面调度情况如表 21-3 所示。

表 21-3　页面调度表 3

页面走向	4	3	2	1	4	3	5	4	3	2	1	5
物理块 1	4	4	4	1	1	1	5			5	5	
物理块 2		3	3	3	4	4	4			2	2	
物理块 3			2	2	2	3	3			3	1	
缺页	缺	缺	缺	缺	缺	缺	缺			缺	缺	

从表 21-3 中可以看出,页面引用 12 次,缺页 9 次。

若给该进程分配 4 个物理块,其页面调度情况如表 21-4 所示。

表 21-4　页面调度表 4

页面走向	4	3	2	1	4	3	5	4	3	2	1	5
物理块 1	4	4	4	4			5	5	5	5	1	1
物理块 2		3	3	3			3	4	4	4	4	5
物理块 3			2	2			2	2	3	3	3	3
物理块 4				1			1	1	1	2	2	2
缺页	缺	缺	缺	缺			缺	缺	缺	缺	缺	缺

从表 21-4 中可以看出,页面引用 12 次,缺页 10 次。

从上例可以看出,对于以上页面走向,当分配给进程的物理块数从 3 变为 4 时,缺页次数不但没有下降,反而从 9 次增加到 10 次。

6. 某请求页式存储管理系统中,页的大小为 100 字,一个程序的大小为 1200 字,可能的访问序列如下:10、205、110、40、314、432、320、225、80、130、272、420、128(字),若系统采用 LRU 置换算法,当分配给该进程的物理块数为 3 时,给出进程驻留的各个页面的变化情况、页面淘汰情况及缺页次数。

答:由于页的大小为 100 字,因此访问序列 10、205、110、40、314、432、320、225、80、130、272、420、128 对应的页号是 0、2、1、0、3、4、3、2、0、1、2、4、1。给该进程分配 3 个物理块,采用 LRU 置换算法,其页面调度情况如表 21-5 所示。

表 21-5　页面调度表 5

页面走向	0	2	1	0	3	4	3	2	0	1	2	4	1
物理块 1	0	0	0		0	0		2	2	2		2	
物理块 2		2	2		3	3		3	3	1		1	
物理块 3			1		1	4		4	0	0		4	
缺页	缺	缺	缺		缺	缺		缺	缺	缺		缺	

从表 21-5 中可以看出,被淘汰的页号分别是 2、1、0、4、3、0,共缺页 9 次。

7. 在一个采用局部置换策略的请求页式存储管理系统中,分配中给进程的物理块数为 4,其中存放的 4 个页面的情况如表 21-6 所示。

表 21-6　页面情况

页　　号	存储块号	加载时间	访问时间	访问位	修改位
0	2	30	160	0	1
1	1	160	157	0	0
2	0	10	162	1	0
3	3	220	165	1	1

当发生缺页时,分别采用下列页面置换算法时,将置换哪一页? 并解释原因。

(1) OPT(最佳)置换算法。

(2) FIFO(先进先出)置换算法。

(3) LRU(最近最少使用)置换算法。

(4) CLOCK 置换算法。

答:(1) OPT(最佳)置换算法是选择永久不用的页或长时间不用的页,将其换出,题目中没有给出页面的将来走向,所以无法判断将置换哪一页。

(2) FIFO(先进先出)置换算法是选择最先装入内存的页面,将其换出。从表 21-6 中可知,应考查的是页面的加载时间,加载时间最小的是 10,因此最先装入内存的是第 2 页。

(3) LRU(最近最少使用)置换算法是选择最近最久没有被访问的页面,将其换出。从表 21-6 中可知,应考查的是页面的访问时间,访问时间最小的是 157,因此最近最久没有被访问的页面是第 1 页。

(4) CLOCK 置换算法是 LRU(最近最少使用)置换算法的变种,它首先选择访问位和修改位均为 0 的一页,将其换出。从表 21-6 中可知,满足该条件的是第 1 页。

8. 某虚拟存储器的用户空间有 32 个页面,每页 1KB,内存大小为 16KB,假设某时刻系统为用户的第 0、1、2、3 页分配的物理块号是 5、10、4、7。而该用户进程的长度是 6 页,试将以下十六进制的虚拟地址转换成物理地址。

(1) 0A5C

(2) 103C

(3) 257B

(4) 8A4C

答:(1) 虚拟地址 0A5C 的二进制是 00001010010111100,由页大小为 1KB 可知页号为 000010(二进制),即 2(十进制),从页表得到其物理块号为 4(十进制),即 000100(二进制)。与页内位移 1001011100(二进制)拼接得到物理地址为 0001001001011100(二进制),即

125C(十六进制)。

(2) 虚拟地址 103C 的二进制是 0001000000111100,由页大小为 1KB 可知页号为 000100(二进制),即 4(十进制),由题目可知,该用户进程的长度是 6 页,因此页号合法。但页表中没有第 4 页,说明该页未装入内存,故产生缺页中断。

(3) 虚拟地址 257B 的二进制是 0010010101111011,由页大小为 1KB 可知页号为 001001(二进制),即 9(十进制),由题目可知,该用户进程的长度是 6 页,因此页号非法,产生越界中断。

(4) 虚拟地址 8A4C 的二进制是 1000101001001100,由题目可知,用户空间有 32 个页面,每页 1KB,即虚拟地址空间为 32KB,而地址 1000101001001100 超出 32KB,因此地址 8A4C 错误。

9. 在请求页式存储管理系统中,页面大小是 100B,有一个 50×50 的数组按行连续存放,每个整数占 2B。将数组初始化的程序如下:

程序 A:

```
int i,j;
int a[50][50];
for (i = 0; i < 50; i++)
    for (j = 0; j < 50; j++)
        a[i][j] = 0;
```

程序 B:

```
int i,j;
int a[50][50];
for (j = 0; j < 50; j++)
    for (i = 0; i < 50; i++)
        a[i][j] = 0;
```

若在程序执行过程中内存中只有一个页面用来存放数组的信息,试问程序 A 和程序 B 执行时产生的中断次数分别是多少?

答:由题目可知,数组 a 中有 $50 \times 50 = 2500$ 个整数,每个整数占 2B,数组共需要 $2 \times 2500 = 5000$B。而页面的大小是 100B,则数组占用的空间为 5000/100=50 页。

对于程序 A:由于数组是按行存放的,而初始化数组的程序也是按行进行初始化的。因此当缺页后调入一页,位于该页的所有数组元素全部进行初始化,然后再调入另一页,所以缺页的次数为 50 次。

对于程序 B:由于数组是按行存放的,而初始化数组的程序却是按列进行初始化的。因此当缺页后调入的一页中,位于该页上的数组元素只有 1 个,所以程序 B 每访问 1 个元素产生一次缺页中断,访问整个数组将产生 2500 次缺页。

21.3 作　　业

1. 简单页式存储管理和请求页式存储管理有什么区别?

2. 什么是抖动?

3. 为什么在采用虚拟存储管理时,局部性原理至关重要?

4. 页式管理系统中,给定虚拟地址 a 相当于数据对(p,w),其中 p 为页号,w 为页内位移。令 z 为一页的总字节数,试给出 p 和 w 关于 z 和 a 的函数。

5. 假设当前在处理机上执行的进程的页表如表 21-7 所示,所有数字都是十进制,页的大小为 1024B。

表 21-7 页表

页 号	存 储 块 号	页 号	存 储 块 号
0	4	3	2
1	7	4	—
2	—	5	0

(1) 描述虚拟地址转换为物理地址的过程。

(2) 对于给定的以下虚拟地址,其物理地址是多少?

① 1052

② 2221

③ 5499

6. 一个进程分配有 4 个页面,如表 21-8 所示(表中的数字均为十进制,每项数据都是从 0 开始计数的)。

表 21-8 进程分配

页 号	存储块号	加 载 时 间	访 问 时 间	访 问 位	修 改 位
0	2	26	162	1	0
1	1	130	160	0	0
2	0	60	161	0	1
3	3	20	163	1	1

访问页号为 4 的页,发生缺页时,分别采用下列页面置换算法时,将置换哪一页?并解释原因。

(1) OPT(最佳)置换算法。

(2) FIFO(先进先出)置换算法。

(3) LRU(最近最少使用)置换算法。

(4) CLOCK 置换算法。

7. 一个进程有 8 个页面,对页面的访问轨迹如下:

$$1,0,2,2,1,7,6,7,0,1,2,0,3,0,4,5,1,5,2,4,5,6,7$$

分别说明当分配给该进程的存储块数为 M=3 和 M=4 时,采用以下置换算法的缺页次数和缺页率。

(1) OPT(最佳)置换算法。

(2) FIFO(先进先出)置换算法。

(3) LRU(最近最少使用)置换算法。

*8. 考虑一个进程的页访问轨迹,如果要求分配给进程的存储块数为 M,这些块最初都是空的,页访问串的长度为 P,包含 N 个不同的页号,对于任何一种页面置换算法,问:

（1）缺页率的下限是多少？

（2）缺页率的上限是多少？

*9. 假设有下列程序语句

```
int i;
int a[n], b[n], c[n];
for (i = 1; i <= n; i++)
a[i] = b[i] + c[i];
```

页的大小为 100B，令 n＝1000。假设 a 和 b 的初始值已设置好，c 的初始值为 0，数组以页为单位连续存放，一个整数占 2B，代码及变量放在其他页面，存取变量 i 不存在缺页问题。假设系统采用请求页式存储管理方案，页面置换算法是 FIFO。

试问：给该程序分配 6 个页面，上面的程序在执行过程中发生多少次缺页？当程序执行完毕时，留在内存的 6 个页面属于哪些数组？

第 22 章   设 备 管 理

22.1   知识点学习指导

一台计算机上配置的设备是有限的,如何有效地利用这些设备,同时为用户使用设备提供最大方便,是设备管理极为重要的内容。

由于设备种类繁多,且特性和操作方式又相差甚远,这就使设备管理成为操作系统中最凌乱且与硬件关系最紧密的部分。

22.1.1   I/O 管理概述

1. 设备管理的任务和功能

设备管理的任务是完成用户发出的 I/O 请求,为用户分配 I/O 设备,提高 I/O 设备的利用率,方便用户使用 I/O 设备。为了完成上述任务,设备管理应具有以下功能。

(1) 设备分配。按设备类型和相应的分配算法,决定将 I/O 设备分配给哪一个要求使用该设备的进程。另外还需分配相应的控制器,如果在 I/O 设备和 CPU 之间存在通道,则还需分配相应的通道,以保证 I/O 设备与 CPU 之间有传递信息的通路。如果进程未分配到所需要的设备、控制器或通道,则进入相应的等待队列。

(2) 设备控制。监视设备的状态,完成 I/O 操作。当 CPU 向 I/O 设备发出 I/O 指令时,启动设备进行 I/O 操作,并能对设备发来的中断请求做出及时的响应。

(3) 缓冲管理。为缓和 CPU 与 I/O 设备速度不匹配的矛盾,系统设置缓冲区,缓冲管理负责完成设备的分配、释放及有关的管理工作。

2. I/O 硬件

组成 I/O 系统的硬件有设备、控制器和通道。

I/O 设备一般由机械和电子两部分组成,机械部分是物理设备本身,电子部分称为设备控制器或适配器。设备控制器处于 CPU 与 I/O 设备之间,它接收 CPU 发来的命令,控制设备的工作,使 CPU 从繁杂的设备控制事务中解脱出来。为了完成设备控制的任务,设备控制器中应设置控制/状态寄存器用于存放接收的 I/O 命令及参数,记录设备的状态。设置数据寄存器存放传输的数据。

通道指专门用于负责 I/O 工作的处理机。通道有自己的指令系统,该指令系统比较简单,一般只有数据传送指令、设备控制指令等。通道所执行的程序称为通道程序。

按信息的交换方式和控制设备的种类,通道可分为 3 种类型。

(1) 字节多路通道。控制中、低速 I/O 设备,以字节为信息传输单位,它可以分时地执行多个通道程序,控制多台设备进行信息传输。

（2）数组选择通道。控制高速的存储设备，每次传输一个数据块。数组选择通道在一段时间内只能执行一个通道程序，只允许一台设备进行数据传输，当这台设备的数据传输完成后，再选择与通道连接的另一台设备，执行它相应的通道程序。

（3）数组多路通道。数组多路通道结合了字节多路通道分时并行操作和数组选择通道高速的优点，使得它既有很高的数据传输速率，又能得到满意的通道利用率。数组多路通道以分时的方式执行几道通道程序，每执行一个通道程序的一条通道指令后，就转向另一个通道程序。这种通道广泛用于连接中、高速存储设备。

22.1.2 I/O 控制方式

常用的 I/O 控制方式有以下几种。

（1）程序直接控制方式。它是由程序直接控制 CPU 与 I/O 设备进行数据传输的方式，又称为"忙等"方式，该方式主要应用于早期无中断机构的计算机系统中。

（2）中断控制方式。由于 CPU 与设备并行工作，比起程序直接控制方式，中断控制方式成百倍地提高了 CPU 的利用率，它每传送一字节，产生一次中断，故 CPU 仍需要花费大量的时间来处理频繁的 I/O 中断。

（3）DMA 控制方式。在 DMA 控制方式下，仅在传送一个数据块的开始和结束时，才需 CPU 的干预，整块的数据传输是在 DMA 控制器的控制下直接完成的。因此，比起中断控制方式，DMA 控制方式又极大地提高了 CPU 的利用率。但当需要一次传送多个数据块时，则仍需由 CPU 分别发出多条 I/O 指令并进行多次中断处理。

（4）通道方式。通道方式比 DMA 控制方式进一步减少了 CPU 对 I/O 的干预，它以把一个数据块为单位的干预，减少为以一组数据块为单位的干预。同时还实现了 CPU、通道和 I/O 设备三者的并行工作，从而更有效地提高了整个系统的资源利用率。

22.1.3 I/O 系统

I/O 设备是计算机系统与外部世界联系的基本途径。I/O 系统提供一种方法来控制与外界的交互，并给操作系统提供它所需要的用于有效管理 I/O 活动的信息。

1. I/O 系统层次结构

I/O 功能通常划分成许多层，比较低的层次直接控制 I/O 硬件，完成具体的 I/O 工作。比较高的层次以一种逻辑的方式处理 I/O，并给用户提供一个良好的与具体设备无关的 I/O 环境。这样设计的好处是硬件的变化不影响大多数的 I/O 软件，更不会影响用户进程。

I/O 系统有 4 个层次。

（1）中断处理程序。它位于 I/O 系统的最底层。当进程需要进行 I/O 时，操作系统将该进程阻塞，当 I/O 完成时发生中断。

（2）设备驱动程序。它包含所有与设备有关的代码，每个设备驱动程序只处理一种设备或一类相关设备，其功能是从与设备无关的 I/O 软件中接收 I/O 请求，并执行具体的 I/O 操作。

（3）与设备无关的 I/O 软件。它提供适用于所有设备的常用 I/O 功能，并向用户层软件提供一个一致的接口。

（4）用户空间的 I/O 软件。在用户态运行的程序，通常是为用户提供服务的库函数。

2. 设备分配

设备分配就是按照系统规定的策略为请求使用设备的进程分配设备。设备分配时应考虑以下几个因素。

(1) 设备的固有属性：设备的固有属性决定了设备的使用方式，进而决定了设备的分配方式。某些设备在一段时间内只能被一个进程使用，该设备被称为独享设备。某些设备则允许被多个进程共享，被称为共享设备。还有一些设备虽然要求被独享，但通过虚拟技术可以将它们改造成可同时被多个进程使用的虚拟设备。

(2) 设备分配的安全性：进程在运行过程中，如果发出 I/O 请求后，便进入阻塞状态，直到 I/O 完成才被唤醒，则设备的分配不会引起死锁。但如果进程发出 I/O 请求后仍可继续执行，需要时又可发出下一个 I/O 请求，则可能造成死锁。后一种情况下，设备分配程序应在每次分配设备之前进行安全性检查，仅当系统安全时才能进行设备分配。

(3) 设备的独立性(也称设备的无关性)：指应用程序独立于具体使用的设备，它可提高设备分配的灵活性和设备的利用率。为了实现设备独立性，应用程序应使用逻辑设备名来请求设备。系统设置逻辑设备表(LUT)，完成逻辑设备到具体物理设备的转换。

为了实现对设备的管理，需要对每台设备的使用情况进行登记。设备分配中使用的数据结构有以下几种。

(1) 系统设备表(SDT)。整个系统一张，记录已连接到系统中所有设备的情况。

(2) 设备控制表(DCT)。每个设备一张，记录该设备的特性及与控制器连接的情况。

(3) 控制器控制表(COCT)。每个控制器一张，记录该控制器的使用状态及与控制器连接的情况。

(4) 通道控制表(CHCT)。每个通道一张，记录该通道的使用情况。

设备分配常使用的算法有先来先服务和优先级高者优先。在一个系统中，如果使用通道并采用单通路连接方式，则当进程提出 I/O 请求时，设备分配程序可按以下步骤进行设备分配。

(1) 分配设备。根据进程给出的设备名，查找系统设备表(SDT)，从 SDT 中的 DCT 指针找到该设备的设备控制表(DCT)，然后检查设备的状态，如果该设备处于"忙"状态，则将请求该设备的进程投入等待队列；否则计算设备分配的安全性，若系统是安全的，则进行设备分配。若系统不安全，则仍将进程投入等待队列。

(2) 分配控制器。从 DCT 中的与设备相连的控制器中找到对应的控制器控制表(COCT)。然后检查 COCT 的状态字段，如果该控制器处于"忙"状态，则将请求该控制器的进程投入等待队列；否则进行控制器的分配。

(3) 分配通道。从 COCT 中的与控制器相连的通道中找到对应的通道控制表(CHCT)。然后检查 CHCT 的状态字段，如果该通道处于"忙"状态，则将请求该通道的进程投入等待队列；否则进行通道的分配。

只有在设备、控制器和通道都分配成功时，此次设备分配才算成功。此后，系统可启动该设备进行数据传输。

3. SPOOLing 技术

SPOOLing 技术是同时联机外围操作技术，又称为假脱机操作，是指在多道程序环境下，利用多道程序中的一道或两道程序模拟脱机输入/输出中外围控制机的功能，以达到"脱机"输入/输出的目的,即在联机的条件下,将数据从输入设备传送到磁盘,或从磁盘传送到输出设备。通过该技术可以将一台独占的物理设备虚拟成为多台逻辑设备,从而使该物理设备被多个进程共享。

22.1.4 磁盘管理

1. 磁盘概述

磁盘是一种高速、大容量、旋转型的存储设备,它用来存储文件。磁盘是一个块设备,即信息在磁盘上的最小存储单位是一个数据块,数据块的大小为一个或多个扇区。在进行磁盘数据的访问时,必须确定数据在磁盘上的物理位置。确定磁盘块需要 3 个参数:柱面号、磁头号和扇区号。

对磁盘数据的一次读/写所花费的时间由三部分组成:寻道时间、旋转时间和数据传输时间。

2. 磁盘调度算法

磁盘调度就是对同一个磁盘的 I/O 请求按某种方法去满足它,使得磁盘的寻道时间最短,从而提高磁盘 I/O 的速度。常用的磁盘调度算法有以下几种。

(1) 先来先服务(FCFS)算法。按照进程请求访问磁盘的先后次序进行调度。此算法未对寻道进行优化,故平均寻道时间过长。

(2) 最短寻道时间优先(SSTF)算法。优先完成距离当前磁头位置最近的磁道上进程的输入/输出请求。此算法使得每次寻道的时间最短,但可能导致某些磁道上进程的输入/输出请求长时间得不到响应。

(3) 扫描(SCAN)算法。该算法同时考虑两个条件作为优先响应的准则,磁头的移动方向和磁头的移动距离。SCAN 也称电梯调度算法,它总是从磁头当前位置开始沿着磁头的移动方向去选择最近那个磁道的输入/输出请求,如果当前移动方向上没有访问请求时,就改变磁头的移动方向。

(4) 循环扫描(CSCAN)算法。该算法规定磁头单向移动,如果是自内向外,则从最内道开始,按照磁道的位置自内向外移动磁头,并逐个满足进程的输入/输出请求。当完成最外道的输入/输出请求后,磁头立即返回。

3. 独立磁盘冗余阵列

独立磁盘冗余阵列(RAID)使用多块磁盘来组织存储在磁盘上的数据,从而提高磁盘访问速度和容错能力。目前公认的 RAID 方案包括 7 层,RAID0~RAID6,使用比较多的是以下几级。

(1) RAID0 级。提供并行交叉存取,但没有冗余校验能力。

(2) RAID1 级。采用磁盘镜像技术,每个工作磁盘都有一个镜像盘,两者存储完全相同的数据。RAID1 具有良好的容错能力,但磁盘空间的利用率只有 50%。

(3) RAID3 级。采用位交叉奇偶校验结构进行数据容错,并将校验码存放在一个独立的磁盘上。RAID3 读数据速度很快,但写数据时因要计算校验位,速度受影响。

(4) RAID5 级。采用块交叉分布式奇偶校验结构进行数据容错,它无独立的校验盘,而是被校验数据分布到磁盘阵列中的所有磁盘上。RAID5 具有独立传送数据的能力,数据读/写速度较快。

22.1.5　缓冲管理

1. 缓冲

提高 I/O 速度的一个重要途径是使用缓冲。缓冲可以平滑计算机系统中 CPU 的速度与 I/O 设备速度之间的差异,提高 CPU 与 I/O 设备之间的并行程度。

根据系统设置的缓冲区的个数不同,可将缓冲分为单缓冲、双缓冲、循环缓冲和缓冲池。

(1) 单缓冲:是最简单的一种缓冲形式。当进程发出 I/O 请求时,操作系统为其分配一缓冲区,该缓冲区用来临时存放输入/输出数据。

(2) 双缓冲:由操作系统为进程设置两个缓冲区,当一个缓冲区的数据尚未处理,而进程又传来了新的数据时,将该数据存放在另一个缓冲区,以此来减小 CPU 与 I/O 设备之间的速度差异。

(3) 循环缓冲:指操作系统为进程设置多个缓冲区,并将这些缓冲区连接起来形成循环链结构,以实现 I/O 设备与 CPU 之间的数据交换。由于这些缓冲区是由进程专用的,缓冲区的设置数量不容易控制,设置过多会造成浪费,过少又不够进程使用。

(4) 缓冲池:为了克服专用缓冲区的缺陷而采用的一种公共缓冲技术。缓冲池由输入缓冲区队列、输出缓冲区队列和空闲缓冲区队列组成。对缓冲池的管理策略如下。

① 当某进程请求使用缓冲区时,系统从空闲缓冲区队列中取下一空缓冲区交给该进程,待缓冲区装满数据之后,再根据其是输入或是输出分别挂到该进程的输入缓冲区队列或输出缓冲区队列上。

② 当进程需要输入缓冲区中的数据时,系统从输入缓冲区队列首部摘下一个缓冲区交给进程,待将该缓冲区中的数据取走后再将该缓冲区挂入空闲缓冲区队列。

③ 当进程需要输出缓冲区中的数据时,系统从输出缓冲区队列首部摘下一个缓冲区交给进程,并将该缓冲区中的数据经输出设备输出,待缓冲区中的数据取走后再将该缓冲区挂入空闲缓冲区队列。

2. 磁盘高速缓存

磁盘高速缓存就是在内存开辟一区域,专门用于暂存磁盘 I/O 的数据。与前面的缓冲不同的是,磁盘高速缓存提供了驻留磁盘输入/输出数据的一个区域,这些数据可以被多个进程共享,并快速地被写入或重读。例如,如果一个进程将某文件读入,由于磁盘高速缓存的使用,该数据被存储在磁盘高速缓存中,如果另一个进程也要使用该文件中的数据,就可以直接从磁盘高速缓存得到,不必再读磁盘,从而实现快速输入。输出数据的原理相同。

22.2　典型例题分析

1. 数据传送控制方式有哪几种?试比较它们的优缺点。

答:数据传送控制方式有程序直接控制方式、中断控制方式、DMA 控制方式和通道方式 4 种。

程序直接控制方式是由用户直接控制数据从 CPU(或内存)到外部设备之间的传送,它的优点是控制简单,不需要多少硬件的支持。它的缺点是 CPU 与外部设备只能串行工作;多台外部设备之间也是串行工作;无法发现和处理由于设备和其他硬件所产生的错误。

中断控制方式是通过向 CPU 发送中断的方式控制外部设备和 CPU 之间的数据传送。它的优点是大大提高了 CPU 的利用率且能支持多道程序与外部设备的并行操作。它的缺点是由于数据缓冲寄存器较小,数据传送时必然导致中断次数较多,从而占用大量的 CPU 时间;当外部设备较多时,由于中断次数的急剧增加,可能导致 CPU 无法响应中断而出现中断丢失现象。

DMA 控制方式是在外部设备和 CPU 之间开辟直接的数据交换通路进行数据传送。它的优点是除了在数据块传送的开始时需要 CPU 的启动指令,在整个数据块传送完毕时需要发送中断通知 CPU 进行中断处理之外,不需要 CPU 的频繁干预。它的缺点是在外部设备越来越多的情况下,多个 DMA 控制器的同时使用,会引起内存地址的冲突并使得控制过程进一步复杂化。

通道方式是使用通道来控制 CPU(或内存)和外部设备之间的数据传送,即使传送多个数据块,也不需要 CPU 的干预。通道是一个独立于 CPU 的专管输入/输出的处理机,它控制外部设备与内存直接进行数据交换。它有自己的通道指令,这些指令由 CPU 启动,并在操作结束时向 CPU 发送中断信号。该方式的优点是进一步减轻了 CPU 的负担,增强了计算机系统的并行程度;缺点是增加了额外的硬件,造价昂贵。

2. 何谓设备的独立性? 如何实现设备的独立性?

答:设备的独立性是指应用程序独立于具体使用的物理设备。此时,用户使用逻辑设备名申请使用某类物理设备。当系统中有多台该类型的设备时,系统可将其中的任意一台分配给请求进程,而不局限于某一台指定的设备。这样,可以显著地改善资源的利用率及可适应性。设备独立性使用户程序独立于设备的类型,如进行输出时,既可以使用显示终端,也可以使用打印机。有了这种独立性,就可以很方便地进行输入/输出重定向。

为了实现设备的独立性,系统必须将应用程序中使用的逻辑设备名映射为物理设备名。为此,系统应为用户建立逻辑设备表(LUT),用来进行逻辑设备到物理设备的映射,其中每个表目中包含了逻辑设备名、物理设备名和设备驱动程序的入口地址三项。当应用程序使用逻辑设备名请求 I/O 操作时,系统便可以从 LUT 中得到物理设备名和驱动程序的入口地址。

3. 什么是缓冲? 为什么要引入缓冲? 操作系统如何实现缓冲技术?

答:缓冲是在两个不同速度的设备之间传输信息时,用于平滑传输过程的一种手段。

在操作系统中,引入缓冲的原因主要有如下几点。

(1) 缓解 CPU 与 I/O 设备之间速度不匹配的矛盾。

(2) 减少中断 CPU 的次数。

(3) 提高 CPU 与 I/O 设备之间的并行性。

在计算机系统中,除了关键的地方采用少量硬件缓冲之外,大多都采用软缓冲。软缓冲是指在输入/输出操作期间,用来临时存放输入/输出数据的一块区域,这块区域一般在内存中。操作系统把所有用于输入的缓冲区和用于输出的缓冲区统一管理起来,就形成了由若干大小相同的缓冲区组成、任何进程都可以申请使用的缓冲池。缓冲池由操作系统管理,并分为 3 个队列:空缓冲区队列、装满输入数据的缓冲区队列和装满输出数据的缓冲区队列。

当输入设备需要输入数据时,从空缓冲区队列上取下一个空缓冲区,待装满输入数据后将其加入输入数据队列。当 CPU 需要处理输入数据时,就从输入数据队列取下一个数据缓冲区进行数据处理,处理完该缓冲区的数据后又将其加入空缓冲区队列。

当 CPU 要输出结果时,从空缓冲区队列上取下一个空缓冲区,待装满输出数据后将其加入输出数据队列。当输出设备要输出结果时,从输出数据队列取下一个数据缓冲区进行数据输出,输出完毕再将该缓冲区加入空缓冲区队列。

4. 设备分配中为什么可能出现死锁?

答:在某些操作系统中,一个进程只能提出一个 I/O 请求。也就是说,执行进程向系统提出 I/O 请求后便立即进入等待状态,直到 I/O 请求完成后才被唤醒。这样的系统对设备的分配比较安全,不会出现死锁。但这种方式对进程来说,因 CPU 与 I/O 设备是串行工作(仅对该进程而言)的,这使得该进程的推进速度缓慢。为了加快进程执行时的推进速度,使 CPU 与 I/O 设备对本进程而言能够并行工作,某些操作系统允许进程在发出 I/O 请求后仍能继续执行,当需要时有可能接着发出第二个、第三个 I/O 请求,仅当所请求的 I/O 设备已被另一个进程占用时,进程才进入等待状态。这种一个进程同时可使用多个 I/O 设备的方式提高了系统的资源利用率,但也带来了一种危险,即如果两个进程都提出请求使用对方已占有的 I/O 设备时,就会出现死锁。

5. 以打印机为例说明 SPOOLing 技术的工作原理。

答:当用户进程请求打印输出时,操作系统接收用户的打印请求,但并不真正把打印机分配给该用户进程,而是为进程在磁盘上的输出井中分配一空闲盘块区,并将要打印的数据送入其中,同时还为用户进程申请一张用户请求打印表,将用户的打印要求填入其中,再将该表挂在请求打印队列上。如果还有进程要求打印输出,系统仍可以接受请求,也为进程完成上述操作。

如果打印机空闲,输出进程将从请求打印队列的队首取出一张请求打印表,根据表中的要求将要打印的数据从输出井传送到内存的输出缓冲区,再由打印机进行打印。打印完毕后,输出进程再查看打印请求队列中是否还有请求打印表,若有,则再取一张请求打印表,并根据其中的打印要求进行打印,如此反复,直到打印请求队列空为止,输出进程才将自己阻塞起来,直到下次再有打印请求时才被唤醒。

6. 假设一个磁盘有 200 个柱面,编号为 0~199,当前存取臂的位置是 143 号柱面上,并刚刚完成了 125 号柱面的服务请求,如果存在以下的请求序列 86、147、91、177、94、150、102、175、130,试问:为完成上述请求,下列算法存取臂的移动顺序是什么?移动总量是多少?

(1) 先来先服务(FCFS)算法。

(2) 最短寻道时间优先(SSTF)算法。

(3) 扫描(SCAN)算法。

(4) 循环扫描(CSCAN)算法。

答:(1) 采用先来先服务(FCFS)算法时,存取臂的移动顺序是 143、86、147、91、177、94、150、102、175、130。

移动总量是:
$$(143-86)+(147-86)+(147-91)+(177-91)+(177-94)+$$
$$(150-94)+(150-102)+(175-102)+(175-130)$$
$$=57+61+56+86+83+56+48+73+45$$
$$=565$$

(2) 采用最短寻道时间优先(SSTF)算法时,存取臂的移动顺序是 143、147、150、130、102、94、91、86、175、177。

移动总量是:

$$(147-143)+(150-147)+(150-130)+(130-102)+$$

$$(102-94)+(94-91)+(91-86)+(175-86)+(177-175)$$

$$=4+3+20+28+8+3+5+89+2$$

$$=162$$

(3) 采用扫描(SCAN)算法时,存取臂的移动顺序是 143、147、150、175、177、130、102、94、91、86。

移动总量是:

$$(147-143)+(150-147)+(175-150)+(177-175)+(177-130)+$$

$$(130-102)+(102-94)+(94-91)+(91-86)$$

$$=4+3+25+2+47+28+8+3+5$$

$$=125$$

(4) 采用循环扫描(CSCAN)算法时,存取臂的移动顺序是 143、147、150、175、177、86、91、94、102、130。

移动总量是:

$$(147-143)+(150-147)+(175-150)+(177-175)+(177-86)+$$

$$(91-86)+(94-91)+(102-94)+(130-102)$$

$$=4+3+25+2+91+5+3+8+28$$

$$=169$$

7. 磁盘的访问时间分成三部分:寻道时间、旋转时间和数据传输时间。而优化磁盘磁道上的信息分布能减少输入/输出服务的总时间。例如,有一个文件有 10 个记录 A,B,C,…,J 存放在磁盘的某一磁道上,假定该磁盘共有 10 个扇区,每个扇区存放一个记录,安排如表 22-1 所示。现在要从这个磁道上顺序地将 A~J 这 10 个记录读出,如果磁盘的旋转速度为 20ms 转一周,处理程序每读出一个记录要花 4ms 进行处理。试问:

(1) 处理完 10 个记录的总时间为多少?

(2) 为了优化分布缩短处理时间,如何安排这些记录?并计算处理的总时间。

表 22-1 某文件 10 个记录在磁盘上的存放情况

扇区号	1	2	3	4	5	6	7	8	9	10
记录号	A	B	C	D	E	F	G	H	I	J

答:(1) 由题目所列条件可知,磁盘的旋转速度为 20ms 转一周,每个磁道有 10 个记录,因此读出 1 个记录的时间为 20ms/10=2ms。

对于表中记录的初始分布,读出并处理记录 A 需要 2ms+4ms=6ms。6ms 后读/写头已转到了记录 D 处,为了读出记录 B,必须再转 8 个扇区,即需要 8×2ms=16ms,记录 B 的读取时间为 2ms,处理时间为 4ms,故处理记录 B 共花时间为 16ms+2ms+4ms=22ms。

后续 8 个记录的读取时间与记录 B 相同,所以处理 10 个记录的总时间为:$9 \times 22ms +$ $6ms = 204ms$。

(2) 为了缩短处理时间,应按图 22-1 所示安排这些记录。

经优化处理后,读出并处理记录 A 后,读/写头刚好转到记录 B 的开始处,因此立即可读取并处理记录 B,后续记录的读取与处理情况相同,故处理 10 个记录的总时间为 $10 \times (2ms + 4ms) = 60ms$。

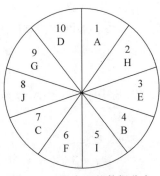

图 22-1 磁盘上的数据分布

8. 假设一个磁盘有 100 个柱面,每个柱面有 10 个磁头,每个磁道有 15 个扇区。当进程要访问磁盘的 13524 扇区时,计算该扇区在磁盘的第几柱面、第几磁道、第几扇区?

答:由题目已知,磁盘每个柱面有 10 个磁头,每个磁道有 15 个扇区,则每个柱面的扇区数为:$10 \times 15 = 150$。

13524/150 = 90 余 24,故 13524 所在的柱面为 90。

24/15 = 1 余 9,故 13524 所在的磁头号为 1,扇区号为 9。综上所述,13524 扇区所在的磁盘地址为:第 90 号柱面,第 1 号磁头,第 9 号扇区。

9. 一个文件记录大小为 32B,磁盘输入/输出以磁盘块为单位,一个盘块的大小为 512B。当用户进程顺序读文件的各个记录时,计算实际启动磁盘 I/O 占用整个访问请求的比例。

答:由题目已知,盘块的大小为 512B,一个文件记录大小为 32B,故一个盘块包含的记录数为 512/32 = 16。

显然在访问 16 个记录中,只需要一次启动磁盘,故实际启动磁盘 I/O 占用整个访问请求的比例为 1/16 = 6.25%。

10. 如果磁盘扇区的大小固定为 512B,每个磁道有 80 个扇区,一共有 4 个可用的盘面。假设磁盘旋转速度是 360rpm。处理机使用中断驱动方式从磁盘读取数据,每一字节产生一次中断(忽略寻道时间)。如果处理中断需要 2.5ms,试问:

(1) 处理机花费在处理 I/O 上的时间占整个磁盘访问时间的百分比是多少?

(2) 采用 DMA 控制方式,每个扇区产生一次中断,处理机花费在处理 I/O 上的时间占整个磁盘访问时间的百分比又是多少?

答:磁盘旋转一周的时间为 60/360 = 1/6s。查找一个扇区的平均时间为 1/2 周,即 1/12s。访问一个扇区所需要的时间为 $T_t = \dfrac{b}{rN} = \dfrac{1}{6} \times \dfrac{1}{80} = \dfrac{1}{480}$s。

(1) 处理机使用中断驱动方式从磁盘读取一个扇区,每个字节产生一次中断,如果处理中断需要 2.5ms,处理机花费在处理 I/O 上的时间占整个磁盘访问时间的百分比是:

$$(512 \times 2.5)/[(1/12 + 1/480) + (512 \times 2.5)] \times 100\% = 99.9\%$$

(2) 采用 DMA 控制方式,每个扇区产生一次中断,处理机花费在处理 I/O 上的时间占整个磁盘访问时间的百分比是:

$$2.5/[(1/12 + 1/480) + 2.5] \times 100\% = 96.7\%$$

22.3 作　　业

1. 什么称为设备的无关性？

2. 通道的作用是什么？它有哪几种类型？每种类型的通道分别适用于哪些设备？

3. I/O 控制方式有几种？分别适用于何种场合？

4. 试说明 DMA 的工作流程。

5. 何谓安全分配方式和不安全分配方式？

6. 何谓虚拟设备？实现虚拟设备时所依赖的关键技术是什么？

7. 试说明 SPOOLing 系统的组成及工作原理。

8. 设备驱动程序的特点和功能有哪些？

9. 试说明中断的分类和中断处理过程。

10. 磁盘的访问时间由哪几部分组成？每部分应如何估算？

11. 常用的磁盘调度算法有哪些？每种算法优先考虑的因素是什么？

12. 引入缓冲的主要目的是什么？

13. RAID0、RAID1 和 RAID5 分别是如何实现的？

14. 磁盘请求以 10、22、20、2、40、6、38 柱面的次序到达磁盘驱动器,寻道时,每个柱面的移动需要 6ms,计算以下算法的寻道时间是多少？（假设磁头起始于柱面 20）

(1) 先来先服务算法。

(2) 最短寻道时间优先算法。

(3) 电梯算法。

15. 某软盘有 40 个磁道,磁头从一个磁道移动到另一个磁道需要 6ms。文件在软盘上非连续存放,逻辑上相邻数据块的平均距离为 13 磁道,每块的旋转时间和传输时间分别为 100ms 和 25ms。试问：读取 100 块的文件需要多长时间？如果系统对磁盘进行整理,让同一文件的磁盘块尽量靠拢,从而使逻辑上相邻的数据块的平均距离降为两个磁道,此时,读取 100 块的文件需要多长时间？

16. 如果磁盘中扇区的大小固定为 512B,每个磁道有 96 个扇区,每个盘面有 110 个磁道,一共有 8 个可用的盘面。磁盘上的数据按物理记录组织,每个物理记录包含固定数目的由用户定义的单元,称为逻辑记录（一个物理记录占一个磁盘块,即 512B,忽略文件头记录）。试问：

(1) 一个文件的 120 个逻辑记录装在磁盘上的 10 个物理记录中,该文件占用多少磁盘空间？

(2) 一个文件的 120 个逻辑记录装在磁盘上的 30 个物理记录中,该文件占用多少磁盘空间？

(3) 磁盘的容量是多少？

17. 考虑习题 16 所描述的磁盘系统,假设磁盘旋转速度是 360rpm。处理机使用中断驱动方式从磁盘读取数据,每个字节产生一次中断。如果处理中断需要 2.5ms,对于习题 15 中的两种情况,处理机花费在处理 I/O 上的时间是多少（忽略寻道时间）？

18. 如果采用 DMA 控制方式,每个扇区产生一次中断,重做习题 16。

操作系统学习指导和习题解析

19．磁盘的每个磁道被分成 9 块。现有一个文件有 9 个记录 A，B，C，…，I。每个记录的大小与块的大小相同，如果磁盘的旋转速度为 27r/ms，处理程序每读出一个记录要花 3ms 进行处理，若忽略其他辅助时间。试问：

（1）如果顺序存放这些记录并顺序读取，处理该文件需要多长时间？

（2）为了缩短处理时间，如何安排这些记录？并计算处理的总时间。

20．一个文件记录大小为 16B，磁盘输入/输出以磁盘块为单位，一个盘块的大小为 512B。当用户进程顺序读文件的各个记录时，计算实际启动磁盘 I/O 占用整个访问请求的比例。

第23章 文件管理

23.1 知识点学习指导

文件是数据的一种组织形式。文件系统是一种抽象的机制，它提供了在外存保留信息和方便以后存取的方法，这种方法可以使用户不用了解存储信息的方法、位置和实际外部存储介质的工作方式等有关细节。

23.1.1 文件和文件系统

文件是具有符号名的一组相关信息的集合。

文件系统是操作系统中负责管理和存取文件信息的软件机构，它由三部分组成。

（1）文件管理软件。

（2）实施文件管理所需的数据结构。

（3）文件本身。

从用户的角度看，文件系统由文件和目录组成，并实现了对文件和目录的操作。文件可以被读/写；目录可以被创建和删除；文件可以从一个目录移动到另一个目录。文件的命名、文件逻辑结构、对文件的分类和存取及文件的属性都是设计文件系统的重要问题。

从操作系统内部的角度看，文件系统的设计必须考虑如何将磁盘空间分配给文件；如何使文件被多个用户共享；如何管理空闲磁盘空间；目录如何组织、查询和存储。另外，坏块的管理、文件的备份、文件系统的一致性及对文件的保护措施也都是设计文件系统的重要方面。

23.1.2 文件的结构

1. 文件的逻辑结构

文件的逻辑结构是从用户角度看到的文件的组织形式。文件的逻辑结构与存储设备无关。构成文件的可以是字符流，也可以是记录。按照文件的构成方式不同，一般把文件的逻辑结构分为两种。

（1）无结构文件：以字符流构成的文件称为无结构文件，也称流式文件。

（2）有结构文件：以记录构成的文件称为有结构文件，也称记录式文件。

2. 文件的物理结构

文件的物理结构是从操作系统角度看到的文件在外存上的存放组织形式，与存储设备的特性有关。

文件存储设备常被分成大小相等的物理块，并以块为单位进行分配和数据的传送。物理块的大小与逻辑记录无关,一个物理块上可以存放若干逻辑记录,一个逻辑记录也可以存放在若干物理块上。

文件在逻辑上可以看成是连续的,在物理介质上存放时,可以有多种不同的形式。下面是几种基本的文件物理结构。

(1) 连续结构:将文件存放在文件存储设备上相邻的物理块中。连续结构的优点是结构简单,存取速度快;缺点是建立文件时要给出文件的长度,且不便于文件的增删。

(2) 链接结构:链接结构的物理块可以不连续,也不必顺序排列。在每个物理块中增加一个链接指针,指向该文件的下一个物理块。其优点是便于文件的动态增删;缺点是检索速度慢,只能顺序存取文件。

(3) 索引结构:它为每个文件建立一张索引表,其中每个表目指出文件逻辑记录所在的物理块号。其优点是便于文件的动态增删,可对文件进行直接存取;缺点是索引表的开销增加了一次访问文件存储设备的时间。

(4) 混合结构:当文件很大时,使用索引结构会导致索引表很大,如果索引表的大小超过了一个物理块的大小,可以将索引表本身作为一个文件,再为其建立一个"索引表",这个"索引表"作为文件索引的索引,从而形成二级索引。第一级索引表的表目指向第二级索引,第二级索引表的表目指向相应信息所在的物理块,以此类推,进而构成多级索引。

但是,一个系统中的文件有大有小,对于小文件采用多级索引是一种浪费,而对大文件却必须采用多级索引,才可把大量的物理块管理起来。为了解决这一问题,在 UNIX 系统中采用了混合结构,既采用直接地址,又采用一级索引、二级索引,甚至三级索引分配文件的多个存储块。具体做法是在文件的索引节点中设置多个地址项,如 13 个。其中,前 10 个地址项存储 10 个物理块的地址,如果文件的大小小于 10 个物理块的大小,便可以直接从索引节点中得到该文件的所有盘块号;第 11 个地址项指向一个索引表,该索引表的表目指向相应信息所在的物理块,即采用一级索引;第 12 个地址项采用二级索引;第 13 个地址项采用三级索引。

如此对于不同大小的文件,采用不同的方法进行管理,既保证小文件有足够的存取速度,又保证了大文件的大量存储块被有效地管理起来。

23.1.3 目录

1. 文件控制块

系统中的文件种类繁多、数量庞大。为了使用户方便地找到文件,需要在文件系统中建立目录。

对于每个文件,为了能对其进行正确的存取,必须为它设置用于描述和控制文件的数据结构,称为文件控制块(FCB)。文件控制块的基本内容就是文件名和文件的物理地址。

文件控制块与文件一一对应,并分别存放。文件控制块的有序集合称为目录,而其中的每个文件控制块被称为目录项。目录通常也以文件的形式存放在外存上,称为目录文件。

有些系统把文件名和文件描述信息分开,文件的描述信息单独形成一个称为索引节点的数据结构,而组成文件目录的目录项中仅有一个文件名和指向该文件所对应索引节点的指针。这样,可以大大减少文件目录所占的物理块数,从而加快目录的检索速度,如 UNIX 系统就采用索引节点。

2. 目录结构

目录结构是指目录的组织形式,它将直接关系到文件的存取速度及文件的共享性和安全性。常用的目录结构有以下几种。

(1) 单级目录:指在整个文件系统中只建立一张目录表,每个文件占其中一个表项。其优点是简单、易实现;缺点是限制了对文件的命名,文件检索时间长,无法实现文件共享。

(2) 二级目录:为克服单级目录的缺点,可采用二级目录,即目录分为两级:一级称为主文件目录,它给出用户名和用户子目录所在的位置;二级称为用户文件目录,它给出该用户所有文件的 FCB。二级目录的优点是解决了文件重名问题,提高了目录检索速度;缺点是缺乏灵活性,不能反映真实世界复杂的文件结构形式。

(3) 多级目录:将二级目录的层次关系加以推广,就形成了多级目录结构,也称为树形文件目录。在树形文件目录中,第一级目录称为根目录,目录结构中的非叶子节点均为子目录,叶子节点为文件。

3. 文件共享

文件共享是指一个文件被多个用户或程序使用。目的是节省文件存储空间,为用户间的合作提供便利。文件共享的方法有以下几种。

(1) 链接法:在相应的目录项之间进行链接,将一个目录中的指针直接指向另一个目录下的文件来实现共享。该方法的缺点是一个用户对文件的增加(增加新的物理块),对另一个用户来说是不可知的。

(2) 基于索引节点实现文件共享:在文件的索引节点中设置一个链接计数,用来表示共享该文件的用户数目。该方法的缺点是文件拥有者无法删除被他人共享的文件。

(3) 利用符号链实现文件共享:为了共享文件,由系统创建一个 Link 类型的新文件,写入用户目录。在新文件中只包含被链接文件的路径名,这个路径名被看作是符号链。

23.1.4 文件存储空间的管理

为了实现对文件存储空间的管理,首先要记住空闲存储空间的情况。为此系统应设置相应的数据结构记录空闲存储空间的情况,还应提供相应的功能实施存储空间的分配和回收。常用的空闲空间的管理方法有以下几种。

(1) 空闲表:该方法为文件存储设备上所有空闲区建立一个表,每个表目对应一个空闲区,表目的内容包括空闲区第一个空闲块的地址(物理块号)和空闲区的个数。当请求分配存储空间时,系统依次扫描空闲表的每个表项,直到找到一个大小合适的空闲区为止。分配算法可使用内存管理中的动态分区分配算法,如首次适应法、最佳适应法等。回收时也要考虑空闲区的合并问题。

该方法仅当存储空间的空闲区较少时才有较好的结果,当空闲区的数目较多时,空闲表将变得很大,检索效率大为降低。

(2) 空闲链:该方法是将所有空闲块用链接指针链接起来,并设置一个头指针指向第一个空闲块。当请求分配存储空间时,系统从链首依次取下所需数量的空闲块分配给请求者。回收同样也在链首进行。

该方法的优点是实现简单,但工作效率低。

(3) 位示图:该方法是利用二进制的一位表示文件存储空间中的一个物理块的使用情

况。位示图中的某一位为"1"，表示对应的物理块已分配，为"0"表示相应物理块空闲。当请求分配存储空间时，可顺序扫描位示图，从中找出一个或一组为"0"的二进制位，将对应的物理块分配出去，并将这些二进制位置"1"。回收时，找到回收块对应的二进制位，并将其清"0"即可。

该方法简单易行，而且位示图通常较小，故可将其读入内存，从而加快文件存储空间分配与回收的速度。

（4）成组链接法：该方法是 UNIX 系统采用的空闲块管理方法，它将文件存储空间的所有空闲物理块按固定大小（如 100 块）分成若干组，并将每一组的盘块数和该组所有的盘块号记入前一组的最后一个盘块，第一组的盘块数和第一组所有的盘块号记入一个被称为空闲盘块号栈的超级块。空闲块的分配基本上都在超级块中进行，仅当超级块中记录的盘块数不够分配时才将下一组的最后一个盘块的内容读入超级块，然后再实施分配。回收时也是如此，并且超级块通常读入内存，绝大部分的分配与回收工作都在内存中进行，从而使其具有较高的效率。

23.1.5 文件存取控制

系统中的文件既存在保护问题，又存在保密问题。保护是指避免文件拥有者或其他用户因有意或无意的错误操作使文件受到破坏。保密是指文件本身不得被未授权的用户访问。这两个问题都涉及对文件的访问权限，即文件的存取控制。

1. 文件保护

常用的文件保护方法有以下几种。

（1）存取控制矩阵：是一个二维矩阵，其中一维列出使用该文件系统的全部用户；另一维列出系统中的所有文件。矩阵中的每个元素表示某一个用户对某一个文件的存取权限。

当一个用户向文件系统提出文件访问请求时，由操作系统将本次请求与存取控制矩阵中该对应文件的存取权限相比较，如果不匹配，则拒绝执行。该方法理论上比较简单，但当文件和用户数较多时，存取控制矩阵将变得非常庞大，将占据很大的存储空间。检索如此巨大的表格也将花费很多的时间。

（2）存取控制表：为存取控制矩阵中的每个文件建立一张存取控制表，其中存放与该文件有关的用户或用户组对该文件的存取权限。

（3）用户权限表：为存取控制矩阵中的每个用户建立一张用户权限表，其中存放该用户可以访问的所有文件及对这些文件的访问权限。

存取控制表和用户权限表是存取控制矩阵的实现方式，由于它们仅为存取控制矩阵的一行或一列，因此克服了存取控制矩阵过大、检索费时的缺点。

2. 文件保密

常用的文件保密方法有以下两种。

（1）口令：是一种简单的文件保密方法，即由用户为文件设置一个口令，并把该口令告诉允许访问该文件的用户。当用户访问该文件时，必须核对口令。当口令正确时才允许访问，否则拒绝访问。该方法的优点是保护信息少，简单，易于实现；缺点是保密性不强。

（2）密码：是对需要保护的文件进行加密，即写文件时进行加密编码，读文件时进行解密译码。该方法保密性强，节省存储空间，但编码和译码需要一定的时间。

23.2 典型例题分析

1. 文件系统要解决的问题有哪些？

答：文件系统的目标是提高存储空间的利用率。它要解决的主要问题有：完成文件存储空间的管理，实现文件名到物理地址的转换，实现文件的目录操作，提供文件共享能力和保护措施，提供友好的用户接口。文件系统向用户提供了有关文件的目录操作的各种功能接口和系统调用，如命令接口、程序接口和图形用户接口。

2. 许多操作系统中提供了文件重命名功能，它能赋予文件一个新的名称。若进行文件复制，并给复制文件定义一个新名称，然后删除旧文件，也能达到给文件重新命名的目的。试问这两种方法在实现上有何不同？

答：给文件重命名，用户必须提供两个参数：旧文件名和新文件名。实现该功能时，系统使用旧文件名查找文件目录，若找到旧文件名所在的目录表项，则将目录表项中文件名称段对应的值改为新文件名值。从实现上看，文件重命名功能完成的工作是修改表项中的文件名字段，除文件名外，文件的其他属性都未改变。

使用文件复制的方法，首先需要复制文件，并给新复制的文件定义一个新名称，此时系统完成了一次物理文件的复制工作，然后删除旧文件。虽然这样也能达到给文件重新命名的目的，但其实现过程比前一种方式复杂，并且新文件与旧文件的物理存放地址肯定是不同的。

3. 使用文件系统时，通常要显式地进行 Open() 与 Close() 操作。试问：

(1) 这样做的目的是什么？

(2) 能够取消显式的 Open() 与 Close() 操作吗？若能，怎样做？

(3) 取消显式的 Open() 与 Close() 操作有什么不利？

答：(1) 显式的 Open() 操作完成文件的打开功能，它将待访问文件的目录信息读入内存活动文件表，建立起用户进程与文件的联系。显式的 Close() 操作完成文件的关闭操作，该操作删除内存中有关该文件的目录信息，切断用户与该文件的联系。若在文件打开期间，该文件做过某种修改，还应将其写回磁盘。

(2) 可以取消显式的 Open() 与 Close() 操作。如果取消了显式的 Open() 与 Close() 操作，系统在进行文件操作之前需要判断文件是否已打开，若文件未打开，则应自动完成文件的打开功能，以建立用户与文件之间的联系。同时，在系统结束时，还应自动关闭所有打开的文件。

(3) 取消显式的 Open() 与 Close() 操作使得文件读/写的系统开销增加。因为每次读/写文件之前都需要判断文件是否已被打开，若未打开，还要完成打开操作。系统在结束时也要做一些额外的工作，以完成 Close() 操作所完成的功能。当用户进程已完成对一个文件的访问但进程本身尚未执行完毕时，因无显式的 Close() 操作而无法关闭文件，从而不利于系统资源的回收。

4. 文件目录的作用是什么？文件目录项通常包含哪些内容？

答：文件目录是文件名与文件所在存储位置的一张映射表，文件系统根据它实现用户按名存取文件。文件目录由若干目录项组成，每个目录项记录一个文件的管理和控制信息。其中包括文件名、文件的类型、文件在存储设备上的位置、文件的存取控制信息、文件的创建、访问和修改信息等。

5. 文件物理结构中的链接分配方式有几种实现方法？各有什么特点？

答：文件物理结构中的链接分配方式有两种：一种是隐式的，即文件占用的物理块中除存储文件信息之外，还存储有一个链接指针（即指向下一个物理块的指针）；另一种是显式的，即将链接指针从物理块中提取出来，单独建立一个表，如 MS-DOS 操作系统就采用这种方式，该表称为文件分配表。

隐式链接结构的文件只能采用顺序存取方法，否则效率太低。

显式链接结构的文件，由于指针单独管理，通常将文件分配表放在主存中，无论采用顺序存取还是随机存取，其速度都差不多。

6. 设某文件 A 由 100 个物理块组成，现分别用连续文件、链接文件和索引文件来构造。针对 3 种不同的结构，执行以下操作时各需要多少次磁盘 I/O。

(1) 将一物理块加到文件头部。

(2) 将一物理块加到文件正中间。

(3) 将一物理块加到文件尾部。

答：采用连续文件时的情况如下。

(1) 如果要将一物理块加到文件头部。由于文件的头部没有空间扩展文件，若要把一个物理块加到文件的头部，必须查找文件控制块，找到文件的第一个物理块，计算文件第 100 块的位置，然后将第 100 块读到内存，再将它写到磁盘的下一块中。这样，一个物理块需要两次访问磁盘(一次读，一次写)。最后将新加入内容从内存写到磁盘的物理块中，所以共访问磁盘 201 次。

(2) 如果将一物理块加到文件正中间，根据上述分析，需要访问磁盘 101 次。

(3) 如果将一物理块加到文件尾部，直接将新加入的内容从内存写到磁盘的物理块中即可，只需要访问磁盘一次。

采用链接文件时的情况如下。

(1) 如果要将一物理块加到文件头部，只需要将新加入的内容从内存写到磁盘的物理块，然后将该物理块的指针指向原来第一个物理块，并修改文件控制块中第一块的地址和文件大小即可，所以访问磁盘一次。

(2) 如果将一物理块加到文件正中间，需要读出前 50 块(访问磁盘 50 次)，以便找到第 50 块的链接指针，将新加入的内容从内存写到新分配的物理块中，将新分配的物理块的链接指针指向第 51 块(访问磁盘一次)，再将第 50 块的链接指针指向新插入的物理块(访问磁盘一次)，共需要访问磁盘 52 次。

(3) 如果将一物理块加到文件尾部，需要将 100 块读出(访问磁盘 100 次)，以便找到第 100 块，修改它的链接指针指向新插入的物理块(访问磁盘一次)，再将新加入的内容从内存写到磁盘的物理块中(访问磁盘一次)，只需要访问磁盘 102 次。

采用索引文件，且索引块在内存，情况如下。

(1) 如果要将一物理块加到文件头部。只需要将新加入的内容从内存写到磁盘的物理块，并在文件控制块中的头部增加新加入物理块的地址和文件大小即可，所以访问磁盘一次。

(2) 如果将一物理块加到文件正中间，只需要将新加入的内容从内存写到磁盘的物理块,并在文件控制块中的正中间增加新加入物理块的地址和文件大小即可,所以访问磁盘一次。

（3）如果将一物理块加到文件尾部,只需要将新加入的内容从内存写到磁盘的物理块,并在文件控制块中的尾部增加新加入物理块的地址和文件大小即可,所以访问磁盘一次。

综上所述,结论如表 23-1 所示。

表 23-1　构造数量

操　　作	连 续 文 件	链 接 文 件	索 引 文 件
将一物理块加到文件头部	201	1	1
将一物理块加到文件正中间	101	52	1
将一物理块加到文件尾部	1	102	1

7. 文件系统用混合方式管理存储文件的物理块,设块的大小为 512B,每个块号占 3B,如果不考虑逻辑块号在物理块中所占的位置,求一级索引、二级索引和三级索引时可寻址的文件最大长度。

答：由题目已知,块大小为 512B,每个块号占 3B,一个物理块可放 $512/3 \approx 170$ 个目录项。

一级索引可寻址的文件最大长度为 $170 \times 512 = 85KB$；

二级索引可寻址的文件最大长度为 $170 \times 170 \times 512 = 14450KB \approx 14MB$；

三级索引可寻址的文件最大长度为 $170 \times 170 \times 170 \times 512 = 2456500KB \approx 2.3GB$。

8. 一个计算机系统中,文件控制块占 64B,磁盘块的大小为 1KB,采用一级目录,假定目录中有 3200 个目录项,问：查找一个文件平均需要访问磁盘多少次？

答：3200 个目录项占用的磁盘块数为：

$$3200 \times 64/1024 = 200(块)$$

一级目录平均访问磁盘的次数为 1/2 盘块数,故平均访问磁盘 100 次。

9. 假定磁盘块的大小是 1KB,对于 1GB 的磁盘,其文件分配表(FAT)需要占用多少存储空间？当硬盘的容量为 10GB 时,FAT 需要占用多少空间？

答：由题目已知,磁盘的大小为 1GB,磁盘块的大小为 1KB,所以该磁盘共有盘块数为：

$$1GB/1KB = = 1M(个)$$

而 1MB 个盘块号需要用 20 位表示,即文件分配表的每个表目大小为 2.5B。FAT 要占用的存储空间总数为：

$$2.5B \times 1M = 2.5MB$$

当磁盘大小为 10GB 时,硬盘共有盘块：

$$10GB/1KB = 10M(个)$$

又因

$$8M < 10M < 16M$$

故 10M 个盘号要用 24 位二进制表示,即文件分配表的每个表目大小为 3B。FAT 要占用的存储空间总数为 $3B \times 10M = 30MB$。

10. UNIX 系统中采用索引节点表示文件的组织,在每个索引节点中,假定有 12 个直接块指针,分别有一个一级、二级和三级间接指针。此外,假定系统盘块的大小为 8KB。如

果盘块指针用 32 位表示,其中 8 位用于标识物理磁盘号,24 位用于标识磁盘块号,问:

(1) 该系统支持的最大文件长度是多少?

(2) 该系统支持的最大文件系统分区是多少?

(3) 假定主存中除了文件索引节点外没有其他信息,访问文件的位置为 12345678B 时,需要访问磁盘多少次?

答:(1) 由题目已知,盘块指针用 32 位表示,即盘块指针占 32/8＝4B,一个索引盘块可以存放的盘块数为 8KB/(4B)＝2K,假定文件有 12 个直接块,分别有一个一级、二级和三级间接指针。最大文件长度是:

$$12 \times 8\text{KB} + 2\text{K} \times 8\text{KB} + 2\text{K} \times 2\text{K} \times 8\text{KB} + 2\text{K} \times 2\text{K} \times 2\text{K} \times 8\text{KB}$$
$$= 96\text{KB} + 16\text{MB} + 32\text{GB} + 64\text{TB}$$

(2) 因为 24 位用于标识磁盘块号,该系统支持的最大文件系统分区是 2^{24} 个盘块,共有 $8\text{KB} \times 2^{24} = 128\text{GB}$。

(3) 假定主存中除了文件索引节点外没有其他信息,访问文件的位置为 12345678B,相当于访问文件的相对块号为 12345678/8K＝1507 余 334,即访问文件的第 1507 块,块内位移为:334。

系统有 12 个直接块,1507－12＝1495,由于 1507<2K,第 1495 号索引项应在一级间接索引块中,故首先访问内存,得到一级间接索引块的块号,然后访问该间接块(第一次访问磁盘),得到 1495 号索引项,再访问 1495 号索引项对应的物理块号(第二次访问磁盘),最后得到块内位移为 334 的位置就是文件的 12345678 字节,因此共访问磁盘两次。

11. 磁盘文件的物理结构采用链接分配方式,文件 A 有 10 个记录,每个记录的长度为 256B,存放在 5 个磁盘块中,每个盘块中放两个记录,如表 23-2 所示。若要访问该文件的第 1580 字节,问:

(1) 应访问哪个盘块的哪一字节?

(2) 要访问几次磁盘才能将该字节的内容读出?

表 23-2　盘块记录

物 理 块 号	链 接 指 针	物 理 块 号	链 接 指 针
5	7	4	10
7	14	10	0
14	4		

答:(1) 要访问该文件的第 1580 字节所在的相对盘块为:

$$1580/(256 \times 2) = 3 \text{ 余 } 44$$

由表 23-2 可知,文件的相对盘块为 3 的逻辑块存放在物理块号 4 中,故应访问的物理块号为 4,块内位移为 44。

(2) 由于采用链接文件,要访问物理块号为 4 的盘块,首先将上述链接表从磁盘读到内存(第一次访问磁盘),然后查找逻辑块号为 0 的物理块 5,得到链接指针 7;再查找逻辑块号为 1 的物理块 7,得到链接指针 14;第 3 次查找逻辑块号为 2 的物理块 14,得到链接指针 4;最后就可以读出块号为 4 的物理块(第二次访问磁盘)了,故共访问磁盘两次。

12. 有一磁盘共有 10 个盘面,每个盘面上有 100 个磁道,每个磁道有 16 个扇区,每个

扇区 512B。假定文件分配以扇区为单位,若使用位示图来管理磁盘空间,问:

(1) 磁盘的容量有多大?

(2) 位示图需要占用多少空间?

(3) 若空白文件目录的每个表目占 5B,什么时候空白文件目录占用空间大于位示图?

答:(1) 磁盘的容量为:

$$10 \times 100 \times 16 \times 512B = 8000KB \approx 7.8MB$$

(2) 位示图用于描述扇区的使用情况,每个扇区用 1 位表示,位示图需要存储空间为:

$$10 \times 100 \times 16 = 16000b = 2000B \approx 1.95KB$$

(3) 由题目已知,空白文件目录的每个表目占 5B,根据上述计算位示图需要 2000B,

$$2000/5 = 400$$

所以,当空白区数目大于 400 时,空白文件目录占用空间大于位示图。

23.3 作 业

1. 什么是数据项、记录和文件?

2. 按文件的逻辑组织形式,可以把文件分成几种?

3. 文件的物理结构有几种?

4. 目录管理要实现的功能是什么?

5. 树形目录结构的优点是什么?

6. 路径名和当前目录有什么关系?

7. UNIX 系统中,为什么要引入索引节点?

8. 磁盘空闲空间的管理可以采用空闲表和位示图。假设盘块号需要用 D 位来表示;磁盘有 B 个块,其中有 F 个空闲块。在什么条件下,空闲表所占用的磁盘空间少于位示图?

9. 在删除文件时,文件占用的磁盘块被系统放入空闲链,但块中的数据不被清除。你认为操作系统是否应该在释放文件空间前将其中的数据清除?请从安全和性能两方面考虑,并解释各自的影响。

10. 一种避免磁盘空间浪费的分配方案是,为文件分配的簇的大小随文件的增长而增加。例如,开始时,簇的大小是一块,在以后每次分配时簇的大小翻倍。考虑有 n 个记录的文件,一个块中期望的记录数为 F,文件的物理结构采用索引分配方式。

(1) 给出索引块中的项数(用关于 F 与 n 的函数表示)。

(2) 任何时候,已分配磁盘空间中未被使用的空间为多少?

11. 设有一个包含 2000 个记录的索引文件,每个记录正好占用一个物理块,一个物理块可以存放 10 个索引表目,试问:该文件至少应建立几级索引?

12. 磁盘文件的物理结构采用链接分配方式,文件 A 有 5 个记录,每个记录的大小与磁盘块的大小相等,均为 512B,并依次存放在 50、12、75、80、63 号磁盘块上。若要访问该文件的第 1569 字节,问:

(1) 应访问哪个盘块的哪一字节?

(2) 要访问几次磁盘才能将该字节的内容读出?

13. 假定磁盘块的大小是 1KB,对于 540MB 的磁盘,其文件分配表(FAT)需要占用多少存储空间? 当磁盘的容量为 1.2GB 时,FAT 需要占用多少空间?

14. 有一磁盘共有 10 个盘面,每个盘面上有 200 个磁道,每个磁道有 32 个扇区,每个扇区 512B。假定文件分配以扇区为单位,若使用位示图来管理磁盘空间,问:

（1）磁盘的容量有多大?

（2）位示图需要占用多少空间?

附录 A　Visual Studio 2010、Visual Studio 2019 下第 2～5 章实验注意事项

A.1　第 2～5 章实验在 Visual Studio 2010 下使用注意事项

A.1.1　新建项目、生成解决方案和运行程序

在 Visual Studio 2010 下,选择文件,新建项目,如图 A-1 所示。

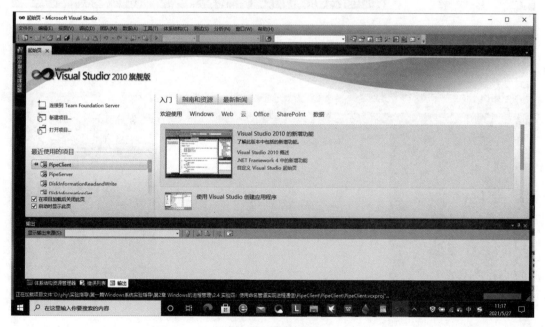

图 A-1　新建项目

选择"Win32 控制台应用程序",单击"确定"按钮,如图 A-2 所示。

出现如图 A-3 所示的界面,单击"下一步"按钮。

选择 MFC 选项(注意由于实验用到系统核心组件,一定选择 MFC,否则编译链接出错),单击"完成"按钮,如图 A-4 所示。

开始写程序。程序写完后,选择项目→属性,在配置属性→高级属性下拉框中选择"在共享 DLL 中使用 MFC"选项,如图 A-5 所示。

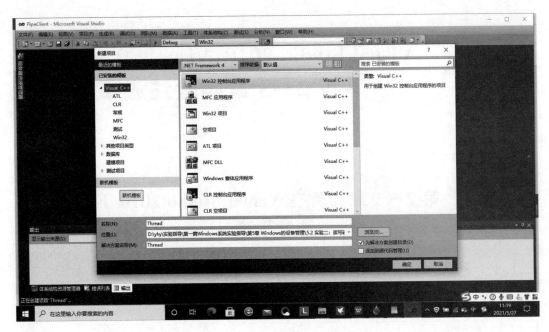

图 A-2　选择"Win32 控制台应用程序"

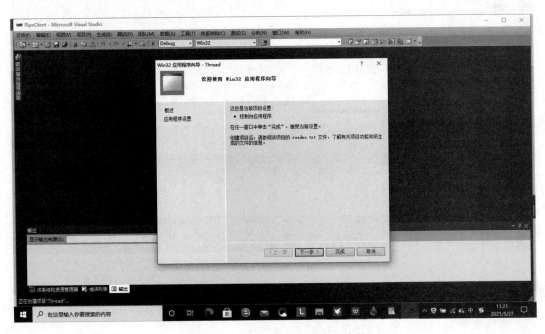

图 A-3　生成控制台应用程序的步骤

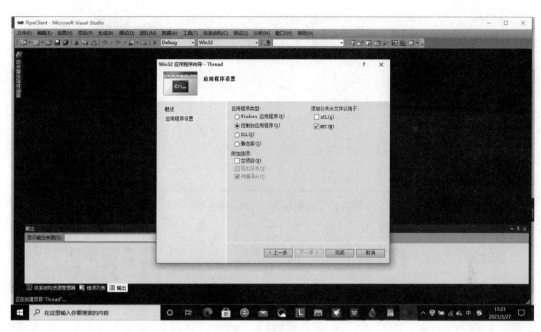

图 A-4　选择 MFC

图 A-5　在共享 DLL 中使用 MFC

完成后选择"生成"→"生成解决方案",如图 A-6 所示。

程序成功编译、链接后(如果实验没有用到系统核心组件就不用选 MFC 了),选择"调试"→"开始执行"即可,如图 A-7 所示。

Visual Studio 2010、Visual Studio 2019 下第 2~5 章实验注意事项

图 A-6　生成解决方案

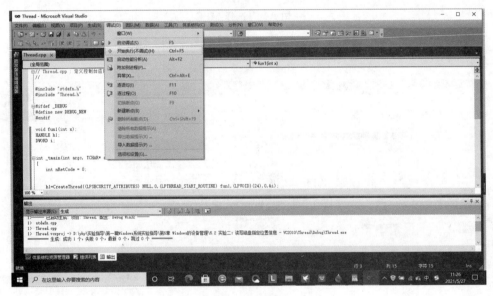

图 A-7　开始执行

A.1.2　程序中的字符串常量

C++基本数据类型中表示字符的有两种：char 和 wchar_t。char 是多字节字符。之所以叫多字节字符是因为它表示一个字时可能是一字节也可能是多字节。一个英文字符（如's'）用一个 char（一字节）表示，一个中文汉字（如'中'）用多个 char（多字节）表示。wchar_t 被称为宽字符，一个 wchar_t 占 2 字节。之所以叫宽字符是因为所有的字都要用 2 字节（即一个 wchar_t）来表示，不管是英文还是中文。

在 C++中,一般操作如下:

(1) 用常量字符给 wchar_t 变量赋值时,前面要加 L。如:

wchar_t wch2 = L'汉';

(2) 用常量字符串给 wchar_t 数组赋值时,前面要加 L。如:

wchar_t wstr2[3] = L"操作系统";

Visual Studio 2010 及以后的版本默认使用 UNICODE 编码方式(宽字符),而表示宽字符(wchar_t)串常量时要在引号前加 L,如 L"操作系统"。

第 2~5 章实验程序中有些实验用到了字符串常量,例如 2.2 节实验二线程同步中用到 CreateSemaphore(),其最后一个参数的数据类型是 LPCTSTR,它是一个字符串常量指针,因此前面要加 L,例如:

CreateSemaphore(NULL,0,1,L"SemaphoreName1");

其他实验中的字符串的处理也是一样的。

A.2 第 2~5 章程序在 Visual Studio 2019 下使用注意事项

A.2.1 Visual Studio 2019 的安装及使用

Visual Studio 2019 安装时一定要选择 Windows Studio 扩展开发,以得到 MFC 的支持,如图 A-8 所示。

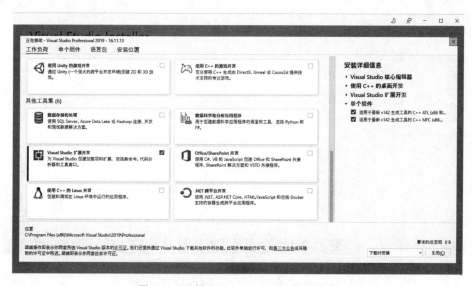

图 A-8　选择 Windows Studio 扩展开发

安装完毕后,启动 Visual Studio 2019,创建新项目,然后选择控制台应用,单击"下一步"按钮,如图 A-9 所示。

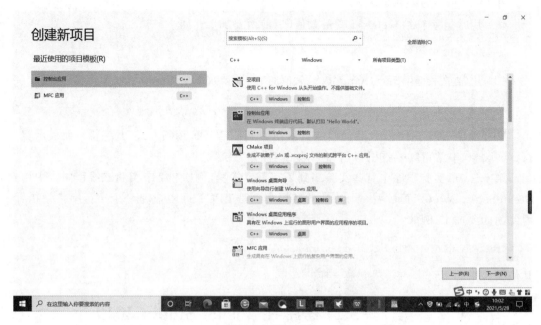

图 A-9　新建项目

给项目一个名称和路径，然后单击"创建"按钮，如图 A-10 所示。

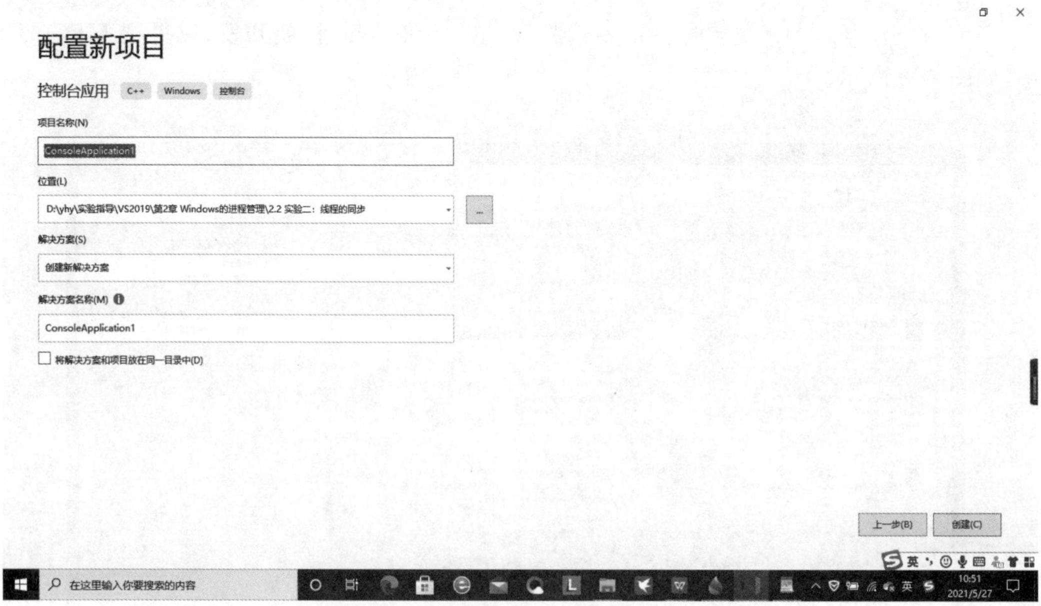

图 A-10　填写项目名称和路径

写程序后，选择"项目"→"属性"，如图 A-11 所示。

在"配置属性"→"高级"下的"MFC 的使用"中选择"在共享 DLL 中使用 MFC"，如图 A-12 和图 A-13 所示。

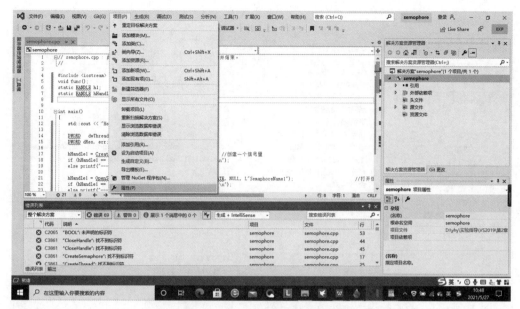

图 A-11　选择项目属性

图 A-12　配置属性

在源程序头中加入♯include＜afxwin.h＞,表示要使用 MFC 核心组件和标准组件。然后选择"生成"→"生成解决方案",如图 A-14 所示。

程序没有错误就可以选择"调试"→"开始执行",如图 A-15 所示。

如果程序中还要使用 MFC 其他的组件,需要在头文件中加入,以下是 MFC 常用组件。

```
# include < afxwin.h >        //MFC 核心组件和标准组件
# include < afxext.h >        //MFC 扩展
```

Visual Studio 2010、Visual Studio 2019 下第 2～5 章实验注意事项

342

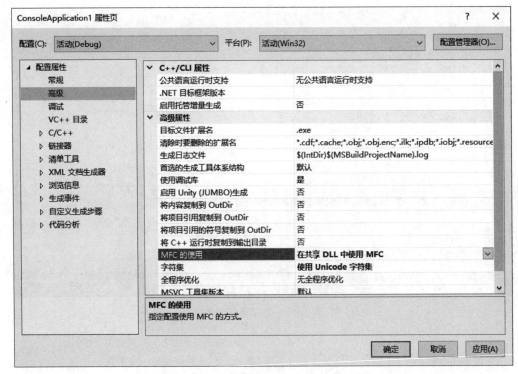

图 A-13　在共享 DLL 中使用 MFC

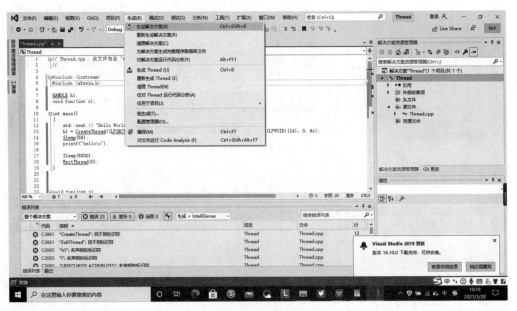

图 A-14　生成解决方案

```
# include < afxdisp.h >          //MFC 自动化类
# include < afxsock.h >          //MFC 套接字扩展
# include < winioctl.h >         //设备驱动程序
```

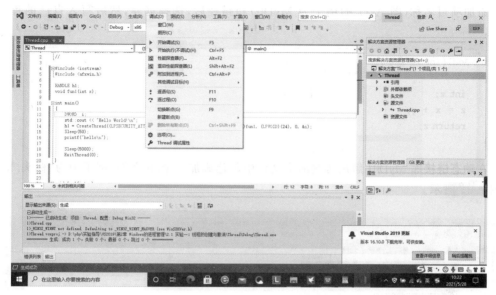

图 A-15　开始执行

A.2.2　Visual Studio 2019 动态链接库的建立及调用

方法一：使用项目模板中的"动态链接库(DLL)"建立。

1. 动态链接库的建立

新建项目，选择动态链接库，单击"下一步"按钮，如图 A-16 所示。

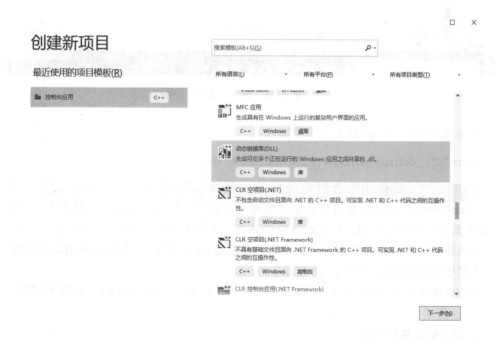

图 A-16　创建动态链接库

Visual Studio 2010、Visual Studio 2019 下第 2～5 章实验注意事项

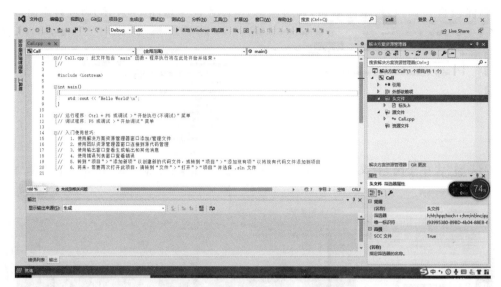

图 A-20   添加头文件

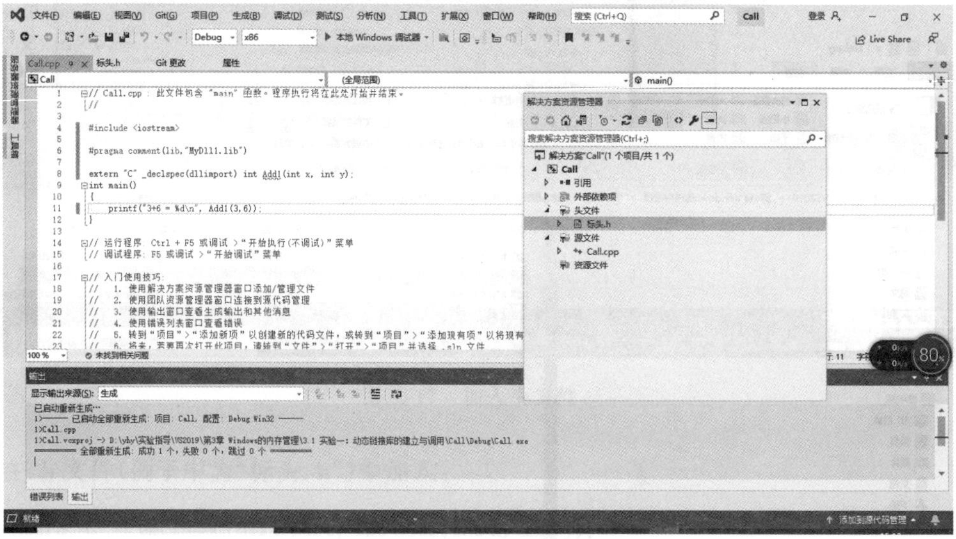

图 A-21   .cpp 程序示例

```cpp
#include <iostream>
#pragma comment(lib,"MyDll1.lib")
extern "C" _declspec(dllimport) int Add1(int x, int y);
int main()
{
    printf("3 + 6 =  % d\n", Add1(3,6));
}
```

在 Call.cpp 文件中,添加了一行代码"#pragma comment(lib,"MyDLL1.lib")",它的
作用是将 MyDll1.dll 链接到 Call 项目中。

将前面建好的动态链接库 MyDll1→Debug 下的两个文件 MyDll1.lib 和 MyDll1.dll 复制到调用它的解决方案的文件夹(call)中。

注意：每个人的工程目录的路径可能不太一样，一般来说 MyDll1.lib 要与调用动态链接库的 call.cpp 在同一目录下，MyDll1.dll 要与调用动态链接库的可执行文件 call.exe 在同一目录下。

最后就可以生成 Call 解决方案并执行它了，如图 A-22 所示。

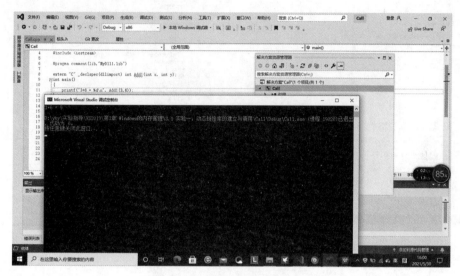

图 A-22　调用动态链接库成功

方法二：使用项目模板中的"具有导出项的(DLL)动态链接库"建立。
创建项目时选择"具有导出项的(DLL)动态链接库"，如图 A-23 所示。

图 A-23　具有导出项的(DLL)动态链接库

Visual Studio 2010、Visual Studio 2019 下第 2～5 章实验注意事项

　　然后写入自己的程序，与方法一不同的是不用自己加.h 文件了，因此这种方法要简便一些，如图 A-24 所示。

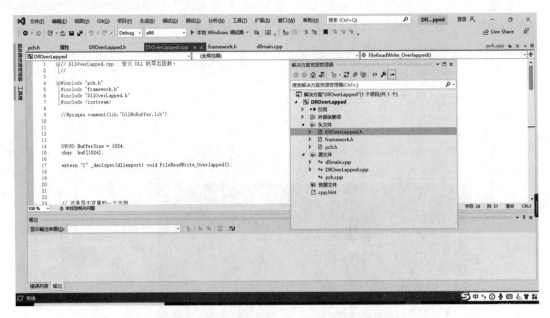

图 A-24　具有导出项的（DLL）动态链接库创建后

系统自动生成了.h 文件，如图 A-25 所示。

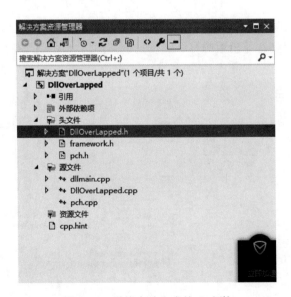

图 A-25　系统自动生成的.h 文件

　　调用程序的写法和配置与方法一相同，还是要把自动生成的 DllOverLapped.h 文件加入调用动态链接库的 CallOverLapped 项目中，如图 A-26 和图 A-27 所示。

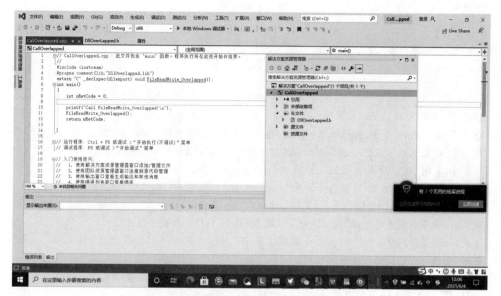

图 A-26　调用动态链接库的程序

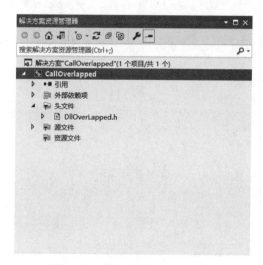

图 A-27　调用程序添加.h文件

Visual Studio 2010、Visual Studio 2019 下第 2～5 章实验注意事项

参 考 文 献

[1] 郁红英,冯庚豹.计算机操作系统[M].北京:人民邮电出版社,2004.

[2] 张丽芬,刘利雄,王全玉.操作系统实验教程[M].北京:清华大学出版社,2006.

[3] 张尧学.计算机操作系统习题解答与实验指导[M].北京:清华大学出版社,2000.

[4] 任爱华,李鹏,刘方毅.操作系统实验指导[M].北京:清华大学出版社,2004.

[5] 汤子瀛,哲凤屏,汤小舟.计算机操作系统[M].西安:西安电子科技大学出版社,2000.

[6] GARY N. Linux操作系统内核实习[M].潘登,冯锐,陆丽娜,等译.北京:机械工业出版社,2002.

[7] 庞丽萍.操作系统实验与课程设计[M].武汉:华中理工大学出版社,1995.

[8] 李善平,陈文智.边学边干——Linux内核指导[M].杭州:浙江大学出版社,2001.

[9] 曾平,曾林,金晶.操作系统习题与解析[M].3版.北京:清华大学出版社,2006.

[10] 陈向群,马洪兵,王雷,等.Windows内核实验教程[M].北京:机械工业出版社,2004.

[11] 徐雨明.操作系统学习指导与训练[M].北京:中国水利水电出版社,2003.

[12] 张丽芬,李侃,刘利雄.操作系统学习指导与习题解析[M].北京:电子工业出版社,2006.

[13] 王正军.Visual C++ 6.0程序设计从入门到精通[M].北京:人民邮电出版社,2006.

[14] 任爱华.操作系统辅导与提高[M].北京:清华大学出版社,2004.

[15] 汪国安,侯秀红,周星,等.计算机操作系统课程及考研辅导[M].北京:机械工业出版社,2004.

图书资源支持

感谢您一直以来对清华版图书的支持和爱护。为了配合本书的使用，本书提供配套的资源，有需求的读者请扫描下方的"书圈"微信公众号二维码，在图书专区下载，也可以拨打电话或发送电子邮件咨询。

如果您在使用本书的过程中遇到了什么问题，或者有相关图书出版计划，也请您发邮件告诉我们，以便我们更好地为您服务。

我们的联系方式：

地　　址：北京市海淀区双清路学研大厦 A 座 714

邮　　编：100084

电　　话：010-83470236　　010-83470237

客服邮箱：2301891038@qq.com

QQ：2301891038（请写明您的单位和姓名）

资源下载：关注公众号"书圈"下载配套资源。

资源下载、样书申请

图书案例

书 圈　　　　　　　　清华计算机学堂　　　　　　观看课程直播